高等职业教育"十二五"规划教材
全国高职高专园林类专业规划教材
浙江省"十一五"重点教材建设项目

园林工程施工实务

杨云峰　张建新　主　编

曾　科　夏　卿　副主编

科学出版社

北　京

内 容 简 介

本书根据高等职业教育园林类专业培养方案和课程标准编写。全书内容共分为 7 个项目 25 个任务，主要内容包括土方工程、给排水工程、水景工程、园路及风景园桥工程、假山工程、植栽工程、园林供电等。本书注重实训教学，图文并茂。

本书可作为高等职业技术教育园林工程技术、园林技术专业及其他开设该课程的相关专业的教材，也可作为中职院校园林专业的参考资料，同时可供从事园林工程技术专业工作的人员阅读参考。

图书在版编目(CIP)数据

园林工程施工实务/杨云峰，张建新主编. —北京：科学出版社，2013
（高等职业教育"十二五"规划教材·全国高职高专园林类专业规划教材·浙江省"十一五"重点教材建设项目）
ISBN 978-7-03-036188-2

Ⅰ.①园… Ⅱ.①杨… ②张… Ⅲ.①园林-工程施工-施工管理-高等职业教育-教材 Ⅳ.①TU986.3

中国版本图书馆 CIP 数据核字(2012)第 297469 号

责任编辑：何舒民 杜 晓/责任校对：马英菊
责任印制：吕春珉/封面设计：美光制版有限公司

科 学 出 版 社出版
北京东黄城根北街 16 号
邮政编码：100717
http://www.sciencep.com

新科印刷有限公司 印刷
科学出版社发行 各地新华书店经销

＊

2013 年 3 月第 一 版 开本：787×1092 1/16
2013 年 3 月第一次印刷 印张：15 3/4
字数：374 000
定价：35.00 元
（如有印装质量问题，我社负责调换〈新科〉）
销售部电话 010-62134988 编辑部电话 010-62132124（VA03）

全国高职高专园林类专业规划教材
编写指导委员会

《园林工程施工实务》
编写人员

主　编：杨云峰（丽水职业技术学院）
　　　　张建新（丽水职业技术学院）

副主编：曾　科（丽水职业技术学院）
　　　　夏　卿（温州科技职业学院）

参　编：厉荣良（丽水职业技术学院）
　　　　林　丹（丽水职业技术学院）
　　　　方英姿（金华职业技术学院）
　　　　朱夏丽（浙江同济科技职业学院）

序
Preface

随着生产力的发展和人民生活水平的提高，人们对生活的追求将从数量型转为质量型，从物质型转为精神型，从户内型转为户外型，生态休闲正在成为人们日益增长的生活需求的重要组成部分。就一个城市来说，生态环境好，就能更好地吸引人才、资金和物资，处于竞争的有利地位。因此，建设生态城市已成为城市竞争的焦点和经济社会可持续发展的重要基础。目前许多城市提出建设"生态城市"、"花园城市"、"森林城市"的目标，城市园林建设越来越受到重视，促进了园林行业的蓬勃发展；与此同时，社会主义新农村建设、规模村镇建设与改造，都促使社会对园林类专业人才需求日益增加。从事园林工作岗位的高技能人才和生产一线的技术管理型人才的培养，特别是与园林景观设计、园林工程招投标文件编制、工程预决算、园林工程施工组织管理、苗木生产经营与管理、园林植物租摆、园林植物造型与装饰、园林工程养护管理等职业岗位相适应的高技能人才的培养，自然就成为园林类高等职业教育关注和着力的重点。

2007年12月，我们组织了9所高职院校，在上海召开了预备会议。与会人员在如何进行园林专业的教学改革和课程改革，以及教材建设等方面交换了意见，并决定以宁波城市职业技术学院环境学院的研究工作为基础，结合国家社会科学基金"十一五"规划（教育科学）"以就业为导向的职业教育教学理论与实践研究"课题（BJA060049）的子课题"以就业为导向的高等职业教育园林类专业教学整体解决方案设计与实践研究"，组织全国相关院校，对园林类专业的教学整体解决方案设计及教材建设进行系统研究。为了有效地开展这项工作，组建了以卓丽环（上海农林职业技术学院）为课题组长，祝志勇（宁波城市职业技术学院环境学院）、成海钟（苏州农业职业技术学院）、关继东（辽宁林业职业技术学院）、周兴元（江苏农林职业技术学院）、周业生（广西生态工程职业技术学院）、朱迎迎（上海城市管理职业技术学院）、贺建伟（国家林业局职业教育研究中心）、何舒民（科学出版社职教技术出版中心）为副组长的课题研究领导团队。

2008年5月，课题组在上海农林职业技术学院和宁波城市职业技术学院环境学院召开了第二次会议；2009年1月在北京召开了第三次会议。会议在深刻理解本专业人才培养目标、就业岗位群、人才培养规格的基础上，构建了课程体系，并认真剖析每门课程的性质、任务、课程类型、教学目标、知识能力结构、工作项目构成、学习情境等，制订了每门课程的教学标准，确定了教材编写大纲，并决定开发立体化教材。全国有23所高等职业院校的50多位园林技术与园林工程技术专业的教师、企业人员和行业代表参加了课题研究。

三次会议后，在课程推进的过程中，课题组成员以课题研究的成果为基础，对园林类专业系列教材的特色、定位、编写思路、课程标准和编写大纲进行了充分讨论与反复修改，确定了首批启动23本（园林技术专业12本、园林工程技术专业11本）教材的编写，并计划2010年年底完成。主编、副主编和参编由全国具有该门课程丰富教学经验的专家学者、一线教师和部分企业人员担任。

本套教材是该课题成果的重要组成部分。教材的开发与编写宗旨是按照教育部对高等职业教育教材建设的要求，以职业能力培养为核心，集中体现专业教学过程与相关职业岗位工作过程的一致性。

本套教材的特点是紧密结合生产实际，体现园林类专业"以就业为导向，能力为本位"的课程体系和教学内容改革成果，理论基础突出专业技能所需要的知识结构，并与实训项目配合；实践操作则大多选材于实际工作任务，采用任务驱动与案例分析结合的方式，旨在培养实际工作能力。在内容上对单元或项目有总结和归纳，尽量结合生产或工作实际进行编写，做到整套教材编写内容上的衔接有序，图文并茂，其内容能满足高职高专相关专业教学和职业岗位培训的应用。

希望我们的这些工作能够对园林类专业的教学和课程改革有所帮助，更希望有更多的同仁对我们的工作提出意见和建议，为推动和实现园林类专业教学改革与发展做出我们应有的贡献。

卓丽环

2009 年 8 月

前 言

Foreword

随着园林建设事业的发展，社会对园林专业高技能型人才的需求不断扩大，作为高等教育一种类型的高职教育，承载着为社会培养应用性高技能型人才的历史重任。

"园林工程施工实务"是高等职业院校园林类专业的一门专业核心课程。本教材内容设计的思路是：根据园林类专业高技能人才培养目标，分析园林类专业高技能人才的职业岗位所需要的园林工程施工的基本知识和技能要求；同时紧密结合职业资格证书的考核，力求满足园林专业职业资格证书中相关技术考核的要求。

本书在组织编写过程中始终注意突出以下特色：

1. 教材结构以园林工程项目为依托、结合园林类各个专业对园林工程施工方法与技能要求的不同侧重、并考虑学生的认知规律进行整体设计。每个项目均包含教学目标、技能要求、工作任务、理论知识、实践知识、巩固训练及思考题等内容，使学生学习有的放矢，重点突出，便于自我评价。因此本教材结构不同与以往园林工程教材。

2. 教材内容采用工程项目式的编写思路，以利于园林类各个专业对园林工程施工方法与技能不同侧重的教学和学生的掌握。园林行业的不同职业技术岗位要求高度专业化，因此，教学中教师必须给予学生针对性较强的专业指导和训练。

3. 以典型的园林工程案例或园林工程施工要求和标准为载体贯穿于整部教材的编写，加大案例教学比重，使理论知识点的编写围绕园林工程施工技能展开，将基础理论融入案例中，真正体现培养技术应用能力和高职园林专业特色。采用校园内或地方的典型园林工程，使教材更具感性。

4. 教材采用最新国家城市园林绿化标准。培养学生相应标准化意识和执行标准的能力是本教材的重要内容。

5. 教材引入园林施工员（高级）、放线员（高级）、草坪工（高级）职业资格认证的内容，注重知识的应用性。通过学习本教材的内容，学生能够通过园林施工员（高级）、放线员（高级）、草坪工（高级）职业资格认证。

6. 每个园林工程项目后附园林工程施工实训项目，将实习实训内容纳入课程体系之中。实训项目来源于工程实际，以强化工程意识，提高学生学习园林工程施工的积极性。

　　本书是浙江省"十一五"重点教材建设项目，由高职院校的一线骨干教师编写和审定。浙江丽水职业技术学院杨云峰教授负责起草制定了该课程的教材编写大纲，设计了教材的内容体系、知识点和实践技能项目，并承担了项目 5 假山工程的编写。张建新老师承担了项目 6 栽植工程的编写；夏卿老师承担了项目 3 水景工程的编写；曾科老师承担了绪论、项目 2 给排水工程、项目 7 园林供电工程的编写；厉荣良、方英姿老师承担了项目 1 土方工程的编写；林丹、朱夏丽老师承担了项目 4 园路及风景园桥工程的编写；杨云峰、张建新老师对全书进行统稿。本书在编写过程中，得到了园林企业和专家们的热情指导和鼓励，并采纳了部分相关院校园林专业教师的意见。另外，科学出版社职业技术教育出版中心对本书的编写出版给予了大力支持，在此表示诚挚的感谢。本书在编写过程中，部分文字和图片参考了国内相关图书（在书末参考文献中已注明）参考文献列出的作者的文献，在此向相关作者表示感谢。

　　由于编者水平有限，书中难免存在不足，望诸位专家、学者和同行不吝指正，并将使用中的意见反馈给我们，以便今后修订，使之进一步完善。

目 录

序
前言

绪论

教学目标 ☞

    1. 园林工程施工实务的概念与作用。

    2. 掌握园林建设施工程序。

    3. 园林工程施工实务知识的学习方法。

技能要求 ☞

    1. 能表述综合园林工程施工项目的先后顺序。

    2. 能协助项目主管落实园林工程施工建设思想。

1. 园林工程施工实务的概念与作用

（1）园林工程实务的概念

园林（garden and park）即为在一定地域内运用工程技术和艺术手段，通过因地制宜地改造地形、整治水系、栽种植物、营造建筑和布置园路等方法创作而成的美的自然环境与游憩境域。园林工程（landscape engineering and technology）指园林、城市绿地、风景名胜区中除建筑工程以外的室外工程，也可以理解为园林类项目的总称（传统意义上，园林工程被认为是园林绿化工程，实际上园林绿化工程仅仅是园林工程的部分内容）。

园林工程建设同所有的建设工程一样，包括计划、设计、实施、验收四大阶段。园林工程建设施工是对已经完成计划、设计两个阶段的工程项目的具体实施。它是园林工程建设施工企业在获取某园林工程建设项目以后，按照工程计划、设计和建设单位要求，根据工程实施过程要求，结合施工企业自身条件和以往建设的经验，采取规范的实施程序和先进科学的工程实施技术与现代科学管理手段，进行组织设计，做好准备工作，进行现场施工，竣工之后验收交付使用并对园林植物进行修剪、造型及养护管理等一系列工作的总称。

园林建设程序的要点如下：

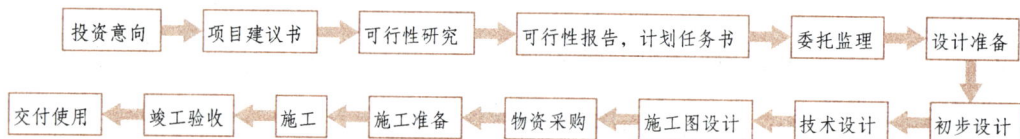

投资意向 → 项目建议书 → 可行性研究 → 可行性报告，计划任务书 → 委托监理 → 设计准备

交付使用 ← 竣工验收 ← 施工 ← 施工准备 ← 物资采购 ← 施工图设计 ← 技术设计 ← 初步设计

园林工程施工实务为园林工程施工中的实际要务，一般分为工程施工组织与管理、工程施工技术两大部分。本书通过大量的实际案例探讨具体园林工程施工技术方面的问题，较多地涉及到材料、设备机具、工艺工序、施工标准与技术要求等一系列的问题，结合巩固训练环节力求学习者达到学以致用、举一反三的效果。

（2）园林工程施工实务的作用

随着社会经济的发展、科学技术的进步，人们对园林艺术品的要求日益增强，而园林艺术品的产生是靠园林工程建设完成的。园林工程建设主要通过新建、扩建、改建和重建一些工程项目，特别是新建和扩建工程项目，以及与其有关的工作来实现的。园林工程建设施工是完成园林工程建设的重要活动，其作用可以概括为以下几个方面。

1）园林工程建设计划、设计得以实施的根本保证。任何理想的园林工程建设项目计划，先进科学的园林工程建设设计，都必须通过现代园林工程施工企业的科学实施，才能得以实现；否则，就会成为一纸空文。

2）园林工程建设理论水平得以不断提高的坚实基础。一切理论都来自实践。园林工程建设的理论只能来自于工程建设施工的实践过程，而园林工程建设施工的实践过程，就是发现施工中的问题，解决这些问题，总结、提高园林工程建设施工水平的过程。

3）创造园林艺术精品的主要途径。园林艺术的产生、发展、提高的过程，实际上就是园林工程建设施工水平不断发展、提高的过程。只有把学习、研究、发掘历代园林艺匠的精湛施工技术和巧妙手工工艺，与现代科学技术和管理手段相结合，在现代园林工程建设施工中充分发挥施工人员的智慧，才能创造出符合时代要求的现代园林艺术精品。

4）锻炼、培养现代园林工程建设施工队伍的最好办法。随着经济全球化的到来，无论是对理论人才的培养，还是施工队伍的培养都离不开园林工程建设施工的实践锻炼这一基础活动。只有通过这一基础性锻炼，才能培养出作风过硬、技术精湛的园林工程建设施工人才和与走出国门的要求相适应的施工队伍。

2. 园林工程施工实务包含的内容、特点及工程建设的程序

（1）园林工程施工实务包含的内容

按施工类型划分综合性园林工程施工，从大的方面可以划分为园林土建工程和园林绿化栽植工程。

园林土建工程主要包括土方工程，钢筋混凝土工程，给排水工程，供电工程，假山置石工程，水景驳岸工程，园路与风景园桥工程等。在园林工程建设中，土方工程首当其冲，平整场地，挖沟埋管，开槽铺路等都需要动用土方，而减少不必要的搬运是提高施工效率的重要途径。钢筋混凝土广泛用于各类工程的结构体系中，普通混凝土工程施工包括三大施工工程：模板的制备与安装施工，钢筋的制备与安装施工，混凝土制备与浇捣施工。给排水工程和供电工程主要是按照设计图挖沟埋管。假山置石工程要按照一定的摆放原则施工，并且注意同色、同质、接缝和合纹等技术要求。驳岸、喷泉、瀑布工程都属于水体工程，在施工过程中，既要保证各类水景工程的综合应用，又要与自然地形景观相协调。园路像身体的脉络一样，既是贯穿全园的交通网络，又是联系各个景区和景点的纽带和桥梁，要实现这些功能，园路施工中一般包括放线、准备路槽，铺设基层、铺设结合层、铺设路面和铺设道牙等施工工序。

园林绿化栽植工程是园林工程建设的主要组成部分，按照园林工程建设施工程序，先理山水，改造地形，辟筑道路，铺装场地，营造建筑，构筑工程设施，而后实施绿化，绿化工程就是：按照设计要求，植树，栽花，铺草坪使其成活，尽早发挥效果。根据工程施工过程，可将绿化工程分为种植和养护管理两大部分。园林建设施工中主要介绍栽种工程施工。栽种工程施工包括一般树木花卉的栽植、草坪的铺设及播种草坪等内容。其施工工序包括如下几个方面工作：苗木草皮的选择，包装，运输，假植；树木花卉的栽植（定点、放线、挖坑、运苗、栽植、浇水、扶植支撑等）；铺助设施施工的完成以及种植；树木、花卉、草坪栽种后的修剪、防病虫害、灌溉、除草、施肥等。

（2）园林工程施工实务的特点

1）园林工程建设施工准备工作比一般工程更为复杂多样。我国的园林大多建设在城镇或者在自然景色较好的山、水之间，由于城镇地理位置的特殊性和大多山、水地形的复杂多变，园林工程建设施工场地处于这样的条件下，这给园林工程建设施工提出了更高的要求。特别是在施工准备中，要重视工程施工场地的科学布置，以便尽量减少工程施工用地，减少施工对周围居民生活生产的影响；其他各项准备工作也要完全充分，才能确保各项施工手段得以运用。

2）园林工程建设施工工艺要求严、标准高。要建成具有游览、观赏和游憩功能，既改善人的生活环境，又能改善生态环境的精品园林的工程，就必须用高水平的施工工艺才能实现。因而，园林工程建设施工工艺总是比一般工程施工的工艺复杂，要求更严，标准也高。

3）园林工程建设施工技术复杂。园林工程建设尤其是仿古园林建筑工程，较为复杂，有时一些问题是想像不到的，这就对施工人员的技本提出了很高的要求。作为艺术精品的园林，其工程建设施工人员不仅有一般工程施工的技术水平，同时还要具有较高的艺术

修养；作为植物造景为主的园林，其工程建设施工人员更应掌握大量的树木、花卉、草坪的知识和施工技术。没有较高的施工技术，就很难达到园林工程建设的设计要求。

4）园林工程建设施工的专业性强。园林工程建设的内容繁多，但是各种工程的专业性极强，因而施工人员的专业性也要强。不仅园林工程建设建筑设施和构件中亭、树、廊等建筑的内容复杂各异，专业性强，现代园林工程建设中的各类点缀小品的建筑施工也具有各自不同的专业要求，如常见的假山、置石、水景、园路、栽植播种等园林工程建设施工，其专业性亦很强。这些都要求施工人员，必须具备一定的专业知识和独特的专门施工技艺。

5）园林工程建设规模大，综合性强，要求各类型、各工种人员相互配合，密切协作。现代园林工程建设规模化发展的趋势和集园林绿化、社会、生态、环境、休闲、娱乐、游览于一体的综合性建设目标的要求，使得园林工程建设涉及到众多的工程类别和工种技术，在同一工程项目施工过程中，往往要由不同的施工单位和不同工种的技术人员相互配合、协作，才能完成。而各施工单位和各工种的技术差异一般又较大，相互配合协作有一定的难度，这就要求园林工程建设施工人员不仅掌握自己的专门的施工技术，还必须有相当高的配合协作精神和方法，要求同一工种内各工序施工人员高度统一协调，相互监督制约，才能保证施工正常进行。

（3）园林工程施工的依据

园林工程施工的依据，主要是施工合同和设计图样。

施工合同是施工承包人与业主，或分包人与总包人签订的协议文件。施工单位按合同约定的内容，在确保工潮、质量、成本与安全的要求下完成相应的施工任务。

设计图样是施工的技术文件，一般由设计单位绘制。有时，施工承包单位按承包合同的规定，承担相应的施工图设计，对于此类的施工图，须经业主或监理工程师审定后方可进行施工。

施工人员必须按图施工，不得自行改动图样。施工人员发现图样有问题、设计不合理或有合理化建议时，应及时向有关部门或人员提出，并征得设计人员书面意见，才可按修正后的图样施工。

（4）园林工程建设施工程序

园林工程的施工程序一般可分为施工前的准备阶段、现场施工阶段两大部分。

1）施工前准备阶段。园林工程建设各工序、各工种在施工过程中，首先要有一个施工准备期，为顺利完成现场各项施工人物做好各项准备工作。其内容一般可分为技术准备、生产准备、施工现场准备、后期保障准备和文明施工准备5个方面。

技术准备 施工人员要认真读懂施工图，体会设计意图，结合施工现场平面图对施工工地的现状了如指掌，掌握工种施工中的技术要点。

生产准备 施工中所需的各种材料、构配件、施工机具等要按计划组织到位，组织施工机械进场，做好劳动力调配计划安排工作。

施工现场准备 首先，界定施工范围，进行必要的管线改道，保护大树等，进行施工现场工程测量，设置工程的平面控制点和高程控制点。然后做好施工现场的"四通一平"（水通、路通、电通、信息通和场地平整）。最后，搭设临时设施，主要包括工程施工的仓库、办公室等必要的附属设施。

后期保障准备 施工现场应配套简易、必要的后勤设施。例如，医疗点、安全值班室、文化娱乐室等。

文明施工准备 做好劳动保护工作，强化安全意识，搞好现场防火工作等。

2）现场施工阶段。各项准备工作就绪后，就可按计划正式开展施工，即进入现场施工阶段。由于园林工程建设的类型繁多，涉及的工程种类多且要求高，对现场各工种、各工序施工提出了各自不同的要求，在现场施工中应注意以下几点：

- 严格按照施工组织设计和施工图进行施工安排。若有变化，需经计划、设计双方及有关部门共同研究讨论以正式的施工文件形式决定后，方可实施变更。
- 严格执行各有关工种的施工规程。确保各工种的技术措施的落实，不得随意改变，更不能混淆工种施工。
- 严格执行各工序间施工中的检查。验收、交接手续的签字盖章要作为现场施工的原始资料妥善保管，以明确责任。
- 严格执行现场施工中的各种变更的请示、批准、验收、签字的规定，不得私自变更和未经甲方检查、验收、签字而进入下一个工序，并将有关文字材料妥善保管，作为竣工结算、决算的原始依据。
- 严格执行施工的阶段性检查、验收的规定，尽早发现施工中的问题，及时纠正，以免造成大的损失。
- 严格执行施工管理人员对质量、进度、安全的要求，确保各项措施在施工过程中得以贯彻落实，以预防各类事故的发生。
- 严格服从工程项目部的统一指挥、调配，确保工程计划的全面完成。

3. 学习园林工程施工实务的方法

园林工程施工实务项目的操作是实践性很强的课程内容，包括了园林土方工程、园林给排水工程、园林水景工程、园路及风景园桥工程、园林假山工程、园林栽植工程与园林供电及照明工程等主要园林建设工程项目知识与技能。这些过程都要求有相关的知识面和实际项目操作经验。因此，在学习中，应抓住重点，对内容的基本操作程序和知识点做重点把握，熟悉其内容和步骤，学生应在老师的引导下，完成项目任务作业。而且要做到作业规范，要保证作业质量。

在学习中应注意老师在课堂上导入的工程案例经验，对这些工程案例要做好分析、体会，从工程实施中学会这方面的经验，与工程有关的数表、图纸及文字资料都应收集积累。另外，应重视有限的课程时间，注意听讲，跟上老师的授课思路，并要将自己的思维经验切入到学习中，采用联想、模拟、对比等方法听课与学习效果会更好。

该课程的学习，不是单纯的理论堆积与程序记忆，而是必须依据项目施工环境、设计要求、施工条件与施工经验，结合工程与造景相适的原则，做到技术与艺术相结合。要善于吸收前人的造园经验，还要敢于创新实践，在掌握工程原理和工程技术规程的同时，要熟悉工程操作程序、施工工艺，并不断加强艺术修养，提高审美能力。

本课程是一门实践性很强的专业课，要求学生通过课堂教学、课程设计、现场传授、实际施工等教学环节，很好将理论与实际结合；要求学生扩充思维、努力创新，并在不断学习和反复实践中积累素材、丰富经验。学生在具体学习中，要注意各章前的教学目标与技能要求，加强重点内容的学习与记忆，对难点部分通过实训加以了解与融通；学生要对老师布置的练习思考题、施工实训务必认真完成，并在实训中学会施工过程与施工方法，按实训项目分类写出施工日志，编出施工材料表，最好记下施工材料的购买价格，对实训中遇到的技术问题也要记下,并附上该问题解决的方法。

相关链接

1. 潘富荣,王振超,胡继光 . 园林工程施工 [M] . 北京:机械工业出版社,2009.
2. 陈祺 . 园林工程建设现场施工技术 [M] . 北京:化学工业出版社,2006.
3. 中国园林网 http://www.yuanlin.com/
4. 筑龙网 http://www.zhulong.com/

思考与练习

1. 园林工程施工实务包含的内容有哪些?
2. 园林工程建设施工的程序有哪些?
3. 园林工程施工的依据有哪些?各有哪些特点?
4. 从园林工程施工技术角度看,你认为工程施工前应做哪些施工准备工作?

项目 **1**

园林土方工程

教学目标 ☞

    1. 掌握土方工程施工前应做好哪些准备工作。

    2. 掌握土方开挖与土方转运。

    3. 掌握土方回填。

    4. 掌握土方边坡放坡技术。

技能要求 ☞

    1. 会进行土方工程施工前技术处理。

    2. 会进行土方工程开挖与转运。

    3. 会进行土方回填。

    4. 会进行边坡处理。

任务 *1.1* 土方施工准备工作

任务分析： 土方工程施工前应做好哪些准备工作。

技能： 施工图识别，能编制施工方案，掌握施工排水的技术。

方法： 采用教师讲授，学生模拟的方法。

态度： 认知施工准备工作的重要性，施工准备工作对施工进度、施工质量、施工安全的影响。

1.1.1 工作任务：土方施工前的准备工作

【案例】 某公园广场土方量计算（资料来源：孟兆帧，等. 园林工程. 北京：中国林业出版社. 2003）

某公园为了满足游人游园活动的需要，拟将这块地面平整成为二坡向两面坡"T"字形广场，要求广场具有 1.5% 的纵坡和 2% 横坡，土方就地平衡。应如何进行土方工程施工（图 1.1.1）？

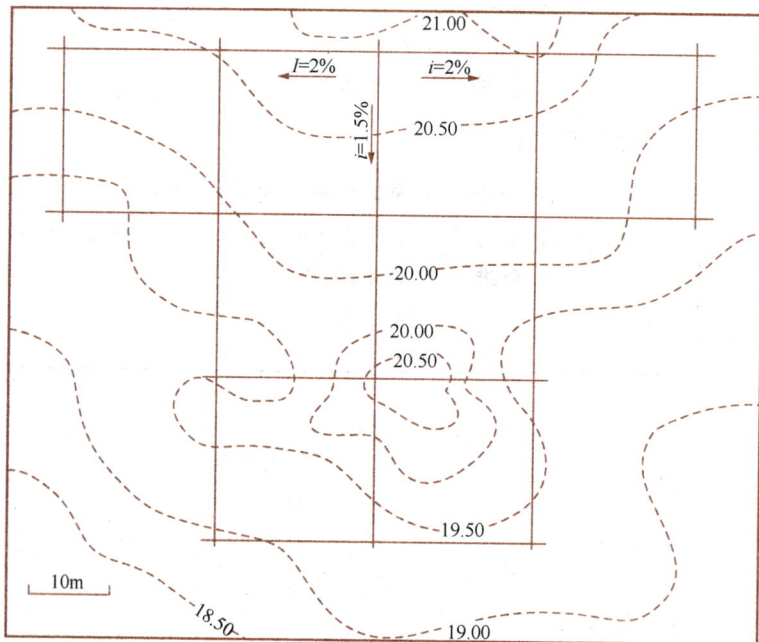

图 1.1.1 某公园广场方格控制图

1. 任务分析

土方工程是园林工程的基础工程，土方施工前准备工作经分析后应包括研究和审查图纸、查勘施工现场、编制施工方案、平整清理施工场地、施工排水、设置测量控制网等主要项目，做好施工前准备工作是工程施工的前提。

2. 实践操作

操作步骤如下：

1）研究和审查图纸。

2）查勘施工现场。

3）编制施工方案。

4）平整清理施工现场。

5）施工排水。

6）机具与施工队伍准备。

1.1.2 理论知识：土方施工准备工作

1. 研究和审查图纸

检查图纸和资料是否齐全，核对平面尺寸和标高，图纸相互间有无错误和矛盾；掌握设计内容及各项技术要求，了解工程规模、特点、工程量和质量要求；熟悉土层地质、水文勘察资料；会审图纸，搞清构筑物与周围地下设施管线的关系，图纸相互间有无错误和冲突；研究好开挖程序，明确各专业工序间的配合关系、施工工期要求；并向参加施工人员层层进行技术交底。

2. 查勘施工现场

摸清工程场地情况，收集施工需要的各项资料，包括施工场地地形、地貌、地质水文、河流、气象、运输道路、植被、邻近建筑物、地下基础、管线、电缆坑基、防空洞、地面上施工范围内的障碍物和堆积物状况，供水、供电、通讯情况，防洪排水系统等，以便为施工规划和准备提供可靠的资料和数据。

3. 编制施工方案

研究制定现场场地整平、土方开挖施工方案；绘制施工总平面布置图和土方开挖图，确定开挖路线、顺序、范围、底板标高、边坡坡度、排水沟水平位置，以及挖去的土方堆放地点；提出需用施工机具、劳力、推广新技术计划；深开挖还应提出支护、边坡保护和降水方案。

4. 平整清理施工场地

按设计或施工要求范围和标高平整场地，将土方弃到规定弃土区；凡在施工区域内，影响工程质量的软弱土层、淤泥、腐殖土、大卵石、孤石、垃圾、树根、草皮以及不宜作填土和回填土料的稻田湿土，应分情况采取全部挖除或设排水沟疏干、抛填块石、砂砾等方法进行妥善处理。

有一些土方施工工地可能残留了少量待拆除的建筑物或地下构筑物，在施工前要拆除掉。拆除时，应根据其结构特点，并遵循现行《建筑工程安全技术规范》的规定进行操作。操作时可以用镐、铁锤，也可用推土机、挖掘机等设备。

施工现场残留一些影响施工并经有关部门审查同意砍伐的树木要进行伐除工作。凡土方开挖深度不大于50cm，或填方高度较小的土方施工，其施工现场及排水沟中的树木，都必须连根拔除。清理树蔸除用人工挖掘外，直径在50cm以上的大树蔸还可用挖掘机铲除或用爆破法清除。大树一般不允许伐除，如果现场的大树占树很有保留价值，则要提请建设单位或设计单位对设计进行修改，以便将大树保留下来。因此，大树的伐除要慎而又慎，凡能保留的要尽量设法保留。

5．施工排水

在施工区域内设置临时性或永久性排水沟，将地面水排走或排到低洼处，再设水泵排走；或疏通原有排水泄洪系统；排水沟纵向坡度一般不小于2%，使场地不积水；山坡地区，在离边坡上沿5~6m处，设置截水沟、排洪沟，阻止坡顶雨水流向开挖基坑区域内，或在需要的地段修筑挡水堤坝阻水。

（1）一般规定

1）施工排水包括排除施工场地的地面水和降低地下水位。

2）开挖沟槽（基坑）为防止地下水的作用，造成沟槽（基坑）失稳等现象，施工方案必须选定适宜的施工排水方法，同时要有保护临近建筑物的安全措施，严密观察。

3）降低地下水位的方法，应根据土层的渗透能力、降水深度、设备条件及工程特点来选定，可参照表1.1.1。

4）采用机械在槽（坑）内挖土时，应使地下水位降至槽（坑）底面0.5m以下，方可开挖土方，且降水作业持续到回填土完毕。

表1.1.1　降低地下水位的方法选择

降低地下水方法	土层渗透系数 /（m/昼夜）	降低水位深度 /m	备　注
一般明排法	—	地面水和浅层水	—
大口径井	4~10	0~6	—
一级轻型井点	0.1~4	0~6	—
二级轻型井点	0.1~4	0~9	—
深井点	0.1~4	0~20	需复核地质勘探资料
电渗井点	<0.1	0~6	—

（2）明排法

1）施工场地要采取必要的防水、排水措施。防止水泡沟槽（基坑），防止地基松动，以确保施工质量和安全作业。

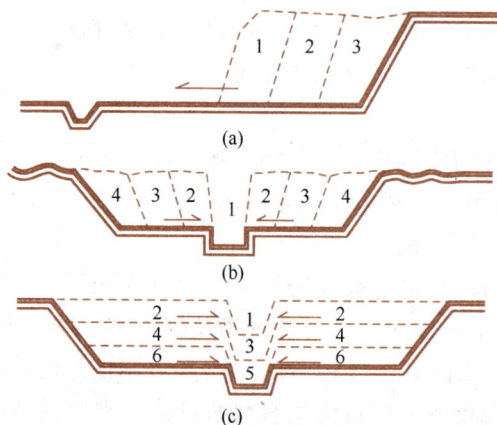

(a)

(b)

(c)

图1.1.2　施工场地排水方法

2）地下水排除采用明沟法比较经济简单。井点降水法采用在特殊场地，而且投资较大。具体的排水方法可参照图1.1.2（a），即在挖土区中每向下挖一层土，都要先挖一个排水沟收集地下水，并通过这条沟将地下水排除掉。有时，还可在沟的最低端设置一个抽水泵，定时抽水出坑，加快排水，见图1.1.2（b）。这样，就可一边抽水一边进行挖方施工，保证施工正常进行。或者，在开始挖方时先在挖方区中线处挖一条深沟，沟深达到设计地面以下。这种一次挖到底的深沟，可以保证在整个挖方工程中顺利排水，见图 1.1.2（c）。

　　3）明排法一般适用槽浅和土质较好的工程。

　　4）土方施工时要按照先挖排水沟，后开挖土方的程序进行。

　　5）集水井（俗称水窝子）宜在土方破土前做好，深度比排水沟最低点深 1.5m 以上，可用于砌砖井、钢筋笼井或无砂管井等。

　　6）集水井位置，沿管网的一侧，每隔 50～80m 设一座，可设在槽内或跨在槽边。开挖长方形基坑时，集水井一般设在四周，如面积较大，则可适当增加。

　　7）排水沟与集水井，应设专人疏通，经常保持畅通。

　　（3）大口井

　　1）大口井适用于渗透系数较大（4～10m/昼夜）及涌水量大的土壤。

　　2）大口井应在破土前打井抽水，水面（观测孔水面）降到预计深度时方可挖土。抽水应保持到坑槽回填完。

　　人工挖土时，观测孔的水位已降到总深度的 2/3 处即可挖土。

　　机械挖土时，应降到比槽底深 0.5m 时，方可挖土。

　　3）井筒应选用透水性强的材料，直径不小于 0.3m。

　　4）井间距，根据土壤渗透能力决定。

　　5）井深与地质条件及井距有关，应经单井抽水试验后确定。

　　6）抽水设备，可使用轴流式井用泵、潜水泵等。

　　7）凿孔可使用水冲套管法，或用 WZ 类凿井法，不得采用挤压成孔。凿孔要求如下：

　　•孔深要比井筒深 2m，作沉淤用；

　　•孔洞直径不小于井筒直径加 0.2m；

　　•孔洞不塌；

　　•扔装井筒前，先投砂沉淤；

　　•井筒外用粗砂填充，砂粒径不小于 2mm。

　　8）为了随时掌握水位涨落情况，应设一定数量的观测孔。

　　（4）轻型井点

　　1）轻型井点设备简单，见效快，它适用于亚砂黏土类土壤。一般使用一级井点，挖深较大时，可采用多级井点。

　　2）井点主要设备有：

　　•井点管（可用 ϕ50mm 镀锌管和 2m 长滤管组成）；

　　•连接器（可用 ϕ100mm 双法兰钢管）；

　　•胶管（可用 ϕ50mm 胶管）；

　　•真空（可用射流真空泵）。

　　3）井点间距约 1m 左右，井点至槽边的距离不得小于 2m。

　　4）井点管长度，视地质情况与基槽深度来确定。

　　5）井点安装后，在运转过程中应加强管理。如发现问题，应及时采取措施处理。

　　6）确定井电停抽及拆除时，应考虑防止构筑物漂浮及反闭水需要。

　　7）每台真空泵可带动井点数量，可根据涌水量与降低深度确定。

　　8）降低地下水深度与真空度的关系，可按下式计算：

$$降低地下水深度(m) = 0.0135Hg$$

式中：Hg——井点系统的真空度（汞柱高度毫米）。

（5）电渗井点

1）电渗井点适用于渗透系数小于 0.1m 每昼夜的土壤。

2）按设计进行布置，井点管为负极，在井点里侧距 0.8～1.0m 处，再打入 $\phi20mm$ 圆钢一排，其间距仍为 1.5m，并列、交错均可，要比井点管深 0.5m，如图 1.1.3 所示。

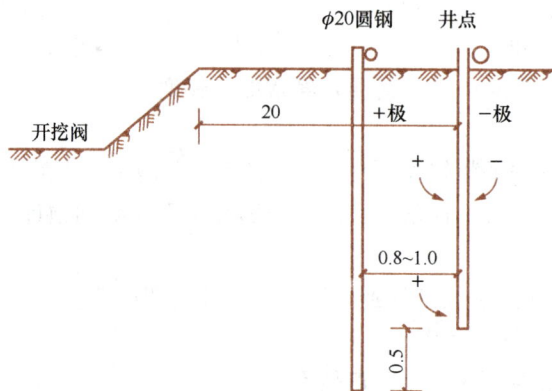

图 1.1.3　井点设置

3）将 $\phi20mm$ 圆钢与井点管分别用 $\phi10mm$ 圆钢连成整体，作为通电导线，接通电源（工作电压不大于 60V；电源密度 $0.5～1.0A/m^2$）。

4）在正负电极间地面上的金属及导体应清理干净。

5）电渗井点降低水位过程中，对电压、电流密度、耗电量、水位变化及水量等应做好观察与记录。

6. 设置测量控制网

根据给定的国家永久性控制坐标和水准点，按施工总平面要求，引测到现场。在工程施工区域设置测量控制网，包括控制基线、轴线和水平基准点；做好轴线控制的测量和校核。控制网要避开建筑物、构筑物、土方机械操作及运输线路，并有保护标志；场地整平应设 10m×10m 或 20m×20m 方格网，在各方格点上做控制桩，并测出各标桩的自然地形标高，作为计算挖、填土方量和施工控制的依据。对建筑物应做定位轴线的控制测量和校核。灰线、标高、轴线应进行复核，复核无误后，方可进行场地整平和开挖。

（1）平整场地施工放样

平整场地的工作是将原来高低不平的、比较破碎的地形按设计要求整理成为平坦的或具有一定坡度的场地，如停车场、草坪、休闲广场、露天表演场等。

平整场地常用格网法。用经纬仪将图纸上的方格测设到地面上，并在每个交点处打下木桩，边界上的木桩依图纸要求设置。

木桩的规格及标记方法如图 1.1.4 所示。木桩应侧面平滑，下端削尖，以便打入土中，桩上应表示出桩号（施工图上方格网的编号）和施工标高（挖土用"＋"号，填土用"－"号）。

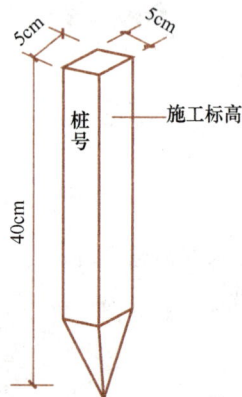

图 1.1.4　木桩

（2）堆山测设

堆山或微地形等高线平面位置的测定方法与湖泊、水渠的测设方法相同。等高线标高可用竹竿表示。具体做法如图 1.1.5 所示，从最低的等高线开始，在等高线的轮廓线上，每隔 3～6m 插一长竹竿（根据推山高度而灵活选用不同长度的竹竿）。利用已知水准点的高程测出设计等高线的高度，标在竹竿上，作为推山时掌握堆高的依据，然后进行填土推出。在第一层的高度上继续又以同法测设第二层的高度，堆放第二层、第三层以至山顶。坡度可用坡度样板来控制。

当土山高度小于 5m 时，可把各层标高一次标在一根长竹竿上，不同层用不同颜色的小旗表示，如图 1.1.6 所示。

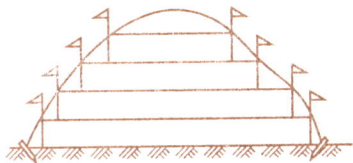

图 1.1.5　堆山高度较高时的标记　　　　图 1.1.6　堆山高度较低时的标记

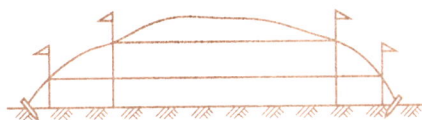

如果用机械（推土机）堆土，只要标出堆山的边界线，司机参考推出设计模型，就可堆土，等堆到一定高度以后，用水准仪检查标高，不符合设计的地方，用人工加以修整，使之达到设计要求。

（3）公园水体测设

1）用仪器（经纬仪、罗盘仪、大平板仪或小平板仪）测设。如图 1.1.7 所示，根据湖泊、水渠的外形轮廓曲线上的拐点（如 1、2、3、4 等）与控制点 A 或 B 的相对关系，用仪器采用极坐标的方法将它们测设到地面上，并钉上木桩，然后用较长的绳索把这些点用圆滑的曲线连接起来，即得湖池的轮廓线，并用白灰撒上标记。

湖中等高线的位置也可用上述方法测设，每隔 3～5m 钉一木桩，并用水准仪按测设设计高程的方法，将要挖深度标在木桩上，作为掌握深度的依据。也可以在湖中适当位置打上几个木桩，标明挖深，便可施工。施工时木桩处暂时留一土墩，以便掌握挖深，待施工完毕，再把土墩去掉。

岸线和岸坡的定点放线应该准确，这不仅因为它是水上部分，有关园林造景，而且和水体岸坡的稳定有很大关系。为了精确施工，可以用边坡样板来控制边坡坡度，如图 1.1.8 所示。

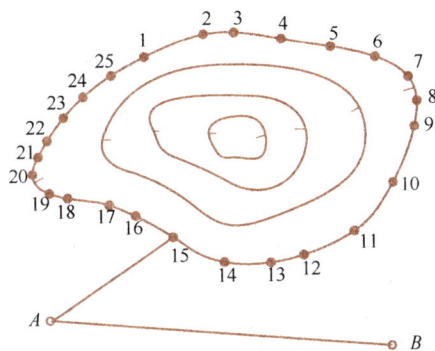

图 1.1.7　水体测设图　　　　　　　图 1.1.8　边坡样板

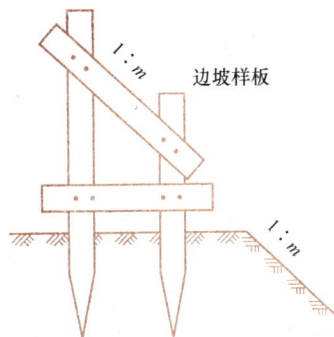

如果用推土机施工，定出湖边线和边坡样板就可动工，开挖快到设计深度时，用水准仪检查挖深，然后继续开挖，直至达到设计深度。

在修渠工程中，首先在地面上确定渠道的中线位置，该工作与确定道路中线的方法类似。然后用皮尺丈量开挖线与中线的距离，以确定开挖线，并沿开挖线撒上白灰。开挖沟槽时，用打桩放线的方法，在施工中木桩容易被移动甚至被破坏，因而影响了校核工作，所以最好使用龙门板。

2）格网法测设。如图1.1.9所示，在图纸中欲放样的湖面上打方格网，将图上方格网

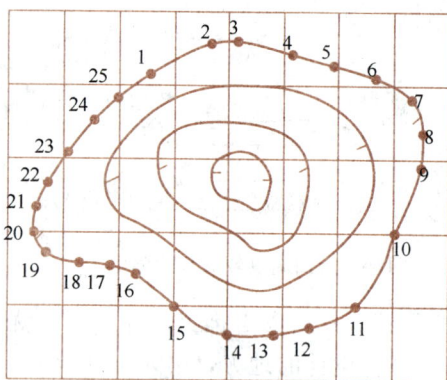

图1.1.9　用格网法作水体测试

按比例尺放大到实地上，根据图上湖泊（或水渠）外轮廓线各点在格网中的位置（或外轮廓线、等高线与格网的交点），在地面方格网中找出相应的点位，如1、2、3、4…曲线转折点，再用长麻绳依图上形状将各相邻点连成圆滑的曲线，顺着曲线撒上白灰，做好标记。若湖面较大，可分成几段或十几段，用长30~50m的麻绳来分段连接曲线。等深线测设方法与上述相同。

（4）狭长地形放线

狭长地形，如园路、土堤、沟渠等，其土方的放线包括下列内容：

打中心桩，定出中心线　这是第一步工作，可利用水准仪和经纬仪，按照设计要求定出中心桩，桩距20~50m不等，视地形的繁简而定。每个桩号应标明桩距和施工标高，桩号可用罗马字母，也可用阿拉伯数字编定。距离用千米和米来表示。

打边桩，定边线　一般来说，中心桩定下后，边桩也有了依据，用皮尺就可以拉出，但较困难的是弯道放线。在弯道地段应加密桩距，以使施工尽量精确。

1.1.3　实践知识：土方施工准备工作

1. 施工图纸的识别

如何正确识别施工图纸，如何掌握设计内容及各项技术要求，了解工程规模、特点、工程量和质量要求。

2. 查勘施工现场

查勘施工现场的土层地质、水文勘察情况，根据图纸，搞清构筑物与周围地下设施管线的关系，图纸相互间有无错误和冲突。

3. 编制施工方案

根据施工图纸及查勘施工现场的资料，研究制定现场场地整平、土方开挖施工方案；绘制施工总平面布置图和土方开挖图，确定开挖路线、顺序、范围、底板标高、边坡坡度、排水沟水平位置，以及挖去的土方堆放地点；提出需用施工机具、劳力、推广新技术计划；深开挖还应提出支护、边坡保护和降水方案。明确各工序间的配合关系、施工工期要求；并向参加施工人员层层进行技术交底。

4. 平整清理施工现场

根据施工现场的具体情况进行场地的平整和清理。

5. 施工排水

合理安排施工排水。

巩固训练 ☞

如何进行园林工程的施工准备工作（图1.1.1）

1. 实训目的及内容
1.1 施工图如何识别
1.2 如何编制施工方案
1.3 进行现场施工放样
1.4 如何进行正确排水
2. 作业
2.1 学生分组编写施工方案
2.2 进行施工现场放样训练
3. 考核评估
3.1 施工图定位放线是否正确（20%）
3.2 编制的施工方案质量情况（60%）
3.3 能否进行正确的施工排水（20%）

任务 1.2 挖方与土方转运

任务分析：学习机械挖方与人工挖方施工技术，以及挖方后土方如何堆放与转运。

技能：如何进行施工放样，挖掘机的使用技术，如何进行挖方和土方转运。

方法：采用教师示范，学生模拟的方法。

态度：认知施工技术是需要严格谨慎及需要保证安全的，正确使用土方开挖的机具，不仅施工过程需要安全，施工工程也需要安全稳固。

1.2.1 工作任务：挖方与土方转运

【案例】 图1.1.1案例中如何进行挖方与土方转运。

1. 任务分析

分析上述案例中土方工程的一般规定，机械挖方的施工技术，人工挖方的施工技术，土方转运等环节。掌握土方的一般知识及挖方的主要内容。掌握人工挖方、机械挖方及转运的施工技术。

2. 实践操作

操作步骤如下:
1) 按照施工平面图放样出场地范围,然后挖方。
2) 了解土方开挖的一般规定。
3) 选择土方开挖的方式。
4) 选择土方开挖的机具。
5) 如是机械开挖应正确掌握挖掘机的使用技术。

1.2.2 理论知识:挖方与土方转运

1. 一般规定

1) 挖方边坡坡度应根据使用时间(临时或永久性)、土的种类、物理力学性质(内摩擦角、黏聚力、密度、湿度)、水文情况等确定。对于永久性场地,挖方边坡坡度应按设计要求放坡,如设计无规定,应根据工程地质和边坡高度,结合当地实践经验确定。

2) 对软土土坡或极易风化的软质岩石边坡,应对坡脚、坡面采取喷浆、抹面、嵌补、砌石等保护措施,并做好坡顶、坡脚排水,避免影响边坡稳定的范围内积水。

3) 挖方上边缘至土堆坡脚的距离,应根据挖方深度、边坡高度和土的类别确定。当土质干燥密实时,不得小于3m;当土质松软时,不得小于5m。在挖方下侧弃土时,应将弃土堆表面整平低于挖方场地标高并向外倾斜,或在弃土堆与挖方场地之间设置排水沟,防止雨水排入挖方场地。

4) 施工者应有足够的工作面,一般人均4~6m²。

5) 开挖土方附近不得有重物及易塌落物。

6) 在挖土过程中,随时注意观察土质情况,注意留出合理的坡度。若须垂直下挖,松散土不得超过0.7m,中等密度者不超过1.25m,坚硬土不超过2m。超过以上数值的须加支撑板,或保留符合规定的边坡。

7) 挖方工人不得在土壁下向里挖土,以防塌方。

8) 施工过程中必须注意保护基桩、龙门板及标高桩。

9) 开挖前应先进行测量定位,抄平放线,定出开挖宽度,按放线分块(段)分层挖土。根据土质和水文情况,采取在四侧或两侧直立开挖或放坡,以保证施工操作安全。当土质为天然湿度、构造均匀、水文地质条件良好(即不会发生坍滑、移动、松散或不均匀下沉),且无地下水时,挖方深度不大时,开挖亦可不必放坡,采取直立开挖不加支护,基坑宽应稍大于基础宽。如超过一定的深度,但不大于5m时,应根据土质和施工具体情况进行放坡,以保证不塌方。放坡后坑槽上口宽度由基础底面宽度及边坡坡度来决定,坑底宽度每边应比基础宽出15~30m,以便于施工操作。

2. 机械挖方

在机械作业之前,技术人员应向机械操作员进行技术交底,使其了解施工场地的情况和施工技术要求。并对施工场地中的定点放线情况进行深入了解,熟悉桩位和施工标高等,对土方施工做到心中有数。

施工现场布置的桩点和施工放线要明显。应适当加高桩木的高度，在桩木上做出醒目的标志或将桩木漆成显眼的颜色。在施工期间，施工技术人员应和推土机手密切配合，随时随地用测量仪器检查桩点和放线情况，以免挖错位置。

在挖湖工程中，施工坐标桩和标高桩一定要保护好。挖湖的土方工程因湖水深度变化比较一致，而且放水后水面以下部分不会暴露，所以在湖底部分的挖土作业可以比较粗放，只要挖到设计标高处，并将湖底地面推平即可。但对湖岸线和岸坡坡度要求很准确的地方，为保证施工精度，可以用边坡样板来控制边坡坡度的施工。

挖土工程中对原地面表土要注意保护。因表土的土质疏松肥沃，适于种植园林植物，所以对地面50cm厚的表土层（耕作层）挖方时，要先用推土机将施工地段的这一层表面熟土推到施工场地外围，待地形整理停当，再把表土推回铺好。

3. 人工挖方

1）挖土施工中一般不垂直向下挖得很深，要有合理的边坡，并要根据土质的疏松或密实情况确定边坡坡度的大小。必须垂直向下挖土的，则在松软土情况下挖深不超过0.7m，中密度土质的挖深不超过1.25m，硬土情况下不超过2m深。

2）对岩石地面进行挖方施工，一般要先行爆破，将地表一定厚度的岩石层炸裂为碎块，再进行挖方施工。爆破施工时，要先打好炮眼，装上炸药雷管，待清理施工现场及其周围地带，确认爆破区无人滞留之后，才点火爆破。爆破施工的最紧要处就是要确保人员安全。

3）相邻场地、基坑开挖时，应遵循先深后浅或同时进行的施工程序。挖土应自上而下水平分段分层进行，每层0.3m左右。边挖边检查坑底宽度及坡度，不够时及时修整，每3m左右修一次坡，至设计标高，再统一进行一次修坡清底，检查坑底宽和标高，要求坑底凹凸不超过1.5m。在已有建筑物侧挖基坑（槽）应间隔分段进行，每段不超过2m，相邻段开挖应待已挖好的槽段基础完成并回填夯实后进行。

4）基坑开挖应尽量防止对地基土的扰动。当用人工挖土，基坑挖好后不能立即进行下道工序时，应预留15~30cm一层土不挖，待下道工序开始再挖至设计标高。采用机械开挖基坑时，为避免破坏基底土，应在基底标高以上预留一层人工清理。使用铲运机、推土机或多斗挖土机时，保留上层厚度为20cm；使用正铲、反铲或拉铲挖土时为30cm。

5）在地下水位以下挖土，应在基坑（槽）四侧或两侧挖好临时排水沟和集水井，将水位降低至坑槽底以下500mm，以利挖方进行。降水工作应持续到施工完成（包括地下水位下回填土）。

4. 土方的转运

在土方调配图中，一般都按照就近挖方就近填方的原则，采取土石方就地平衡的方式。土石方就地平衡可以极大地减小土方的搬运距离，从而能够节省人力，降低施工费用。

1）人工转运土方一般为短途的小搬运。搬运方式有用人力车拉、用手推车推或由人力肩挑背扛等。这种转运方式在有些园林局部或小型工程施工中常采用。

2）机械转运土方通常为长距离运土或工程量很大时的运土，运输工具主要是装载机和汽车。根据工程施工特点和工程量大小的不同，还可采用半机械化和人工相结合的方式转运土方。另外，在土方转运过程中，应充分考虑运输路线的安排、组织，尽量使路线最短，以节省运力。土方的装卸应有专人指挥，要做到卸土位置准确，运土路线顺畅，能够避免混乱和窝工。汽车长距离转运土方需要经过城市街道时，车厢不能装得太满，在驶出工地之前应当将车轮粘上的泥土全扫掉，不得在街道上撒落泥土和污染环境。

5. 安全措施

1) 开挖时，两人操作间距应大于 2.5m。多台机械开挖，挖土机间距应大于 10m。在挖土机工作范围内，不许进行其他作业。挖土应由上而下、逐层进行，严禁先挖坡脚或逆坡挖土。

2) 挖土方不得在危岩、孤石的下边或贴近未加固的危险建筑物的下面进行。

3) 开挖应严格按要求放坡。操作时应随时注意土壁的变动情况，如发现有裂纹或部分坍塌现象，应及时进行支撑或放坡，并注意支撑的稳固和土壁的变化。当采取不放坡开挖时，应设置临时支护，各种支护应根据土质及深度经计算确定。

4) 机械多台阶同时开挖，应验算边坡的稳定，挖土机离边坡应有一定的安全距离，以防坍方，造成翻机事故。

5) 深基坑上下应先挖好阶梯或支撑靠梯，或开斜坡道，并采取防滑措施，禁止踩踏支撑上下。坑四周应设安全栏杆。

6) 人工吊运土方时，应检查起吊工具。绳索是否牢靠；吊斗下面不得站人，卸土堆应离开坑边一定距离，以防造成坑壁坍方。

1.2.3 实践知识：挖方与土方转运

(1) 根据施工图纸进行现场施工放样
(2) 掌握土方开挖的一般规定
(3) 正确选择施工机具
(4) 在老师的指导下进行挖掘机操作训练
(5) 严格遵守安全操作条例，确保施工安全

巩固训练 ☞

用挖掘机进行土方开挖（图 1.1.1）

1. 实训目的及内容
1.1 进行现场施工放样
1.2 用挖掘机进行土方开挖
2. 工具与步骤
园林用小挖机 1 台，学生分别在老师的指导下进行挖机挖土操作。
3. 作业
学生分组编写实训报告。
4. 考核评估
4.1 挖掘机操作是否正确和熟练程度（60%）
4.2 编制的实训报告质量情况（20%）
4.3 能否遵守安全操作条例，确保施工安全（20%）

任务 1.3　填方工程施工

> **任务分析**：学习机械填方与人工填方施工技术。
>
> **技能**：如何进行土方回填，回填材料如何选择，掌握填埋顺序、填埋方式、土方压实技术。
>
> **方法**：采用教师示范、学生模拟的方法。
>
> **态度**：认知施工技术是需要严格谨慎及需要保证安全的，正确使用土方开挖的机具，不仅施工过程需要安全，施工工程也需要安全稳固。

1.3.1　工作任务：填方工程施工

【**案例**】　任务 1.1 中挖方后如何进行土方回填。

1. 任务分析

从上述案例中分析填方工程的一般规定、填埋顺序、填埋方式、土方压实等环节。掌握填方的一般知识，填方的主要内容。掌握填埋顺序、填埋方式、土方压实的施工技术。

2. 实践操作

操作步骤如下：
1）了解土方回填的一般规定。
2）选择土方回填的方式。
3）选择土方回填的材料。
4）如何确定回填土方的工程量。

1.3.2　理论知识：填方工程施工

1. 一般要求

（1）土料要求

填方土料应符合设计要求，保证填方的强度和稳定性，如设计无要求，则应符合下列规定：

1）碎石类土、砂土和爆破石渣（粒径不大于每层铺厚的 2/3，当用振动碾压时不超过 3/4），可用于表层下的填料。

2）含水量符合压实要求的黏性土，可作各层填料。

3）碎块草皮和有机质含量大于 8% 的土，仅用于无压实要求的填方。

4）淤泥和淤泥质土，一般不能用作填料，但在软土或沼泽地区，经过处理含水量符合压实要求的，可用于填方中的次要部位。

5）含盐量符合规定的盐渍土，一般可用作填料，但土中不得含有盐晶、盐块或含盐植物根茎。

（2）基底处理

1）场地回填应先清除基底上草皮、树根、坑穴中积水、淤泥和杂物，并应采取措施防止地表滞水流入填方区，浸泡地基，造成基土下陷。

2）当填方基底为耕植土或松土时，应将基底充分夯实或碾压密实。

3）当填方位于水田、沟渠、池塘或含水量很大的松软土地段，应根据具体情况采取排水疏干，或将淤泥全部挖出换土、抛填片石、填砂砾石、翻松掺石灰等措施进行处理。

4）当填土场地地面陡于 1/5 时，应先将斜坡挖成阶梯形，阶高 0.2～0.3m，阶宽大于 1m，然后分层填土，以利于接合和防止滑动。

（3）填土含水量

1）水量的大小，直接影响到夯实（碾压）质量，在夯实（碾压）前应先试验，以得到符合密实度要求条件下的最优含水量和最少夯实（或碾压）遍数。各种土的最优含水量和最大密实度参考数值见表 1.3.1。

表 1.3.1 土的最优含水量和最大干密度参考

项次	土的种类	变动范围		项次	土的种类	变动范围	
		最优含水量/%（重量比）	最大干密度/(t/m³)			最优含水量/%（重量比）	最大干密度/(t/m³)
1	砂土	8～12	1.80～1.88	3	粉质黏土	12～15	1.85～1.95
2	黏土	19～23	1.58～1.70	4	黏土	16～22	1.61～1.80

注：1. 表中土的最大干密度应以现场实际达到的数字为准。
　　2. 一般性的回填，可不作此项测定。

2）遇到黏性土或排水不良的砂土时，其最优含水量与相应的最大干密度，应用击实试验测定。

3）土料含水量一般以手握成团、落地开花为适宜。当含水量过大，应采取翻松、晾干、风干、换土回填、掺入干土或其他吸水性材料等措施；如土料过干，则应预先洒水润湿，亦可采取增加压实遍数或使用大功能压实机械等措施。

在气候干燥时，须采取加速挖土、运土、平土和碾压过程，以减少土的水分散失。

2. 填埋顺序

1）先填石方，后填土方。土、石混合填方时，或施工现场有需要处理的建筑渣土而填方区又比较深时，应先将石块、渣土或粗粒废土填在底层，并紧紧地筑实；然后再将壤土或细土在上层填实。

2）先填底土，后填表土。在挖方中挖出的原地面表土，应暂时堆在一旁；而要将挖出的底土先填入到填方区底层；待底土填好后，才将肥沃表土回填到填方区作面层。

3）先填近处，后填远处。近处的填方区应先填，待近处填好后再逐渐填向远处。但每填一处，还是要分层填实。

3. 填埋方式

1）一般的土石方填埋，都应采取分层填筑方式，一层一层地填，不要图方便而采取沿着斜坡向外逐渐翻倒的方式（图 1.3.1）。分层填筑时，在要求质量较高的填方中，每层的厚度应为 30cm 以下，而在一般的填方中，每层的厚度可为 30～60cm。填土过程中，最好能够填一层就筑实一层，层层压实。

2）在自然斜坡上填土时，要注意防止新填土方沿着坡面滑落。填土方与斜坡的咬合性，可先把斜坡挖成阶梯状，然后再填入土方。填方过程中做到了层层筑实，便可保证新填土方的稳定（图 1.3.2）。

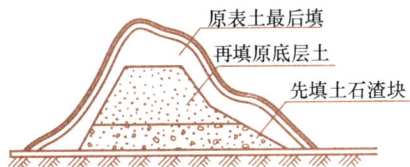

图 1.3.1 土方分层填实

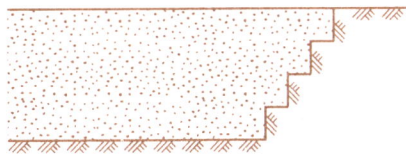

图 1.3.2 斜坡填土法

4. 土方压实

（1）铺土厚度和压实遍数

填土每层铺土厚度和压实遍数视土的性质、设计要求的压实系（夯）实机具性能而定，一般应进行现场碾（夯）压试验确定。表 1.3.2 为压实机械和工具每层铺土厚度与所需的碾压（夯实）遍数的参考数值。

表 1.3.2 填方每层铺土厚度和压实系数

压实机具	每层铺土厚度 /mm	每层压实遍数 /遍	压实机具	每层铺土厚度 /mm	每层压实遍数 /遍
平碾	200～300	6～8	振动压路机	120～150	10
羊足碾	300～350	8～16	推土机	200～300	6～8
蛙式打夯机	200～250	3～4	拖拉机	200～300	8～16
振动碾	60～130	6～8	人工打夯	不大于 200	3～4

注：人工打夯时土块粒径不应大于 5cm。

利用运土工具的行驶来压实时，每层铺土厚度不得超过表 1.3.3 规定的数值。

表 1.3.3 利用运土工具压实填方时，每层填土的最大厚度（m）

项次	填土方法和采用的运土工具	土的名称		
		粉质黏土和黏土	粉土	砂土
1	拖拉机拖车和其他填土方法并用机械平土	0.7	1.0	1.5
2	汽车和轮式铲运机	0.5	0.8	1.2
3	人推小车和马车运土	0.3	0.6	1.0

注：平整场地和公路的填方，每层填土的厚度，当用火车运土时不得大于 1m，当用汽车和铲运机运土时不得大于 0.7m。

（2）土方压实要求

1）土方的压实工作应先从边缘开始，逐渐向中阳边缘土被向外挤压而引起坍落现象。

2）填方时必须分层堆填、分层碾压夯实。不要一次性地填到设计土面高度后，才进行碾压打夯。否则会造成填方地面上紧下松，沉降和塌陷严重的情况。

3）碾压、打夯要注意均匀，要使填方区各处土壤密度一致，避免以后出现不均匀沉降。

4）在夯实松土时，打夯动作应先轻后重。先轻打一遍，使土中细粉受震落下，填满下层土粒间的空隙；然后再加重打压，夯实土壤。

（3）土方压实方法

1）人工夯实方法。人力打夯前应将填土初步整平，打夯要按一定方向进行，一夯压半夯，夯夯相接，行行相连，两遍纵横交叉，分层打夯。夯实基槽及地坪时，行夯路线应由四边开始，然后再夯向中间。

用蛙式打夯机等小型机具夯实时，一般填土厚度不宜大于25cm，打夯之前对填土应初步平整，打夯机依次夯打，均匀分布，不留间隙。

基坑（槽）回填应茬相对两侧或四周同时进行回填与夯实。

回填管沟时，应用人工先在管子周围填土夯实，并应从管道两边同时进行，直至管顶0.5m以上。在不损坏管道的情况下，方可采用机械填土回填夯实。

2）机械压实方法。为保证填土压实的均匀性及密实度，避免碾轮下陷，提高碾压效率，在碾压机械碾压之前，宜先用轻型推土机、拖拉机推平，低速预压4～5遍，使表面平实；采用振动平碾压实爆破石渣或碎石类土，应先静压，而后振压。

碾压机械压实填方时，应控制行驶速度，一般平碾、振动碾不超过2km/h；羊足碾不超过3km/h；并要控制压实遍数。碾压机械与基础或管道应保持一定的距离，防止将基础或管道压坏或使之位移。

用压路机进行填方压实，应采用"薄填、慢驶、多次"的方法，填土厚度不应超过25～30m；碾压方向应从两边逐渐压向中间碾轮每次重叠宽度约15～25m，避免漏压。运行中碾轮边距填方边缘应大于500mm，以防发生溜坡倾倒。边角、边坡、边缘压实不到之处，应辅以人力夯或小型夯实机具夯实。压实密实度，除另有规定外，应压至轮子下沉量不超过1～2cm为度。每碾压一层完后，应用人工或机械（推土机）将表面拉毛以利于接合。

平碾碾压一层完后，应用人工或推土机将表面拉毛。土层表面太干时，应洒水湿润后，继续回填，以保证上、下层结合良好。

用羊足碾碾压时，填土厚度不宜大于50cm，碾压方向应从填土区的两侧逐渐压向中心。每次碾压应有15～20cm重叠，同时随时清除黏着于羊足之间的土料。为提高上部土层密实度，单是碾压过后，宜辅以拖式平碾或压路机补充压平压实。

用铲运机及运土工具进行压实，铲运机及运土工具的移动须均匀分布于填筑层的全面，逐次卸土碾压。

1.3.3 实践知识：填方工程施工

（1）掌握土方回填的一般规定

（2）正确选择施工机具

（3）严格遵守填埋顺序

（4）选择正确的填埋方式

（5）必须将填埋的土石方压实

（6）在老师的指导下进行挖掘机操作训练

（7）严格遵守安全操作条例，确保施工安全

巩固训练 ☞

如何用挖掘机进行土方回填（图1.1.1）

1. 实训目的及内容
1.1 园林工程施工后进行土石方回填
1.2 如何用挖掘机进行土方回填
2. 工具与步骤
园林用小挖机1台，学生分别在老师的指导下进行挖机回填操作。
3. 作业
学生分组编写实训报告。
4. 考核评估
4.1 挖掘机操作是否正确和熟练程度（60%）
4.2 编制的实训报告质量情况（20%）
4.3 能否遵守安全操作条例，确保施工安全（20%）

任务1.4 土石方放坡处理

任务分析：土石方放坡的施工技术。
技能：如何进行放坡及地形营造后的质量检查。
方法：采用教师示范，学生模拟的方法。
态度：认知施工技术是需要严格谨慎及需要保证安全的，不仅施工过程需要安全，施工工程也需要安全稳固。

1.4.1 工作任务：土石方放坡处理

【案例】 任务1.1中挖方的时候是否要放坡，如何进行放坡。

1. 任务分析

分析案例中土石方的自然倾斜角，放坡的要求及放坡技术等环节。掌握土石放坡的一般知识及主要内容。掌握土石方放坡的施工技术。

2. 实践操作

操作步骤如下：
1）了解表1.4.1中的土壤的自然倾斜角。
2）了解土方软硬程度将土方进行分类。
3）了解每类土方开始放坡的深度。
4）了解每类土方放坡的放坡系数。
5）用灰线撒出放坡的位置。

6）边坡开挖后进行人工修整。

7）如何进行地形营造后的质量检查。

1.4.2　理论知识：土石方放坡处理

在挖方工程和填方工程中，常常需要对边坡进行处理，使之达到安全、合用的施工目的。土方施工所造成的土坡，都应当是稳定的，是不会发生坍塌现象的，而要达到这个要求，对边坡的坡度处理就非常重要。不同土质、不同疏松程度的土方在做坡时能够达到的稳定性是不同的。

1. 土壤的自然倾斜角

土壤在自然堆积条件下，经过自然沉降稳定后的坡面与地平面之间所形成的夹角，叫做土壤的安息角，即土壤的自然倾斜角。一般的土坡坡度夹角如果小于土壤安息角时，土坡就是稳定的，不会发生自然滑坡和坍塌现象。

不同种类和质地的土壤，其自然倾斜角的大小是有区别的。表 1.4.1 中列出了常见土壤的自然倾斜角情况。

表 1.4.1　土壤的自然倾斜角

土壤名称	土壤干湿情况			土壤颗粒尺寸/mm	土壤名称	土壤干湿情况			土壤颗粒尺寸/mm
	干的	潮的	湿的			干的	潮的	湿的	
砾石	40°	40°	35°	2～20	细砂	25°	30°	20°	0.05～0.5
卵石	35°	45°	25°	20～200	黏土	45°	35°	15°	<0.001～0.005
粗砂	30°	32°	27°	1～2	壤土	50°	40°	30°	
中砂	28°	35°	25°	0.5～1	腐殖土	40°	35°	25°	

2. 挖方放坡

由于受土壤性质、土壤密实度和坡面高度等因素的制约，用地的自然放坡有一定限制，其挖方和填方的边坡做法各不相同，即使是岩石边坡的挖、填方做坡，也有所不同。在实际放坡施工处理中，可以参考下列各表，来考虑自然放坡的坡度允许值（即高宽比）。

挖方工程的放坡做法见表 1.4.2 和表 1.4.3，岩石边坡的坡度允许值（高宽比）受石喷类别、石质风化程度以及坡面高度三方面因素的影响，见表 1.4.4。

表 1.4.2　不同的土质自然放坡坡度允许值

土质类别	密实度或黏性土状态	坡度允许值（高度比）	
		坡高在5m以下	坡高5～10m
碎石类土	密实	1：0.35～1：0.50	1：0.50～1：0.75
	中密实	1：0.50～1：0.75	1：0.75～1：1.00
	稍密实	1：0.75～1：1.00	1：1.00～1：1.25
老黏性土	坚硬	1：0.35～1：0.50	1：0.50～1：0.75
	硬塑	1：0.50～1：0.75	1：0.75～1：1.00
一般黏性土	坚硬	1：0.75～1：1.00	1：1.00～1：1.25
	硬塑	1：1.00～1：1.25	1：1.25～1：1.50

表 1.4.3 一般土壤自然放坡坡度允许值

序号	土壤类别	坡度允许值（高度比）
1	黏土、粉质黏土、亚砂土、砂土（不包括细砂、粉砂），深度不超过 3m	1：1.00～1：1.25
2	土质同上，深度 3～12m	1：1.25～1：1.50
3	干燥黄土、类黄土，深度不超过 5m	1：1.00～1：1.25

表 1.4.4 岩石边坡坡度允许值

石质类别	风化程度	坡度允许值		石质类别	风化程度	坡度允许值	
		坡高在 8m 以内	坡高 8～15m			坡高在 8m 以内	坡高 8～15m
硬质岩石	微风化	1：0.10～1：0.20	1：0.20～1：0.35	软质岩石	微风化	1：0.35～1：0.50	1：0.50～1：0.75
	中等风化	1：0.20～1：0.35	1：0.35～1：0.50		中等风化	1：0.50～1：0.75	1：0.75～1：1.00
	强风化	1：0.35～1：0.50	1：0.50～1：0.75		强风化	1：0.75～1：1.00	1：1.00～1：1.25

3. 填土边坡

1）填方的边坡坡度应根据填方高度、土的种类和其重要性在设计中加以规定。当设计无规定时，可按表 1.4.5 采用。用黄土或类黄土填筑重要的填方时，其边坡坡度可参考表 1.4.6 采用。

表 1.4.5 永久性填方边坡的高度限值

项次	土的性质	填方高度/m	边坡坡度
1	黏土类土、黄土、类黄土	6	1：1.50
2	粉质黏土、泥灰岩土	6～7	1：1.50
3	中砂或粗砂	10	1：1.50
4	砾石和碎石土	10～12	1：1.50
5	易风化的岩土	12	1：50

续表

项次	土的性质	填方高度/m	边坡坡度
6	轻微风化、尺寸 25cm 内的石料	6 以内	1：1.33
		6～12	1：1.50
7	轻微风化、尺寸大于 25cm 的石料，边坡用最大石块、分排整齐铺砌	12 以内	1：1.50～1：0.75
8	轻微风化、尺寸大于 40cm 的石料，其边坡分排整齐	5 以内	1：0.50
		5～10	1：0.65
		>10	1：1.00

注：1. 当填方高使超过本表规定限值时，其边坡可做成折线形，填方下部的边坡坡度应为 1：1.75～1：2.00。

2. 凡永久性填方，土的种类未列入本表者，其边坡坡度不得大于 $\varphi + 45°/2$，φ 为土的自然倾斜角。

表 1.4.6 黄土或类黄土填筑重要填方的边坡坡度

填土高度/m	自地面起高度/m	边坡坡度	填土高度/m	自地面起高度/m	边坡坡度
6～9	0～3	1∶1.75	9～12	0～3	1∶2.00
	3～9	1∶1.50		3～6	1∶1.75
				6～12	1∶1.50

2）使用时间较长的临时性填方（如使用时间超过一年的临时道路、临时工程的填方）的边坡坡度，当填方高度小于 10m 时，可采用 1∶1.5；超过 10m 时，可做成折线型，上部采用 1∶1.5，下部采用 1∶1.75。

3）利用填土做地基时，填方的压实系数、边坡坡度应符合表 1.4.7 的规定。其承载力根据试验确定，当无试验数据时，可按表 1.4.7 选用。

表 1.4.7 填土地基承载力和边坡坡度值

填土类别	压实系数 λ_e	承压力 f_k/kPa	边坡坡度容许值（高度比）	
			坡度在 8m 以内	坡度 8～15m
碎石、卵石	0.94～0.97	200～300	1∶1.50～1∶1.25	1∶1.75～1∶1.50
砂夹石（其中碎石、卵石占全重 30%～50%）		200～250	1∶1.50～1∶1.25	1∶1.75～1∶1.50
土夹石（其中碎石、卵石占全重 30%～50%）		150～200	1∶1.50～1∶1.25	1∶2.00～1∶1.50
黏性土（$10<I_p<14$）		130～180	1∶1.75～1∶1.50	1∶2.25～1∶1.75

注：I_p——塑性指数。

4. 土方造型工程的质量检测

（1）分部分项工程的划分

根据国家的施工与质量检测的规定，每个园林绿化单位工程通常分为五个分部工程：土方造型、绿化种植、园林建筑及小品、假山叠石及水系、石建筑修与建。

土方造型分部按工程的要求或部位划分为造地形工程、推山工程、挖河工程等部分。根据用料、工艺特点、施工程序的区别分为若干个分项工程，如造地形工程分为清除垃圾土、进种植土方、造地形等分项工程；推山工程分为推出基础、进种植土、造地形等分项工程；挖河工程（包括挖湖）分为河道开挖、河底修整、驳岸、涵管等分项工程。

对工程项目中各类分部分项的划分，主要是有利于各个施工环节的标准化管理。

（2）施工质量检验的基础知识

施工质量检验是按施工顺序进行的，而分项工程的质量检验是确定整个工程的基本依据。在园林工程施工中，分项工程质量检验与评定的主要内容为保证项目、基本项目、允许偏差项目三部分。

保证项目是保证工程安全和使用功能正常的重要检查项目，它是对工程施工提出必须达到的要求。如在某地区的《园林工程质量检验评定标准》中，保证项目是通过条文中采用"必须"或"严禁"用词来表示，以突出其重要性。保证项目是工程质量合格和优良两个等级都必须达到的指标。保证项目所包括的主要内容为重要材料、主要技术要求和检测指标的检测技术要求。

基本项目是保证工程质量的基本要求。在专业评定标准中，它是通过条文中采用"应"或"不应"用词来表示。基本项目与保证项目相比，尽管不像保证项目那样重要，但对工程的质量、效果、观感等有较大的影响和作用。只是基本项目的要求，允许有一定的自由范围。基本项目的指标分为"合格"、"优良"两个等级。基本项目的内容主要为：不能确定偏差值而又允许出现一定缺陷的项目；无法定量表达而只能用程度或部位来区分的项目；不宜纳入"允许偏差"项目内而实际允许一定偏差的项目。

允许偏差项目是指规定一定数值范围偏差的项目，在专业评定标准中，它是通过条文中采用"应"或"不应"用词来表示，并常常给出一定的数值范围。

（3）地形塑造质量的一般要求

地形塑造施工的质量要求，一般由相应的分项工程质量检验评定表所包含，一般包含了土料的类别和相应的质量要求、工程物的形状与位置尺寸、其他主要的技术指标。表 1.4.8 和表 1.4.9 为部分分项工程中的一些质量项目的具体要求和检测方法，以供参考。

表 1.4.8　土方地形分项工程质量检验内容

		项　目			
保证项目	1	栽植土壤的理化性质必须符合《园林栽植土质量标准》（GB J08—231）的要求			
	2	严禁使用建筑垃圾土、盐石土、重黏土、砂土及含有其他有害成分的土壤			
	3	严禁在栽植土层下有不透水层			
基本项目	1	按面积抽查 10%，500m 为一点，不得少于 3 点，小于等于 500m² 应全数检查地形平整度			
	2	标高（含抛高系数）			
	3	杂质含量低于 10%			
	4	排水良好　按长度抽查 10%，100m 为一点，不得少于 3 点			
	5	栽植土与道路或挡土墙边口线平直			
允许偏差项目		项　目　按面积抽查 10%，500m 为一点，不得少于 3 点，≤500m² 应全数检查		尺寸要求 /cm	允许偏差 /cm
	1	有效土层厚度	大中乔木胸径	≥15	>130
				<15	
允许偏差项目		项　目　按面积抽查 10%，500m 为一点，不得少于 3 点，≤500m² 应全数检查		尺寸要求 /cm	允许偏差 /cm
	1	有效土层厚度	小乔木和大中灌木		>80
			小灌木和宿根花卉		>60
			地被草坪草花		>40
	2	地形标高	全高	<1m	±5
				1~3m	±10
				>3m	±20
	3	土低于挡墙边口		3~5m	1.5
	4	土方表面平整度（2m 内）		+0，−50	

表 1.4.9　河道开挖分项工程质量检验内容

		项　目
保证项目	1	河道的位置放样必须符合设计要求
	2	河道位置的地质情况必须了解清楚
	3	有防汛功能的河道应符合水利工程的规范要求
	4	景观河道应符合环境和生态的要求
	5	河道开挖的弃土堆放应符合设计和业主规定的要求

续表

基本项目	1	河道边坡稳定	
	2	坡脚线整齐顺直	
	3	河底平整	
	4	河底无明显起伏	
允许偏差项目		项　目	允 许 偏 差 cm
	1	河道中心线	±20
	2	河底高程	<5，平均值不高于设计高程
	3	河道底宽	±20，平均值不小于设计底宽
	4	河道路边坡	局部坡比 1：n±0.05
	5		局部坡比 1：n
	6	内外青坎高程	<5，平均值不低于设计高程
	7	内外青坎顶宽	±20，平均值不小于设计顶宽

1.4.3 实践知识：土石方放坡处理

（1）了解表 1.4.1 中土壤的自然倾斜角
（2）了解土方软硬程度将土方进行分类
（3）了解每类土方开始放坡的深度
（4）了解每类土方放坡的放坡系数
（5）用灰线撒出放坡的位置
（6）边坡开挖后进行人工修整
（7）如何进行地形营造后的质量检查
（8）严格遵守安全操作条例，确保施工安全

巩固训练 ☞

如何用挖掘机进行挖方时边坡处理（图 1.1.1）

1. 实训目的及内容
1.1　园林工程土石方施工中进行放坡处理。
1.2　进行地形营造后的质量检查。

2. 工具与步骤
园林用小挖机 1 台，学生分别在老师的指导下进行边坡处理和修整。

3. 作业
学生分组编写实训报告。

4. 考核评估
4.1　挖掘机操作是否正确和熟练程度（60%）。
4.2　编制的实训报告质量情况（20%）。
4.3　能否遵守安全操作条例，确保施工安全（20%）。

相关链接

1. 郭丽峰．园林工程施工便携手册 ［M］．北京：中国电力出版社，2006.
2. 陈祺．园林工程建设现场施工技术 ［M］．北京：化学工业出版社，2006.
3. 中国园林网 http：//www.yuanlin.com/
4. 中华园林网 http：//www.yuanlin365.com/

思考与练习

1. 挖方应掌握哪些施工技术？
2. 填方应掌握哪些施工技术？
3. 放坡有哪些要求？放坡应掌握哪些施工技术？
4. 简述地貌、地物、地形的基本概念。
5. 地形土方施工的准备工作有哪些内容？
6. 简述平整场地与自然地形塑造施工中定点放线的步骤。
7. 简述地形塑造中挖土的施工要点。
8. 简述地形塑造中填土与压实的施工要点。
9. 简述施工质量检验的保证项目、基本项目、允许偏差项目的基本概念。
10. 地形塑造土方工程的质量检验内容一般有哪些要求？

项目 2

给排水工程

任务 2.1 园林给水工程

任务分析： 学习掌握园林给水工程的施工步骤、方法、过程。

技能： 理解园林给水工程的施工技术及步骤，学生能够独立安排一场给水工程的施工过程设计。

方法： 采用教师讲授、学生模拟的方法。

态度： 认知施工技术是需要严格谨慎及需要保证安全的，不仅施工过程需要安全，施工工程也需要安全稳固。

2.1.1 工作任务：园林给水工程

【案例】 组建虚拟园林公司工程项目部，选举项目经理，任命总工程师与园林五大员（施工员、质检员、安全员、材料员、造价员），制图室内完成项目前期技术准备、明确工作职责，工程实训场内进行实际演练。

1. 任务分析

接受案例后首先分析图纸，给水总平面图（图 2.1.1）。通常园林给水工程由取水工程、净水工程和配水工程三部分组成。该项目园林用水从城市自来水管网中直接取水，已略去相应的净水与配水工程。

1）供水管网布置形式为树枝式。

2）供水干管为 DN100 PVC-U 管，支管为 DN80、DN50、DN25、PVC-U 管。

3）室外消防栓 4 处。

4）设浇灌龙头井 46 处。

2. 实践操作

操作步骤如下：

熟悉设计图样 通过设计交底和阅读设计图样，了解设计规定和相应的要求，熟悉管线的平面布局，管段的节点位置，不同管段的管材、管径、管底标高、阀门井以及其他设施的坐标位置等。

清理施工场地 踏勘施工现场，了解管网设置区域的实际情况，清除和处理有碍管网施工的垃圾、杂物和设施。

确定施工方案 根据设计要求和现场情况，按照工期的规定，确定管网的施工方案。

施工定点放线 根据管线的平面布局，利用相对坐标和参照物进行坐标与管线计算，把管段的节点测设于场地上，以连接邻近的节点即可。遇到曲线管道，可利用相关控制参数或方格网进行定点放线。

沟槽开挖 根据给水管的管径和安装施工工作面要求决定沟槽的宽度，工作面宽为 300~400mm。沟槽断面一般为上宽下窄的梯形，其深度为管道埋深，并考虑设计所要求的地基基础处理要求。沟槽深度较大或土质不良时，应采用放坡或支撑之类的技术措施进行土方挖掘施工。

对于阀门井体设置处，应加宽加深挖土的断面，以便进行阀闸的建造或安装。

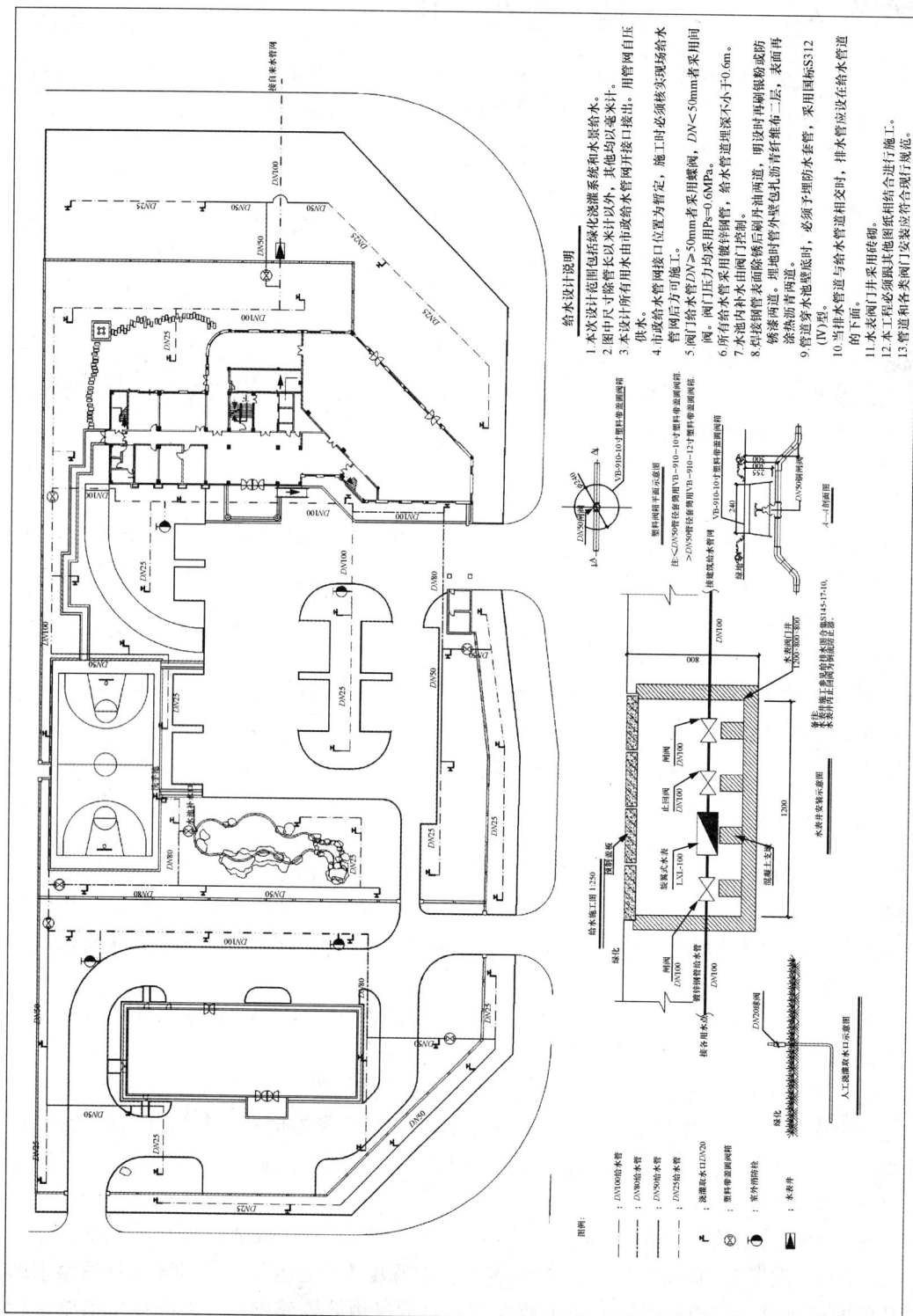

图 2.1.1　给水总平面图

　　地基与基础处理　根据地基的实际情况，按照设计要求，进行垫砂、浇筑混凝土等地基或基础加固处理。

　　管道安装　根据设计规定，使用合格的管件和附件进行管道安装。安装顺序一般是先干管、后支管、再立管。注意接口的密封和稳固，严防漏水。

　　覆土埋填　管道安装完毕后通水检验，合格后方可填土。填土前应固定管道，或用砂土填实管底，不使管道悬空或移动，防止在填埋过程中压坏管道。

2.1.2　理论知识：园林给水工程

　　1. 水源的选择

　　园林给水工程的首要任务，是要按照水质标准来合理地确定水源和取水方式。在确定水源的时候，不但要对水质的优劣、水量的丰缺情况进行了解，而且还要对取水方式、净水措施和输配水管道布置进行初步计划。水的来源可以分为地表水和地下水两类，这两类水源都可以为园林所用。

　　(1) 地表水源

　　地表水（如山溪、大江、大河、湖泊、水库水等），都是直接暴露于地面的水源。这些水源具有取水方便和水量丰沛的特点，但易受工业废水、生活污水及各种人为因素的污染。通常位于山地风景区的水源水质比较好。

　　采用地表水作为水源时，取水地点及取水构筑物的结构形式是比较重要的问题，如果在河流中取水，取水构筑物应设在河道的凹岸，因为凹岸较凸岸水深，不易淤积，只需防止河岸受到的冲刷。河流浅滩处不宜选作取水点、取水构筑物应设在距离支流入口和山沟下游较远的地方，以免洪水时期大量泥砂把取水口淤塞。在风景区的山谷地带取水，应考虑到构筑物被山洪冲击和淹没的危险。取水口的位置最好选在比多数用水点高的地方，尽可能考虑利用重力自流给水。

　　采用地表水作水源的，必须对水进行净化处理后才能作为生活饮用水使用。净化地表水的方法包括混凝沉淀、过滤和消毒三个步骤。

　　混凝沉淀（澄清）　是在水中加入混凝剂，而使水中产生一种絮状物，和杂质凝聚在一起，沉淀到水底。我国民间传统的做法，是用明矾作混凝剂加入水中，经过 1～3 小时的混凝沉淀后，可使浑浊度减去 80% 以上。另外，也可用硫酸铝作为混凝剂，在每吨水中加粗制硫酸铝 20～50g，搅拌后进行混凝沉淀，也能降低浑浊度。

　　过滤（砂滤）　将经过混凝沉淀井澄清的水送进过滤池，透过从上到下由细砂层、粗砂层、细石子层、粗石子层构成的过滤砂石层，滤去杂质，使水质洁净（图 2.1.2）。

　　消毒　天然水在过滤之后，还会含有一些细菌。为了保证生活饮用安全，还必须进行杀菌消毒处理。消毒方法很多，但一般常见的是把液氯加入水中杀菌消毒。用漂白粉消毒也很有效，漂白粉与水作用可生成次氯酸，次氯酸很容易分解放出初生态氧；初态氧性质活泼，是强氧化剂，能通过强氧化作用将细菌等有机物杀灭。

　　经过净化处理的地表水，就能够供园林内各用水点使用。

　　(2) 地下水源

　　地下水存在于透水的土层和岩层中，分为潜水和承压水两种。

　　降雨、降雪、露水等地面水都能直接渗入地下而成为潜水。承压水含水层在两个不透

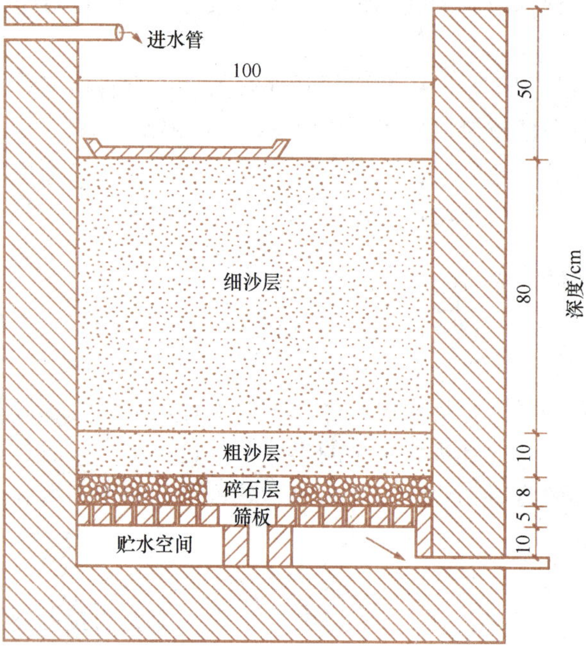

图 2.1.2　过滤池

水层之间，并且受到较大的压力，这种含水层中的地下水就是承压水。由于有压力存在，当打井穿过不透水层并打通水口时，承压地下水就会从水口喷出或涌出。出露于地表的承压水使形成泉水。

地下水温通常为 7~16℃ 或稍高，夏季作为园林降温用水效果很好。特别是深层地下水，基本没有受到污染，并且在经过长距离地层的过滤后，水质已经很清洁，几乎没有细菌，再经过消毒并符合卫生要求之后，就可以直接饮用，不需净化处理。当硬度过大，含有害物质过多时也需要净化处理。

（3）水源选取的原则

水源选择中一般应当注意以下几点：

1）园林中的生活用水要优先选用城市给水系统提供的水源，其次则主要应选用地下水。城市给水系统提供的水源，是在自来水厂中经过严格净化处理，水质已完全达到生活饮用水水质标准，所以应首先选用、在没有城市给水条件的风景区或郊野公园，则要优先选择地下水作水源，并且按优先性的不同选用不同的地下水。地下水的优先选择次序，依次是泉水、浅层水、深层水。

2）造景用水、植物栽植用水等，应优先选用河流、湖泊中符合地面水环境质量标准的水源。能够开辟引水沟渠将自然水体的水直接引入园林溪流、水池和人工湖的，则是最好的水源选择方案。植物养护栽培用水和卫生用水等就可以在园林水体中取水用。如果没有引入自然水源的条件，可选用地下水或自来水。

3）水资源比较缺乏的地区，园林中的生活用水使用过后，可以收集起来，经过初步的净化处理，再作为苗圃、林地等灌溉所用的二次水源。

4）各项园林用水水源，都要符合相应的水质标准，即要符合《地面水环境质量标准》和《生活饮用水卫生标准》（GB 5749—2006）的规定。

2. 水源与水质的要求

园林中除生活用水外，其他方面用水的水质要求可根据情况适当降低。对不污染环境，无公害的水可以用于植物的灌溉和水景用水的补充。这类水可取公园内水体、设有喷泉或瀑布的用水，可考虑自设水泵循环使用。

（1）地面水标准

所有的园林用水，如湖池、喷泉瀑布、游泳池、水上游乐区、餐厅、茶室等的用水，首先都要符合国家颁布的《地面水环境质量标准》（GB 3838—2002），在这个标准中，首先按水域功能的不同，把地面水的质量级别划分为五类。其分类如下：

Ⅰ类地面水　　主要适用于源头水和国家自然保护区。

Ⅱ类地面水　　适用于集中式生活饮用水水源地一级保护区、珍贵鱼类保护区和鱼虾产卵场等。

Ⅲ类地面水　　适宜集中式生活饮用水水源地二级保护区、一般鱼类保护及游泳区。

Ⅳ类地面水　　主要适用于一般工业用水区及人体非直接接触的娱乐用水区。

Ⅴ类地面水　　则主要适用于农业用水区及一般景观要求的水域。

在该标准中，提出了对地面水环境质量的基本要求，即所有水体不应有非自然原因导致的下述物质：

1）凡能沉淀并形成令人厌恶的沉积物。

2）漂浮物，诸如碎片、浮渣、油类或其他的一些引起感官不快的物质。

3）产生令人厌恶的色、臭味或浑浊度的。

4）对人类、动物或植物有损害、毒性或不良生理反应的。

5）易滋生令人厌恶的水生生物的。

园林生产用水、植物灌溉用水和湖池、瀑布、喷泉造景用水等，要求的水质标准可以稍低一些，上述的Ⅴ类及Ⅴ类以上水都可以使用。

公园内游泳池、造波池、戏水池、碰碰船池、激流探险等游乐和运动项目的用水水质，应按地面水质量标准的Ⅲ类和Ⅲ类以上水质而定。

（2）生活饮用水标准

园林生活用水，如餐厅、茶室、冷热饮料厅、小卖部、内部食堂、宿舍等所需的水质要求比较高，其水质应符合国家颁布的《生活饮用水卫生标准》（GB 5749—2006）。

3. 园林给水管网的布置

在布置园林给水管网之前，首先要到园林现场进行核对与设计有关的技术资料，包括公园平面图、竖向设计图、园内及附近地区的水文地质资料、附近地区城市给排水管网的分布资料、周围地区给水远景规划和建设单位对园林各用水点的具体要求等，尽可能全面地审核与设计相关的现状资料。

（1）给水管网的审核

1）园林给水管网核对时，首先应该确定水源及给水方式。

2）确定水源的接入点：一般情况下，中小型公园用水可由城市供水系统的某一点引入；但对较大型的公园或狭长形状的公园用地，由一点引入则不够经济，可根据具体条件采用多点引入。采用独立给水系统的，则不考虑从城市给水管道接入水源。

3）确定给水管网的布置形式、主干管道的布置位置和各用水点的管道引入。

4）根据设计总用水量，选用管径合适的水管，最后布置成完整的管网系统。

（2）管网的布置要点

园林中用水点比较分散，用水量和水压差异很大，因此给水管网布置必须保证各用水点的流量和水压，力求管线短、投资少，达到经济合理的目的。一般中小型公园的给水可由一点引入。大型公园，特别是地形复杂时，为了节约管材，减少水头损失，有条件的，可就地就近，从多点引入。

1）干管应靠近主要供水点。

2）干管应靠近调节设施（如高位水池或水塔）。

3）在保证不受冻的情况下，干管宜随地形起伏敷设，避开复杂地形和难于施工的地段，以减少土石方工程量。

4）干管应尽量埋设于绿地下，避免穿越或设于园路下。

5）和其他管道按规定保持一定距离。

（3）管网布置的一般技术规定

管道埋深　冰冻地区，应埋设于冰冻线以下 40cm 处；不冻或轻冻地区，覆土深度也不小于 70cm。管道不宜埋得过深，埋得过深工程造价高；但也不宜过浅，否则管道易遭破坏。

阀门及消防栓　给水管网的交点叫做节点，在节点上设有阀门等附件，为了检修管理上的方便，节点处应设阀门井。

阀门除安装在支管和干管的连接处外，为便于检修养护，要求每 500m 直线距离设一个阀门井。配水管上安装着消防栓，按规定其间距通常为 120m，且其位置距建筑不得少于 5m，为了便于消防车补给水，离车行道不大于 2m。

（4）给水管网的布置形式

第一，在技术上，要使园林各用水点有足够的水量和水压。

第二，在经济上，应选用最短的管道线路，要考虑施工的方便，并努力使给水管网的修建费用最少。

第三，在安全上，当管网发生故障或进行检修时，要求仍能保证继续供给一定数量的水。

为了把水送到园林的各个局部地区，除了要安装大口径的输水干管以外，还要在各用水地区埋设口径大小不同的配水管网，由输水干管和配水支管构成的管网是园林给水工程中的主要部分，它大概占全部给水工程投资的 40%～70%。

园林给水管网的布置形式分为树枝形和环形两种（图 2.1.3）。

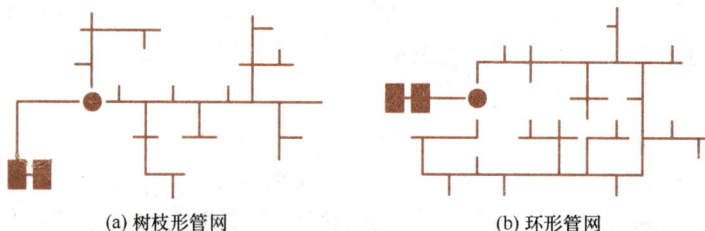

(a) 树枝形管网　　　　　　　　　　(b) 环形管网

图 2.1.3　给水管网布置形式

　　树枝形管网　　是以一条或少数几条主干管为骨干，从主管上分出许多配水支管连接各用水点。在一定范围内，采用树枝形管网形式的管道总长度比较短。管网建设和用水的经济性比较好，但如果主干管出故障，则整个给水系统就可能断水，用水的安全性较差。

　　环形管网　　主干管道在园林内布置成一个围合的大环形，再从环形主管上分出配水支管向各用水点供水。这种管网形式所用管道的总长度较长，耗用管材较多，建设费用稍高于树枝形管网，但管网的使用很方便，主干管上某一点出故障时，其他管段仍能通水。

　　在实际布置管网的工作中，常常将两种布置方式结合起来应用。在园林中用水点密集的区域，采用环形管网；而在用水点稀少的局部，则采用分支较少的树枝形管网。或者，在近期中采用树枝形。而到远期用水点增多时，再改造成环形管网形式。

　　为了保证发生火灾时有足够的水量和水压用于灭火，消火栓应设置在园路边的给水主干管道上，尽量靠近园林建筑；消火栓之间的间距不应大于 120m。

　　4. 园林喷灌系统

　　在当今园林绿地中，实现灌溉用水的管道化和自动化很有必要，而园林喷灌系统就正是自动化供水的一种常用设施。

　　采用喷灌系统对植物进行灌溉，能够在不破坏土壤通气和土壤结构的条件下，保证均匀地湿润土壤；能够湿润地表空气层，使地表空气清爽；还能够节约大量的灌溉用水，比普通浇水灌溉节约水量 $40\%\sim60\%$。喷灌的最大优点在于它使灌水工作机械化，显著提高了灌水的工效。

　　喷灌系统的设计，主要是解决用水量和水压方面问题，至于供水的水质，要求可以稍低一些，只要水质对绿化植物没有害处即可。

　　（1）喷灌的形式

　　按照管道、机具的安装方式及其供水使用特点，园林喷灌系统可分为移动式、固定式和半固定式 3 种。

　　移动式喷灌系统　　要求有天然水源，其动力（发动机）、水泵和干管支管是可移动的。其使用特点是浇水方便灵活、能节约用水；但喷水作业时劳动强度稍大。

　　固定式喷灌系统　　这种系统有固定的泵站，干管和支管都埋入地下，喷头可固定于竖管上，也可临时安装。固定式喷灌系统的安装，要用大量的管材和喷头，需要较多的投资。但喷水操作方便，用人工很少，既节约劳动力，又节约用水，浇水实现了自动化，甚至还可能用遥控操作，因此，是一种高效低耗的喷洒系统。这种喷灌系统最适于需要经常性灌溉供水的草坪、花坛和花圃等。

　　半固定式喷灌系统　　其泵站和干管固定，但支管与喷头可以移动，也就是一部分固定一部分移动。其使用上的优缺点介于上述两种喷灌系统之间，主要适用于较大的花圃和苗圃使用。

　　（2）喷灌机与喷头

　　喷灌机主要是由压水、输水和喷头三个主要结构部分构成的。压水部分通常有发动机和离心式水泵，主要是为喷灌系统提供动力和为水加压，使管道系统中的水压保持在一个较高的水平上。输水部分是由输水主管和分管构成的管道系统。

　　按照喷头的工作压力与射程来分，可把喷灌用的喷头分为高压远射程、中压中射程和低压近射程三类喷头。而根据喷头的结构形式与水流形状，则可把喷头分为旋转类、漫射类和孔管类三种类型。

（3）喷头的布置

喷灌系统喷头的布置形式有矩形、正方形、正三角形和等腰三角形 4 种。在实际工作中采用哪种喷头的布置形式，主要取决于喷头的性能和拟灌溉地段的情况（表 2.1.1）。

表 2.1.1　喷头的布置

序号	喷头组合图形	喷洒方式	喷头间距（L），支管间距（b）与喷头射程（R）的关系	有效控制面积（S）	适　用
A	正方形	全圆	$L=b=1.42R$	$S=2R^2$	在风向改变频繁的地方效果较好
B	正三角形	全圆	$L=1.73R$ $b=1.5R$	$S=2.6R^2$	在无风的情况下喷灌的均匀度最好
C	矩形	扇形	$L=R$ $b=1.73R$	$S=1.73R^2$	较 A、B 节省管道
D	等腰三角形	扇形	$L=R$ $b=1.87R$	$S=1.865R^2$	同 C

园林给水工程是保证园林各部分能够正常运转的一项基础工程，园林排水工程也是这样一类基础工程。园林给水管网系统和排水管网系统是相互独立的两套系统，但在具体布置中，也常常要一同考虑，一同布置，要使两套系统紧密结合，并行不悖，共同发挥作用。

2.1.3　实践知识：园林给水工程

1. 园林给水管道的施工

（1）熟悉图纸和现场情况

施工前要熟悉和核对管道平面图、断面图、附属构筑物图以及有关资料，了解精度要求和施工进度安排；熟悉现场地形，找出各桩点的位置。

（2）施工放线

根据设计图纸的要求，放出管道中线，并设立桩点，标明施工标高。若有喷灌则对每一块独立的喷灌区域进行放线，放线时先确定喷头的位置再确定管道的中线位置，拐点位置，再根据设计要求放出沟槽开挖边线以及附属设施的位置以及施工标高。

（3）沟槽开挖

园林给水管道一般管径不大，只是干管的直径稍大。沟槽断面的形式可为矩形或梯形。沟槽的宽度一般可按照管的外径两侧加 0.4m 确定。沟槽的深度应满足施工需要，一般情况下，绿地中管顶埋深 0.7m，普通道路下为 1.2m（如不到 1m 时，需要在管道外加钢套管或采取其他措施加固）。

注：冻土地区则应在冻土线以下 0.4m。

喷灌系统管道的沟槽开挖时，除按照设计要求开挖外，还应注意槽床底部至少要有 0.2% 的坡度，以便冬季防冻时能将管内余水泄去。

（4）管道安装

室外管道安装应符合《给水排水管道工程施工及验收规范》（GB 50268—2008）的规定。

聚氯乙烯（PVC）管道安装包括管道连接和管道加固。

① 管道连接

聚氯乙烯管的连接方式有冷接法和热接法。其中，冷接法由于无需加热设备，便于现场操作，故广泛应用于绿地喷灌工程中。冷接法又分为以下 3 种：

胶合承接法　适用于管径小于 160mm 的管道连接。

弹性密封圈承接法　这种方法有利于解决管道因温度变化引起的伸缩问题，适用于管径 63～315mm 的管道。

法兰连接法　一般用于 PVC 管道与金属管道的连接。

② 管道加固

通常用水泥砂浆或混凝土支墩对管道的某些部位进行压实或支撑固定，以减小给水系统在启动、关闭或运行过程中，产生的水锤和振动作用，增加管网系统的安全性。加固的位置通常是弯头、三通、变径的位置以及间隔一定距离的直线管段。

管道安装应注意事项如下：

1）给水管道使用钢管或钢管件时，钢管的安装、焊接、除锈、防腐应按照设计及有关规定执行。

2）给水管道的接口工序是管道安装的关键工序，接口操作工人应经过训练，并按照操作规程操作。

3）安装管件、闸门等，应位置准确，轴线与管道线一致，无倾斜、偏扭现象。

4) 在管道敷设过程中，应注意保持管子、管件、闸门等内部的清洁，必要时需进行洗刷或消毒。

5) 当管道敷设中断或下班时，应将关口堵好，以防杂物进入。

（5）水压试验与泄水试验

水压试验　注意事项如下：

1) 试压管道管段的长度一般不超过 1000m。

2) 试压前应对压力表进行检验校正，并做好排水设施，以便于试压后管内存水的排除。

3) 管道串水时，应认真进行排气。一般在管端盖堵上有排气孔；在试压管道中段，如有不能自由排气的高点，宜设置排气孔。

4) 串水后，试压管道内宜保持 0.2~0.35MPa 的水压（但不得超过工作压力）浸泡一段时间。通常，铸铁管一昼夜以上，预应力混凝土管 2~3 昼夜。

5) 水压试验一般应在管身胸腔填土后进行，接口部分应根据施工质量、季节、试验压力、接口种类以及管径大小确定是否填土。

6) 试验时的水压应逐步升高，每次升压以 0.2MPa 为宜；每次升压后检查管道，确定无问题后再继续升压。水压试验压力应按表 2.1.2 的规定进行。

表 2.1.2　管道水压试验的试验压力（MPa）

管材种类	工作压力 P	试验压力	管材种类	工作压力 P	试验压力
钢管	P	P+0.5 且不应小于 0.9	预应力、自应力混凝土管	≤0.6	1.5P
铸铁及球墨铸铁管	≤0.5	2P		>0.6	P+0.3
	>0.5	P+0.5	现浇钢筋混凝土管	≥0.1	1.5P

7) 水压试验采取放水法测定渗水量，实测渗水量应不超过表 2.1.3 规定的允许渗水量。

表 2.1.3　压力管道严密性试验允许渗水量

管道内径 /mm	允许渗水量/[L/(min·km)]		
	钢管	铸铁管、球墨铸铁管	预（自）应力混凝土管
100	0.28	0.70	1.40
125	0.35	0.90	1.56
150	0.42	1.05	1.72
200	0.56	1.40	1.98
250	0.70	1.55	2.22
300	0.85	1.70	2.42
350	0.90	1.80	2.62
400	1.00	1.95	2.80
450	1.05	2.10	2.96
500	1.10	2.20	3.14
600	1.20	2.40	3.44

管道内径 /mm	允许渗水量/[L/(min·km)]		
	钢管	铸铁管、球墨铸铁管	预(自)应力混凝土管
700	1.30	2.55	3.70
800	1.35	2.70	3.96
900	1.45	2.90	4.20
1000	1.50	3.00	4.42
1100	1.55	3.10	4.60
1200	1.65	3.30	4.70
1300	1.70	—	4.90
1400	1.75	—	5.00

8)喷灌系统管道水压试验的压力一般为 0.35MPa,保持 2h。在 1h 内压力下降幅度小于 5%、表明管道严密性合格。

9)喷灌管道严密性试验后,压力逐步加到设计工作压力的 1.25 倍,但不得超过管道额定工作压力,保持 2h。在 1h 内压力下降幅度小于 5%,且管道无变形,表明强度试验合格。

泄水试验 水压试验合格后,立即泄水并进行泄水试验。泄水试验对于冬季有冻害的地区是必需的。泄水试验时打开所有的手动泄水阀,截断立管堵头,以免管道中出现负压,影响泄水效果。只要管道中无满管积水现象,即可认为泄水试验合格。

一般采用抽查的方法检验。抽查的位置应选地势较低处,并远离泄水点。检查管道中有无满管积水情况的较好办法是排烟法。将烟雾从立管排入管道,观察邻近的立管有无烟雾排出,以此判断两根立管之间的横管是否满管积水。

(6)回填土方

水压及泄水试验合格后,可进行沟槽回填。非金属喷灌管道的土方回填一般分两步进行。

部分回填 部分回填是指管道以上约 100mm 范围内的回填。宜采用砂土或过筛的原土回填管道两侧分层踏实,禁止用石头碎砖砾等杂物回填,也不宜单侧回填。对于聚乙烯管(PE 软管),填土前应先对管道压力充水至接近其工作压力,以防止回填过程中管道受挤压变形。

全部回填 全部回填采用符合要求的原土,分层踩实。一次填土 100~150mm,直至高出地面 100mm 左右。填土到位后对沟槽进行水夯,以免绿化工程完成后出现局部下陷。其他给水管道沟槽的回填,应符合《给水排水管道工程施工及验收规范》(GB 50268—2008)的规定。

2. 喷灌工程施工工艺

(1)施工工艺流程

清理施工现场 → 测量放线 → 开挖沟槽 → 铺设管道 → 水压试验 → 检查井砌筑

喷灌系统设备安装 ← 回填 ← 管道冲洗 ← (检查井砌筑)

开挖沟槽的施工程序是定位放线、挖槽、沟槽基底、侧壁处理、验收。

定位放线　先按施工图侧出管道的坐标及走向后，按图示方位打桩放线，确定沟槽位置、开挖宽度、深度等。

挖槽　采用人工挖槽，槽边必须按 1：0.33 放坡，开挖出的土方堆放在沟槽的一侧。若在砂土或在砂壤土地区施工，如果沟槽与当地的主风向相交，应将土方堆置在沟槽的下风口一侧，以免刮风造成自然回填。土堆边缘与沟边的距离不得小于 0.5m，堆土高度不得超过 1.5m，堆土时注意不得掩埋消火栓、管道闸阀、雨水口、测量标志及各种地下管道的井盖，且不得妨碍其正常使用。开槽中若遇有其他专业的管道、电缆、地下构筑物或文物古迹等时，应及时与甲方、有关单位及设计部门联系，协同处理。

沟槽基底侧壁处理　要求沟底是坚实的自然土层，若为松土层则夯实。若沟槽底部为石块、砖砾等硬物时，可将槽超挖 100～200cm，清除石块等硬物，再用砂土回填夯实。同时保证沟槽侧壁土层质量，若土层过松，可在沟槽侧壁支撑模板保护，以防沟槽坍塌伤人。

验收　槽底清理完毕后根据施工图检查管沟坐标、深度、平直程度、沟底坡向等，若局部超挖或深度不够，则需整改。检验合格后方可进行下道工序。

（2）铺设管道

包括下管、稳管和管道接口处理。

选材　管材、管件及配件的材料规格、压力等级、质量等均应符合设计要求和施工规范，进场时必须由甲方和监理检验验收，合格后方可使用。

管道安装　安装时采用人工下管，下管前先在管身下方铺设砂垫层，厚度不小于 10cm。管道安装时应慢慢落到沟底，每根管需对准沟槽中心线。管道不得放在冻结的地基上，若设计深度处仍为冻土层，则需超深开挖 100～200mm，去除冻土，回填砂土找平，此时可做混凝土管道基础。管道安装过程中，随时清扫管道中的杂物，给水管道暂时停止安装时，将管道两端临时封堵，防止进入杂物。管道逐节安装完毕后应进行复测，合格后方可安装下一节管道。雨期施工时应注意合理缩短开槽长度，及时砌筑检查井。暂时中断安装的管道应临时封堵，防止雨水夹杂杂物流入，已安装完毕的管道及时验收回填。沟槽中如有积水及时排出，不允许沟槽内长时间积水，更不允许在沟槽内有积水的情况下敷设管道，且雨天不得进行管道接口施工。

PP-R 管安装时采用冷接法，具体采用胶合承插法。管道在沟槽验收合格后方可安装，安装时从下游开始，承插口朝向施工前进的方向。管道在施工中被切断后，需将插口处理好后再进行连接。管件在进行胶合前，应用棉纱将内侧和外侧擦拭干净。粘接前应试插一次，并在插入端表面标出插入深度。胶合剂的使用应适量。插口涂胶后，应立即找正方向将管端插入并用力挤压，使管端插口的深度至所划标线，并保证承插口轴线垂直和插口位置正确。同时保持 0.5～1min 以防止接口滑脱。接口完毕后，应及时将挤出的胶合剂擦拭干净。当 UPVC 管与其他材质管件连接时应采用专用接头。

（3）水压试验

管道安装完毕后，采取分段的形式打压，基本上保证随做随打，以免影响后续工程，可 80～100m 打压一次，打压时应逐步升压，每次升 0.2MPa 为宜。升至工作压力后，停泵检查，不渗不漏。继续升至试验压力，观察压力表 10min 内压降不应超过 0.05MPa，管道、管件、接口位置不应渗漏，然后降至工作压力，进行外观检查，不渗不漏为合格。

（4）检查井砌筑

在已安装完毕的给水管道检查井位置，放出检查井中心位置线，按检查井半径摆出井壁砌墙位置。

在检查井基础面上，先铺砂浆后再砌砖，一般圆形检查井采用 240mm 砖墙砌筑。采用内缝小、外缝大的摆砖方法，外灰缝用碎砖填缝，以减少砂浆用量。每层砖上下皮竖灰缝应错开。随砌筑随检查弧形尺寸。井内踏步，应随砌、随安、随坐浆，其埋入深度不得小于设计规定。踏步安装后，在砌筑砂浆未达到规定强度前，不得踩踏。

（5）管道冲洗

分段冲洗或整个系统安装完结后进行冲洗。冲洗前拆除管道上已安装的水表，加短管代替，并隔断与其他正常供水管线的联系。冲水时用高速水流冲洗管道，直至所排出的水无杂质。

（6）回填

管道安装完毕并经水压试验及泄水试验合格后方可进行沟槽回填，宜采用人工回填。沟槽回填应分两步完成，先部分回填，再全部回填。部分回填是指管道以上约 100mm 范围的回填。一般采用砂土或筛过的原土回填，其中不应含有砖瓦、砾石或其他杂质硬物。管道两侧应分层夯实，禁止用石块或砖砾等杂物单侧回填。对于 UPVC 管，填土前应对管道压力充水，充水压力应接近管道的工作压力。防止在回填过程中管道挤压变形，造成过水断面水压减小，影响浇灌系统的水力条件。全部回填采用符合要求的原土，要求用轻夯或踩实的方法分层回填，一次填土 100~150mm。在回填至管顶上 50cm 后，可用小型打夯机夯实。检查井周围人工用木夯夯实。直至回填到高出地面 100mm 左右为止。回填到位后必须对整个沟槽进行水夯，使回填土充分下沉。以免绿化工程完成后出现局部下陷，影响绿化效果。

（7）喷灌系统设备安装

主要包括基部安装、喷头安装、电磁阀安装、控制器安装、控制电缆几部分工作。

（8）喷灌控制系统安装要求

控制器的安装可有室内型和室外型两种。室内型控制器多采用挂墙方式安装。安装高度以利于维修和操作为宜；室外型控制器应安装于喷灌区以外或边缘，且要将控制器安放在防水型控制箱内。安装于喷灌区以外的宜用挂墙式，置于喷灌区边缘的一般采用混凝土基础低位安装，混凝土基础应高出绿地 10cm，且使控制面板向外。控制器的安装位置要离电机、配电箱等电器设备最少 5m。

安装电磁阀时，要先对管路进行全面冲洗，根据电磁阀安装方向与水流方向一致的原则，在电磁阀的上游安装球阀，在电磁阀的下游安装泄水阀，以便于电磁阀的检修和冬季泄水。

控制电缆要根据电缆的护套类型选择适当的安装方法，对于铠装控制电缆可直接地埋，但塑料、橡胶护套电缆必须用管线铺设。电缆的安装可与喷灌管道施工同时进行，多直接铺设于管槽一侧或两侧，铺设时电缆的两端要统一编号，以利于控制器与电磁阀的连接。

巩固训练 ☞

庭院给水管道施工

依照云水花苑给水平面图（图 2.1.4），分组完成符合设计要求的给水工程施工。

要求：合理编制施工组织设计，合理选择施工材料与施工工具。

1. 实训目的

1.1　掌握园林给水管施工的工艺过程

1.2　牢记施工中的注意事项

2. 使用材料工具的准备

2.1　碎石、细砂、混凝土、标准砖、φ200PVC 管、气泵、增压泵、水压计

2.2　放线器、重力锤、水平仪、卷尺、绳索、土方施工工具、填缝胶

2.3　劳动手套、安全帽、劳动服

3. 工作要求

合理编制施工组织设计，合理选择施工材料与施工工具，注意安全事项。

3.1　进场施工人员必须佩戴安全帽

3.2　检查施工材料合格证是否齐全

3.3　沟槽开挖

3.3.1　沟槽测量、定位应符合设计要求并作好记录。

3.3.2　按设计图纸要求及测量定位的中心线，依据沟槽开挖计算尺寸，撒好灰线。按人数合最佳操作面划分段，按照从浅到深顺序进行开挖。

3.3.3　挖掘管沟和检查井底槽时，沟底留出 15～20cm 暂不开挖。待下道工序进行前抄平开挖，如个别地方不慎破坏了天然土层，要先清除松动土壤，用砂等填至标高，夯实。

3.3.4　岩石类管基填以厚度不小于 100mm 的沙层。

3.3.5　当遇到有地下水时，排水或人工抽水应保证下道工序进行前将水排除。

3.4　管道铺设

3.4.1　检查

1) 检查管材、套环及接口材料的质量。管材有破裂、承插口缺口、缺边等缺陷不允许使用。

2) 检查基础的标高和中心线。基础混凝土强度须达到设计强度等级的 50% 和不小于 5MPa 时方准下管。

3) 校正测量及复核坡度板，是否被挪动过。

4) 铺设在地基上的混凝管，根据管子规格量准尺寸，下管前挖好枕基坑，枕基低于管底外壁 10mm。

3.4.2　下管

1) 选择合适的下管方式。

2) 下管前要从两个检查井的一端开始，若为承插管铺设时以承口在前。

3) 稳管前将管口内外全刷洗干净，管径在 600mm 以下者应留出不小于 3mm 的对口缝隙。

4) 下管后扶正拨直，在撬杠下垫以木板，不可直插在混凝土基础上。待两窨井间全部管子下完，检查坡度无误后即可接口。

5) 使用套环接口时，稳好一根管子再安装一个套环。铺设小口径承插管时，稳好第一节管后，在承口下垫满砂浆，再将第二节管插入，挤入管内的砂浆应从里口抹平。

3.4.3　管道接口

采用塑料管溶剂粘接连接时应注意以下几点：

1) 必须将管端外侧和承口内侧擦拭干净，使被粘接面保持清洁、无尘砂与水迹。表面粘有油污时，必须用棉纱蘸丙酮等清洁剂擦净。

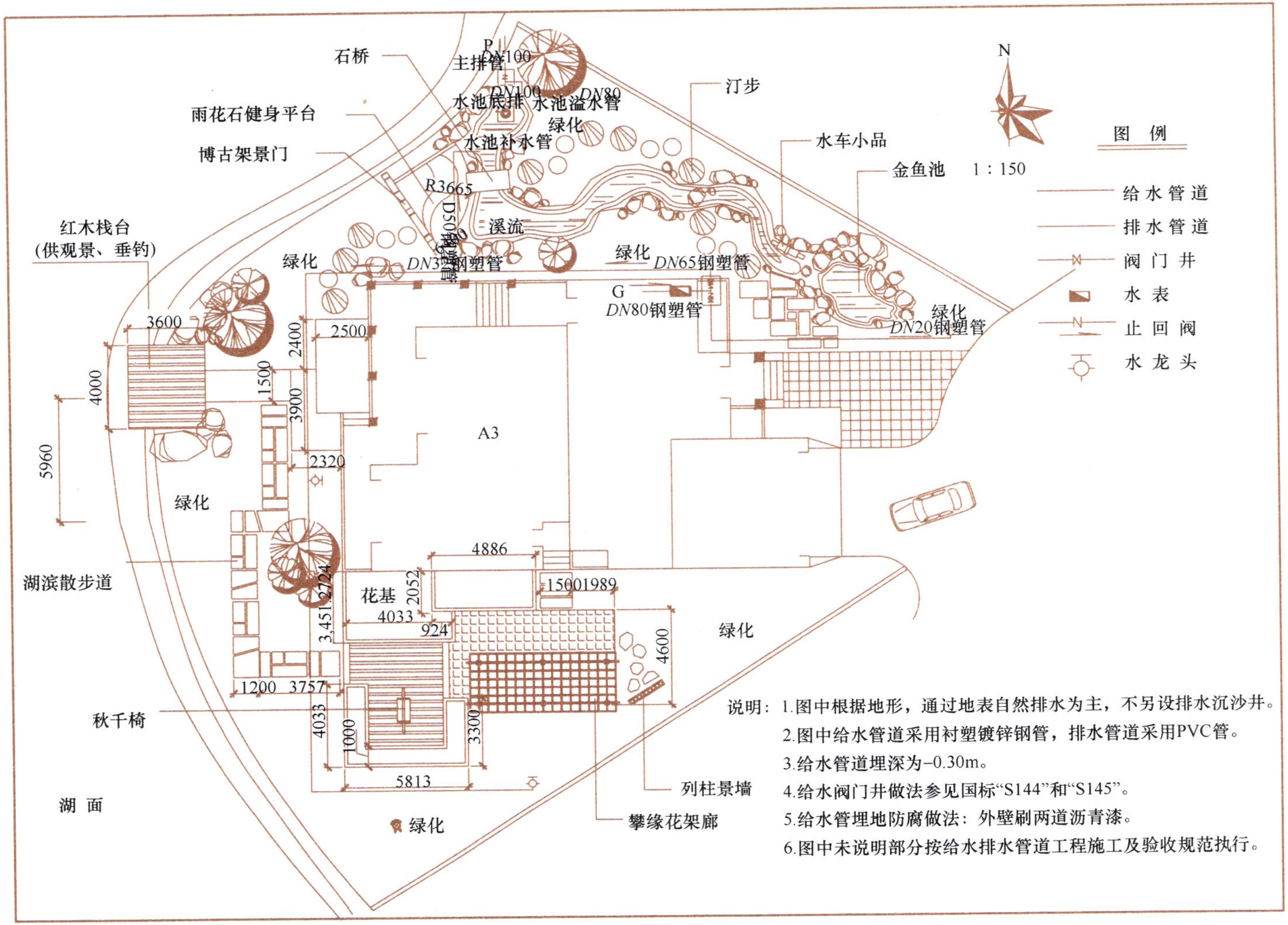

说明：1.图中根据地形，通过地表自然排水为主，不另设排水沉沙井。
2.图中给水管道采用衬塑镀锌钢管，排水管道采用PVC管。
3.给水管道埋深为-0.30m。
4.给水阀门井做法参见国标“S144”和“S145”。
5.给水管埋地防腐做法：外壁刷两道沥青漆。
6.图中未说明部分按给水排水管道工程施工及验收规范执行。

图 2.1.4 云水苑给水平面

2) 采用承口管时，应对承口与插口的紧密程度进行验证。粘接前必须将两管试插一次，使插入深度及松劲度配合情况符合要求，并在插口端表面划出插入承口深度的标线。管端插入承口深度可按现场实测的承口深度。

3) 涂抹粘接剂时，应先涂承口内侧，后涂插口外侧，涂抹承口时应顺轴向由里向外涂抹均匀、适量，不得漏涂或涂抹过量。

4) 涂抹粘接剂后，应立即找正方向对准轴线将管端插入承口，并用力推挤至所画标线。插入后将管旋转 1/4 圈，在不少于 60s 时间内保持施加的外力不变，并保证接口的直度和位置正确。

5) 插接完毕后，应及时将接头外部挤出的黏接剂擦拭干净。（注：工厂加工各类管件时，粘接固化时间由生产厂家技术条件确定。）

6) 粘接接头不得在雨中或水中施工，不宜在 5℃ 以下操作。所使用的粘接剂必须经过检验，否则不得使用。

3.4.4　室外排水管道闭水试验

管道应于充满水 24h 后进行严密性检查，水位应高于检查管段上游端部的管顶。如地下水位高出管顶时，则应高出地下水位。一般采用外观检查，检查中应补水，水位保持规定值不变，无漏水现象则认为合格。

3.5　土方回填

3.5.1　管道安装验收合格后应立即回填。

3.5.2　回填时沟槽内应无积水，不得带水回填，不得回填淤泥、有机物及冻土。回填土中不得含有石块、砖及其他杂硬物体。

3.5.3　沟槽回填应从管道、检查井等构筑物两侧同时对称回填，确保管道不产生位移，必要时可采取限位措施。

3.5.4　管道两侧及管顶以上 0.5m 部分的回填，应同时从管道两侧填土分层夯实，不得损坏管子和防腐层，沟槽其余部分的回填也应分层夯实。管子接口工作坑的回填必须仔细夯实。

3.5.5　回填设计填砂时应遵照设计要求。

3.5.6　管顶 0.7m 以上部位可采用机械回填，机械不能直接在管道上部行驶。

3.5.7　管道回填宜在管道充满水的情况下进行，管道敷设后不宜长期处于空管状态。

4. 要求

分组进行实训，并对实训成果进行品评，说出优缺点并提出改进措施。

5. 考核评估

5.1　定位放线是否正确（20%）

5.2　施工过程是否符合规范（30%）

5.3　工程作品是否达到设计要求（30%）

5.4　安全防护措施是否到位（20%）

任务 2.2　园林排水工程

任务分析：学习掌握园林排水工程的施工步骤、方法、过程。

技能：理解园林给水工程的施工技术及步骤，学生能够独立安排一场排水工程的施工设计。

方法：采用教师讲授，学生模拟的方法。

态度：认知施工技术是需要严格谨慎及需要保证安全的，不仅施工过程需要安全，施工工程也需要安全稳固。

2.2.1　工作任务：园林排水工程

【案例】　组建虚拟园林公司工程项目部，选举项目经理，任命总工程师与园林五大员，制图室内完成项目前期准备、明确工作职责，工程实训场内进行实际演练。

1. 任务分析

接受案例后首先分析图纸，排水总平面图（图 2.2.1）。通常园林排水工程由污水排水系统（由室内卫生设备和污水管道系统、室外污水管道系统、污水泵站及压力管道、污水处理与利用构筑物、排入水体的出水口等组成），雨水排水系统（由景区雨水管渠系统、出水口、雨水口等组成），污水处理系统三部分组成。该项目园林排水侧重天然降水的排放，已略去相应的生活污水与污水处理工程。具体如下：

1）利用草坪与植被吸收大量降水。

2）利用用地形排水：通过竖向设计将降水与多余浇灌用水，就近排入水体或附近的雨水口，可节省投资。

3）利用溢水管与过滤池排污管将多余之水导入排水 DN300 干管。

4）排水干管接市政排水系统。

5）采用严格的雨、污分流排水体制。

2. 实践操作

操作步骤如下：

1）按照施工平面图放样结合设计要求构筑地面的坡向与坡度：为了有组织地引导地面水的流向，依靠地面上设计所定的坡度和坡面方向，将流水排至相应的沟渠中。在施工中，必须确保各块地面有合理的坡度和坡向，并使表面有一定的密实度，以防因流水的长期侵蚀而出现坑洼。

2）构筑沟渠：按设计要求，构筑明沟、盲沟、渠道等排水沟渠。确保沟渠的截面形状和尺寸，控制沟槽的底标高及相应的排水坡度。正确铺设沟底、沟侧及沟中的构筑材料，以确保沟渠的排水能力。

3）排水管网的铺设：排水管网一般分雨水管系统与污水管系统两大类。在埋设施工中，必须严格控制管道的坡度和标高，认真进行各种井体的砌筑建造，合理处理各种不同系统管道之间的水平与垂直交叉距离。其定位放线、沟槽挖掘、管网安装、填土等基本施工要求与给水管网的铺设基本相似。

4）排水系统附属物设施的建造主要为雨水口、沉砂井、过滤池的建造。建造时应注意结构体的整体稳定性，防止壁体出现渗漏的现象，确保各种管道的设置位置。

2.2.2　理论知识：园林排水工程

排水工程的主要任务是把雨水、废水、污水收集起来并输送到适当地点排除，或经过处理之后再重复利用和排除掉。园林中如果没有排水工程，雨水、污水淤积园内，将会使植物遭受涝灾，滋生大量蚊虫并传播疾病；既影响环境卫生，又会严重影响公园里的所有游园活动。因此，在每一项园林工程中都要设置良好的排水工程设施。

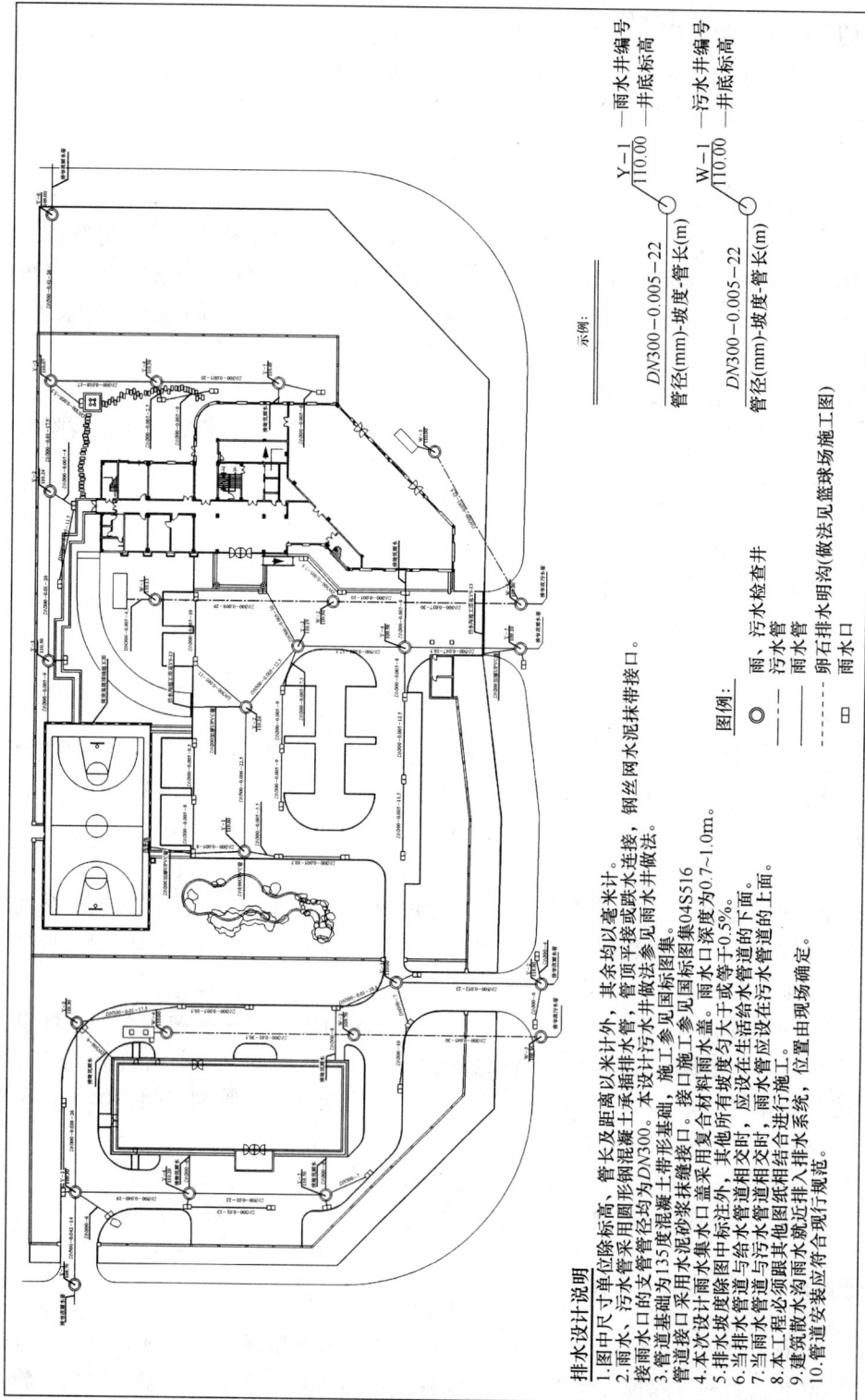

图 2.2.1 排水总平面图

排水设计说明

1. 图中尺寸单位除标高、管长及距离以米计外，其余均以毫米计。
2. 雨水、污水管采用圆形钢筋混凝土承插排水管，管顶平接或跌水连接，钢丝网水泥抹带接口。接雨水口的支管管径均为DN300。本设计污水井参见雨水井做法。
3. 管道基础为135度混凝土带形基础，施工参见国标图集，接口采用水泥砂浆抹带缝接口。接口施工参见国标图集04S516。
4. 本次设计雨水除水口盖采用复合材料雨水盖，其他所有盖采用水泥砂浆抹带缝接口。
5. 排水坡度除图中标注外，雨水坡度为0.7~1.0m。
6. 排水管道与给水管标注外，雨水口深度等于0.5%。
7. 当排水管道与其他管道相交时，应设在生活给水管道的下面。
8. 本工程污水管必须跟图纸相结合进行施工，雨水应设在污水管道的上面。
9. 建筑散水沟跟其他雨水就近排入排水系统，位置由现场确定。
10. 管道安装应符合现行规范。

图例:
○ ── 雨、污水检查井
── 污水管
── 雨水管
----- 卵石排水明沟(做法见篮球场施工图)
□ 雨水口

示例:

$\dfrac{DN300-0.005-22}{管径(mm)-坡度-管长(m)}$

$\dfrac{DN300-0.005-22}{管径(mm)-坡度-管长(m)}$

Y-1 雨水井编号
↗110.00 井底标高

W-1 污水井编号
↗110.00 井底标高

1. 园林排水的种类、特点、体制与工程组成

（1）园林排水的种类

从需要排除的水的种类来说，园林绿地所排放的主要是天然降水、生产废水、游乐废水和一些生活污水。这些废、污水所含有害污染物质很少，主要含有一些泥沙和有机物，净化处理也比较容易。

（2）园林排水的特点

1）地形变化大，适宜利用地形排水。园林绿地中既有平地，又有坡地，甚至还可有山地。地面起伏度大，就有利于组织地面排水、利用低地汇集天然降水到一处，使地面水集中排除比较方便，也比较容易进行净化处理。地面水的排除可以不进地下管网排除，而利用倾斜的地面和少数排水明渠直接排放入园林水体中，这样可以在很大程度上简化园林地下管网系统。

2）与园林用水点分散的给水特点不同，园林排水管网的布置却较为集中、排水管网主要集中布置在人流活动频繁、建筑物密集、功能综合性强的区域中，如餐厅、茶室、游乐场、游泳池、喷泉区等地方。而在林地区、苗圃区、草地区、假山区等功能单一而又面积广大的区域，则多采用明渠排水，不设地下排水管网。

3）管网系统中雨水管多，污水管少。相对而言，园林排水管网中的雨水管数量明显多于污水管。这主要是园林产生污水比较少的缘故。

4）园林排水成分中，污水少，天然降水和废水多。园林内所产生的污水，主要产餐厅、宿舍、厕所等的生活污水，基本上没有其他污水源。污水的排放量只占园林总排水量的很小一部分。占排水量大部分的是污染程度很轻的天然降水和各处水体排放的生产废水和游乐废水。这些地面水常常不需进行处理而可直接排放；或者仅作简单处理后再排除或再重新利用。

5）园林排水的重复使用可能性很大。由于园林内大部分排水的污染程度不严重，因而基本上都可以在经过简单的混凝澄清、除去杂质后，用于植物灌溉、湖池水源补给等方面，水的重复使用效率比较高。一些喷泉池、瀑布池等，还可以安装水泵，直接从池中汲水，并在池中使用，实现池水的循环利用。

（3）排水体制

分流制排水　这种排水体制的特点是"雨、污分流"。因为天然降水、园林生产废水、游乐废水等污染程度低，不需净化处理而可直接排放，为此而建立的排水系统，称雨水排水系统。为生活污水和其他需要除污净化后才能排放的污水另外建立的一套独立的排水系统，则称为污水排水系统。两套排水管网系统虽然是一同布置，但互不相连，雨水和污水在不同的管网中流动和排除。

合流制排水　排水特点是"雨、污合流"。排水系统只有一套管网，既排雨水又排污水。这种排水体制已不适于现代城市环境保护的需要，所以在一般城市排水系统的设计中已不再采用。但在污染负荷较轻、没有超过自然水体环境的自净能力时，还是可以酌情采用的。一些公园、风景区的水体面积很大，水体的自净能力完全能够消化园内有限的生活污水，为了节约排水管网建设的投资，就可以在近期考虑采用合流制排水系统，待以后污染加重了，再改造成分流制系统。

（4）排水工程的组成

园林排水工程的组成，包括了雨水、雪水、废水、污水的收集、输送，到污水的处理和排放等一系列过程。从排水工程设施方面来分，主要可以分为两大部分。一部分是作为排水工程主体部分的排水管渠，其作用是收集、输送和排放园林各处的污水、废水和雨、雪水。另一部分是污水处理设施，包括必要的水池、泵房等构筑物。但从排水的种类方面来分，园林排水工程则是由雨水排水系统和污水两大部分构成的。

1）雨水排水系统的组成园林内的雨水排水系统不只是排除雨水，还要排除园林生产废水和游乐废水。因此，它的基本构成部分就有：汇水坡地、集水浅沟和建筑物的屋面、天沟、雨水斗、竖管、散水；排水明渠、暗沟、截水沟、排洪沟；雨水口、雨水井、雨水排水管网、出水口；在利用重力自流排水困难的地方，还可能设置雨水排水泵站。

2）污水排水系统的组成这种排水系统主要是排除园林生活污水，包括室内和室外部分，有：室内污水排放设施如厨房洗物槽、下水管、房屋卫生设备等；除油池、化粪池、污水集水口；污水排水干管、支管组成的管网；管网附属构筑物如检查井、连接井、跌水井等；污水处理站，包括污水泵房、澄清他、过滤池、消毒池、清水池等；出水口是排水管网系统的终端出口。

3）合流制排水系统的组成合流制排水系统只设一套排水管网，其基本组成是雨水系统和污水系统的组合。常见的组合部分是：雨水集水口、室内污水集水口；雨水管渠、污水支管；雨、污水合流的干管和主管；管网上附属的构筑物如雨水井、检查井、跌水井，截流式合流制系统的截流干管与污水支管交接处所设的溢流井等；污水处理设施如混凝澄清池、过滤池、消毒池、污水泵房等；出水口。

2. 排水管网的附属构筑物

（1）雨水口

雨水口是在雨水管渠或合流管渠上收集雨水的构筑物。一般的雨水口，都是由基础、井身、井口、井算几部分构成的。其底部及基础可用 C15 混凝土做成，平面尺寸在 1200mm×900mm×100mm 以上。井身、井口可用混凝土浇制，也可以用砖砌筑。砖壁厚 240mm。为了避免过快地锈蚀和保持较高透水率，井算应当用铸铁制作，算条宽 15mm 左右，间距 20～30m。雨水口的水平截面一般为矩形，长 1m 以上，宽 0.8m 以上。竖向深度一般为 1m 左右，井身内需要设置沉泥槽时，沉泥槽的深度应不小于 120mm，雨水管的管口设在井身的底部（图 2.2.2）。

与雨水管或合流制干管的检查井相接时，雨水口支管与干管的水流方向以在平面上呈 60°交角为好。支管的坡度一般不应小于 1‰。雨水口呈水平方向设置时，井算应略低于周围路面及地面 3cm 左右，并与路面或地面顺接，以方便雨水的汇集和泄入。

（2）检查井

对管渠系统作定期检查，必须设置检查井。检查井通常设在管渠交汇、转弯、管渠尺寸或坡度改变、跌水等处以及相隔的宜线管渠段上。其分类与布置间距见表 2.2.1 与表 2.2.2。

建造检查井的材料主要是砖、石、混凝土或钢筋混凝土；在国外，则多采用钢筋混凝土预制。检查井的平面形状一般为圆形，大型管渠的检查井也有矩形或扇形的。井下的基础部分一般用混凝土浇筑，井身部分用砖砌成下宽上窄的形状，井口部分形成颈状。检查井的深度，取决于井内下游管道的埋深。为了便于检查人员上、下井室工作，井口部分的大小应能

图2.2.2　雨水口的构造

容纳人身的进出。

表2.2.1　检查井分类表

类　别		井室内径/mm	适用管径/mm	备　注
雨水检查井	圆形	700	$D \leqslant 400$	表中检查井的设计条件为：地下水位在1m以下，地震烈度为9度以下
		1000	$D=200 \sim 600$	
		1250	$D=600 \sim 800$	
		1500	$D=800 \sim 1000$	
		2000	$D=1000 \sim 1200$	
		2500	$D=1200 \sim 1500$	
	矩形		$D=800 \sim 2000$	
污水检查井	圆形	700	$D \leqslant 400$	
		1000	$D=200 \sim 600$	
		1250	$D=600 \sim 800$	
		1500	$D=800 \sim 1000$	
		2000	$D=1000 \sim 1200$	
		2500	$D=1200 \sim 1500$	
	矩形		$D=800 \sim 2000$	

表2.2.2　检查井的最大间距

管别	管渠或暗渠净高/mm	最大间距/mm	管别	管渠或暗渠净高/mm	最大间距/mm
污水管道	<500	40	雨水管渠	<500	50
	500~700	50		500~700	60
	800~1500	75	合流管渠	800~1500	100
	>1500	100		>1500	120

　　检查井基本上有两类，即雨水检查井和污水检查井。在合流制排水系统中，只设雨水检查井。检查井的结构形式比较多。由于各地地质、气候条件相差很大，在布置检查井的

时候，最好参照全国通用的《给水排水标准图集》和地方性的《排水通用图集》，根据当地的条件宜接在图集中选用合适的检查井，而不必再进行检查井的计算和结构设计（图2.2.3）。

图2.2.3　检查井的构造

（3）跌水井

由于地势或其他因素的影响，使得排水管道在某地段的高程落差超过1m时，就需要在该处设置一个具有消能作用的检查井，这就是跌水井。根据结构特点来分，跌水井有竖管式和溢流堰式两种形式（图2.2.4）。

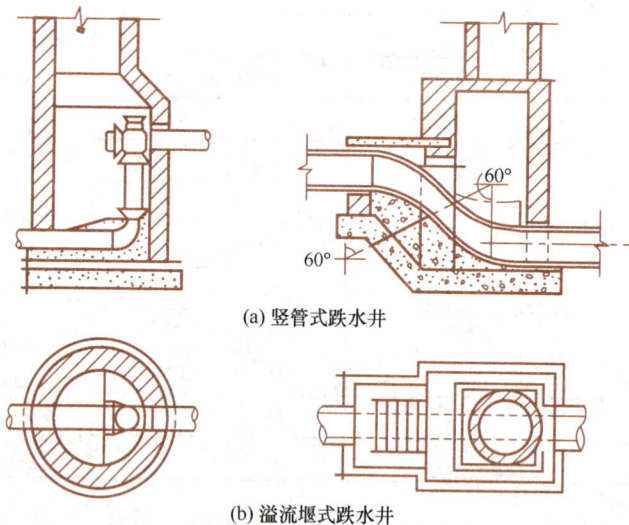

(a) 竖管式跌水井

(b) 溢流堰式跌水井

图2.2.4　跌水井

竖管式跌水井一般适用于管径不大于400mm的排水管道上。井内允许的跌落高度因管径的大小而异。管径不大于200mm时，一级跌落高不宜超过6m；当管径为250～400mm时，一级跌落高度不超过1m。

溢流堰式跌水井多用于400mm以上大管径的管道、当管径大于400mm，而采用溢流堰式跌水井，其跌水水头高度、跌水方式及井身长度等，都应符合设计要求。

跌水井的井底要考虑对水流冲刷的防护，要采取必要的加固措施。当检查井内上、下游管道的高程落差小于1m时，可将井底做成斜坡，不必做成跌水井。

（4）闸门井

由于降雨或潮汐的影响，园林水体水位会增高，可能对排水管形成倒灌；或者为了防止非雨时污水对园林水体的污染和为了调节、控制排水管道内水的方向与流量，就要在排水管网中或排水泵站的出口处设置闸门井。

闸门井由基础、井室和井口组成。如单纯为了防止倒灌，可在闸门井内设活动拍门。活动拍门通常为铁制，圆形，只能单向开启。当排水管内无水或水位较低时，活动拍门依靠自重关闭；当水位增高后，由于水流的压力而使拍门开启。如果为了既控制污水排放，又防止倒灌；也可在闸门井内设能够人为启闭的闸门。闸门的启闭方式可以是手动的，也可以是电动的；闸门结构比较复杂，造价也较高。

（5）倒虹管

排水管道在园路下布置时有可能与其他管线发生交叉，而它又是一种重力自流式的管道。因此，要尽可能在管线综合中解决好交叉时管道之间的标高关系。但有时受地形所限，如遇到要穿过沟渠和地下障碍物的时候，排水管道就不能按照正常情况敷设，而不得不以一个下凹的折线形式从障碍物下面穿过，这段管道就成了倒置的虹吸管，即所谓的倒虹管（图 2.2.5）。

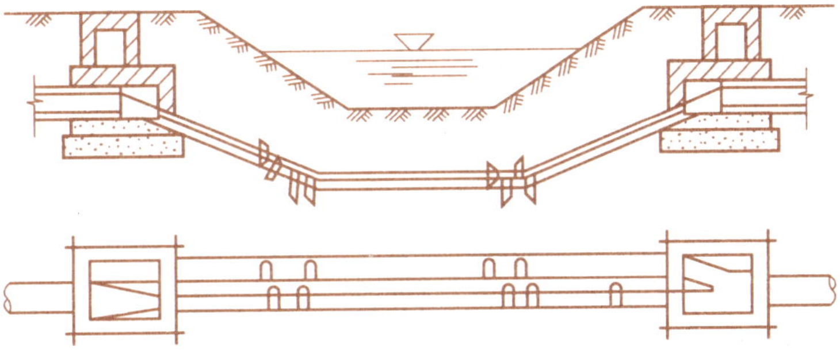

图 2.2.5　穿越溪流的倒虹管示意图

一般排水管网中的倒虹管是由进水井、下行管、平行管、上行管和出水井等部分构成的。倒虹管采用的最小管径为 200mm，管内流速一般为 12～15m/s，不得低于 0.9m/s，并应大于上游管内流速。平行管与上行管之间的夹角不应小于 150°，要保证管内的水流有较好的水力条件，以防止管内污物滞留。为了减少管内泥砂和污物淤积，可在倒虹管进水井之前的检查井内，设一沉淀槽，使部分泥砂污物在此预沉下来。

（6）出水口

排水管渠的出水口是雨水、污水排放的最后出口，其位置与形式，应根据污水水质、下游用水情况、水体的水位变化幅度、水流方向、波浪情况等因素确定。

在园林中，出水口最好设在园内水体的下游末端，要和给水取水区、游泳区等保持一定的安全距离。

雨水口的设置一般为非淹没式的，即排水管出水口的管底高程要安排在水位线以上，以防倒流。当出水口高出水位很多时，为了降低出水对岸边冲击力，应考虑将其设计为多级的跌水式出水口。污水系统的出水口，则一般布置成淹没式，即把出水管管口布置在水体的水面以下，以使污水管口流出的水能够与河湖水充分混合，减轻对水体的污染。

为保护岸坡，出水口可做适当的处理，常见方法如下。

做成消力出水口 排水槽上口下口高差大时可以在槽底设置"消力阶"。

做造景出水口 在园林中,雨水排水口还可以结合造景布置成小瀑布、跌水、溪涧、峡谷等,一举两得,既解决了排水问题,又使园景生动自然,丰富了园林景观内容。

埋管成排出水口 这种方法园林中运用很多,即利用路面或道路两侧的明渠将水引至适当位置,然后设置排水管作为出水口,排水管口可以伸出到园林水面以上或以下,管口出水直接落入水面,可避免冲刷岸边;或者,也可以从水面以下出水,从而将出水口隐藏起来。

3. 排水主要形式

园林绿地多依山傍水,设施繁多,自然景观与人工造景结合。因此,在排水方式上也有其本身的特点。其基本的排水方式有:

利用地形自然排除雨、雪水等天然降水,可称为地面排水;

利用排水设施排水,这种排水方式主要是排除生活污水、生产废水、游乐废水和集中汇流到管道中的雨、雪水,因此可称作管道排水;

地面排水与管道排水结合的方式,如管渠排水、暗道排水。

三者之间以地面排水最为经济。现以几种常见排水量相近的排水设施的造价作一比较。设以管道(混凝土管或钢筋混凝土管)的造价为100%,则石砌明沟约为58%,砖砌明沟约为27.9%,砖砌加盖沟约为68.0%,而土明沟约为2%,由此可见利用地面排水的经济性了。

(1)地面排水

在我国,大部分公园绿地都采用地面排水为主,沟渠和管道排水为辅的综合排水方式。如北京的颐和园、北海公园,广州动物园、杭州动物园、上海复兴岛公园等。复兴岛公园完全采用地面和浅明沟排水,不仅经济实用,便于维修,并且景观自然。

地面排水的方式可以归结为五个字,即:拦、阻、蓄、分、导。

拦 把地表水拦截于园地或某局部之外。

阻 在径流流经的路线上设置障碍物挡水,达到消力降速以减少冲刷的作用。

蓄 蓄包含两方面意义:一是采取措施使土壤多蓄水;二是利用地表洼处或池塘蓄水,这对干旱地区的园林绿地尤其重要。

分 用山石建筑墙体等将大股的地表径流分成多股细流,以减少危害。

导 把多余的地表水或造成危害的地表径流利用地面、明沟、道路边构或地下管及时排放到园内(或园外)的水体或雨水管渠中去。

(2)管渠排水

公园绿地应尽可能利用地形排除雨水,但在某些局部如广场、主要建筑周围或难于利用地面排水的局部,可以设置暗管或开渠排水。这些管渠可根据分散和直接的原则,分别排入附近水体或城市雨水管,不必搞完整的系统。

管道的最小覆土深度 根据雨水井连接管的坡度、冰冻深度和外部荷载情况决定。雨水管的最小覆土深度不小于0.7m。

最小坡度 规定如下:

① 道路边沟的最小坡度不小于0.002;

② 梯形明渠的最小坡度不小于0.0002。

　　最小容许流速　规定如下：

　　① 各种管道在自流条件下的最小容许流速不得小于 0.75m/s；

　　② 各种明渠不得小于 0.4m/s（个别地方可酌减）。

　　最小管径及沟槽尺寸　规定如下：

　　① 雨水管最小管径不小于 300mm，一般雨水口的接管最小管径为 200mm，最小坡度为 0.01。公园绿地的径流中挟带泥砂及枯枝落叶较多，容易堵塞管道，故最小管径限值可适当放大。

　　② 梯形明渠为了便于维修和排水通畅，渠底宽度不得小于 30cm。

　　③ 梯形明渠的边坡，用砖石或混凝土块铺砌的一般采用 1∶0.75～1∶1 的边坡。

　　排水管渠的最大设计流速　规定如下：

　　管道：金属管为 10m/s；非金属管为 5m/s。

　　明渠：水流深度 h 从 0.4m 到 1.0m 时，宜按排水要求采用。

　　（3）暗沟排水

　　暗沟又叫盲沟，是一种地下排水渠道，用以排除地下水，降低地下水位。在一些要求排水良好的活动场地，如体育场、儿童游戏场等或地下水位过高影响植物种植和开展游园活动的地段，都可以用暗沟排水（图 2.2.6）。

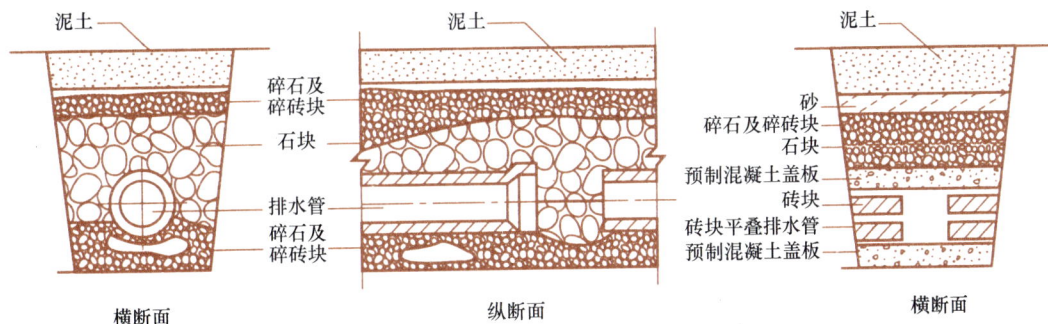

图 2.2.6　盲沟的构造

2.2.3　实践知识：园林排水工程

　　1. 雨水井施工

　　（1）一般规定

　　1）道路雨水井是路表水流入雨水支管的构筑物。其作用是排除路面地表水。

　　2）雨水井井型一般采用单箅式和双箅式及多箅式中型或大型平箅雨水井。雨水井为砖砌体，所用砖材不得低于 MU10。铸铁雨水井井箅，井框必须完整无缺不得翘曲。井身结构尺寸、井箅、井框规格尺寸必须符合设计图纸要求。

　　3）雨水井口基座外边缘与侧石距离不得大于 5cm，并不得伸进侧石的边线。

　　（2）施工方法

　　1）井位放线由测量人员按设计图纸放出侧石边线钉好井位桩，其井位内侧桩沿侧石方向应设 2 个，并要与侧石吻合防止井身错位，并定出雨水井高程。

2）班组按雨水井位置线开槽，井周沿边留出 30cm 的余量，控制设计标高。检查槽深槽宽，清平槽底，进行素土夯实。

3）浇筑厚为 10cm 的 C15 强度等级的水泥混凝土基础底板，若基底土质软，浇混凝土底板，捣实、养护达一定强度后再砌井身。

4）井墙砌筑：基础底板上铺砂浆一层，然后砌筑井座。缝要挤满砂浆，已砌完的四角高度应在同一个水平面上。

雨水井砌井前，按墙身位置挂线，先找好四角符合标准图尺寸，并检查边线与侧石边线吻合后再向上砌筑，砌至一定高度时，随砌随将内墙用 1：2.5 水泥砂浆抹面，要抹两遍，第一遍抹平，第二遍压光，总厚 1.5cm。做到抹面密实光滑平整、不起鼓、不开裂。井外用 1：4 水泥砂浆搓缝，也应随砌随搓，使外墙严密。

常温砌墙用砖要洒水，不准用干砖砌筑，砌砖用 1：4 水泥砂浆。

墙身每砌起 30cm 及时用碎砖还槽并灌 1：4 水泥砂浆，亦可用 C15 水泥混凝土回填，做到回填密实，以免回填不实使井周路面产生局部沉陷。

内壁抹面应随砌井随抹面，但最多不准超过三次抹面，接缝处要注意抹好压实。

当砌至支管顶时，应将露在井内管头与井壁内口相平，用水泥砂浆将管口与井壁接好。周围抹平抹严。墙身砌至要求标高时，用水泥砂浆卧底安装铸铁井框、井箅，做到井框四角平稳。其雨水井标高控制在比路面低 1.5～3.0cm，雨水井沿侧石方向每侧接顺长度为 2m，垂直道路方向接顺长度为 50cm，便利聚水和泄水。要从路面基层开始就注意接顺，不要只在道路面层找齐。

雨水井砌完后，应将井内砂浆碎砖等一切杂物清除干净，拆除管堵。

井底用 1：2.5 水泥砂浆抹出坡向雨水管口的泛水坡。

多算式雨水井砌筑方法和单算式同。水泥混凝土过梁位置必须放置准确。

2. 雨水支管施工

（1）一般规定

1）雨水支管是将雨水井内的集水流入雨水管道或合流管道检查井内的构筑物。

2）雨水支管必须按设计图纸的管径与坡度埋设，管线要顺直，不得有拱背、洼心等现象，接口要严密。

（2）施工方法

1）挖槽。

- 测量人员按设计图上的雨水支管位置、管底高程定出中心线桩并标记高程。根据开槽宽度，撒开槽灰线，槽底宽一般采用管径外皮之外每边各边宽 30cm。
- 根据道路结构厚度和支管覆土要求，确定在路槽或一步灰土完成后开槽，但不得影响结构层整体强度。
- 挖至槽底基础表面设计高程后挂中心线，检查宽度和高程是否平顺，修理合格后再按基础宽度与深度要求，立桩挖土直至槽底作成基础土模，清底至合格高程即可打混凝土基础。

2）四合一法施工（即基础、铺管、八字混凝土、抹箍同时施工）。

基础　浇筑强度为 C15 级水泥混凝土基础，将混凝土表面作成弧形并进行捣固，混凝土表面要高出弧形槽 1～2cm，靠管口部位应铺适量 1：2 水泥砂浆，以便稳管时挤浆使管口与下一个管口黏结严密，以防接口漏水。

铺管 在管子外皮一侧挂边线，以控制下管高程顺直度与坡度，要洗刷管子保持湿润。

将管子稳在混凝土基础表面，轻轻揉动至设计高程，注意保持对口和中心位置的准确。雨水支管必须顺直，不得错口，管子间留缝最大不准超过 1cm，灰浆若挤入管内用弧形刷刮除，如出现基础铺灰过低或揉管时下沉过多，应将管子撬起一头或起出管子，铺垫混凝土皮砂浆，且重新揉至设计高程。

支管接入检查井后，支管口应与检查井内壁齐平，不得有探头和缩口现象，用砂浆堵严管周缝隙，并用砂浆将管口与检查井内壁抹严、抹平、压光，检查井外壁与管子周围的衔接处应用水泥砂浆抹严。靠近雨水井一端在尚未安雨水井时，应用于砖暂时将管口塞堵，以免灌进泥土。

八字混凝土 管子稳好捣固后按要求角度抹出八字护脚。

抹箍 管座八字混凝土灌好后，立即用 1∶2 水泥砂浆抹严。

抹箍的材料规格，水泥强度等级宜为 C25 及以上，砂用中砂，含泥量不大于 5%。

接口工序是保证质量的关键，不能有丝毫马虎。抹箍前先将管口洗刷干净，保持湿润，砂浆应随拌随用。

抹箍时先用砂浆填管缝压实略低于管外皮，如砂浆挤入管内用弧形刷随时刷净，然后刷水泥素浆一层宽 8～10cm，再抹管箍压实，并用管箍弧形抹子赶光压实。

为保证管箍和管基座八字连接一体，在接口管座八字顶部预留小坑，当抹完八字混凝土立即抹箍，管箍灰浆要挤入坑内，使砂浆与管壁黏结牢固（图 2.2.7）。

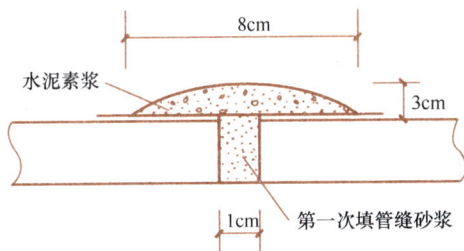

图 2.2.7 水泥砂浆接口

管箍抹完初凝后，应盖草袋洒水养护，注意勿损坏管箍。

3）凡支管上覆土不足 40cm，需上大碾碾压者，应作 360°包管加固。在第一天浇筑基础下管，用砂浆填管缝压实略低于管外皮并做好平管箍后，于次日按设计要求打水泥混凝土包管，水泥混凝土必须插捣振实，注意养护期内的养护，完工后支管内要清理干净。

4）支管沟槽回填。

- 回填应在管座混凝土强度达到 50% 以上方可进行。
- 回填应在管子两侧同时进行。
- 雨水支管管顶 40cm 范围内用人工夯实，压实度要与道路结构层相同。

（3）升降检查井

1）城市道路在路内有雨污水等各种检查井，在道路施工中，为了保护原有检查井井身强度，一般不准采用砍掉井筒的施工方法。

2）开槽前用竹杆等物逐个在井位插上明显标记，堆土时要离开检查井 0.6～1.0m，距离，不准推土机正对井筒直推，以免将井筒挤坏。井周土方采取人工挖除，井周填石灰土基层时，要采用人力夯分层夯实。

3）凡升降检查井取下井圈后，按要求高程升降井筒。如升降量较大，要考虑重新收口，使检查井结构符合设计要求。

4）井顶高程按测量高程在顺路方向井两侧各 2m，垂直路线方向井每侧各 1m，挂十字线稳好井圈、井盖。

5）检查井升降完毕后，立即将井子内里抹砂浆面，在井内与管头相接部位用 1∶2.5 砂浆抹平压光，最后把井内泥土杂物清除干净。

6）井周除按原路面设计分层夯实外，在基层部位距检查井外墙皮 30cm 中间，浇筑一圈厚 20～22cm 的 C30 混凝土加固。顶面在路面之下，以便铺筑道路面层。在井圈外仍用基层材料回填，注意夯实。

（4）雨、冬期施工

1）雨期施工。

- 雨季挖槽应在槽帮堆叠土埂。严防雨水进入沟槽造成泡槽。
- 如浇筑管基混凝土过程中遇雨。应立即用草袋将浇好的混凝土全部覆盖。
- 雨天不宜进行接口抹箍，如必须作业时，要有必要的防雨措施。
- 砂浆受雨水浸泡，雨停后继续施工时，对未初凝的砂浆可增加水泥，重新拌和使用。
- 沟槽回填前。槽内积水应抽干，淤泥清除干净，方可回填并分层夯实，防止松土淋雨，影响回填质量。

2）冬期施工

- 沟槽当天不能挖够高程者，预留松土，一般厚 30cm，并覆盖草袋防冻。
- 挖够高程的沟槽应用草袋覆盖防冻。
- 砌砖可不洒水，遇雪要将雪清除干净，砌砖及抹井室水泥砂浆可掺盐水以降低冰点。
- 抹箍用水泥砂浆应用热水拌和，水温不准超过 60℃，必要时，可把砂子加热，砂温不应超过 40℃，抹箍结束后，立即覆盖草袋保温。
- 沟槽回填不得填入冻土块。

（5）安全事项

1）吊装管子的绳索必须绑牢，吊装时要服从统一指挥，动作要协调一致，管子起吊后，沟内操作人员应避开，以防伤人。

2）施工人员要戴好安全帽。

3）用手工切割管子时不能过急过猛，管子将断时应扶住管子，以免管子滚下垫木时砸脚。

4）管道对口过程中，要相互照应，以防挤手。

5）夜间挖管沟时必须有充足的照明，在交通要道外设置警告标志。

6）挖沟过程中要经常检查边坡状态，防止变异塌方伤人。

7）抡镐和大锤时，注意检查镐头和锤头，防止脱落伤人。

8）管沟上下传递物件时，不准抛，应系在绳子上上下传递。

3. 园林污水处理

园林中的污水是城市污水的一部分，但和城市污水不尽相同。园林污水量比较少，性质也比较简单。它基本上由两部分组成：一是餐饮部排放的污水；二是厕所及卫生设备产生的污水、在动物园或带有动物展览区的公园里，还有部分动物粪便及清扫禽兽笼舍的脏水。由于园林污水性质简单，排放量少，处理这些污水也相对简单些。

（1）污水处理方法

以除油池除污　除油池是用自然浮法分离，取出含油污水中浮油的一种污水处理池。污水从池的一端流入池内，再从另一端流出，通过技术措施将浮油导流到池外。用这种方式，可以处理公园内餐厅、食堂排放的污水。

用化粪池化污　这是一种设有搅拌与加温设备，在自然条件下消化处理污物的地下构筑物，是处理公园宿舍、公厕粪便最简易的一种处理方法。其主要原理是：将粪便导流入化粪池沉淀下来，在厌氧细菌作用下。发酵、腐化、分解。使污物中有机物分解为无机物。化粪池内部一般分为三格：第一格供污物沉淀发酵；第二格供污水澄清；第三格使澄清后的清水流入排水管网系统中。

沉淀池　是水中的固体物质（主要是可沉固体）在重力作用下下沉．从而与水分离；根据水流方向，沉淀池可分为平流式、辐流式和竖流式三种。平流式沉淀池中水从池子一端流入，按水平方向在池内流动，从池的另一端溢出；池呈长方形，在进口处的底部有贮泥斗、辐流式沉淀池，池表面呈圆形或方形，污水从池中间进入，澄清的污水从池周溢出。竖流式沉淀池，污水在池内也呈水平方流动；水池表面多为圆形，但也有呈方形或多角形者；污水从池中央下部进入，由下向上流动，清水从池边溢出。

过滤池　是使污水通过滤料（如砂等）或多孔介质（如布、网、微孔管等），以截留水中的悬浮物质，从而使污水净化的处理方法。这种方法在污水处理系统中，既用于以保护后继处理工艺为目的的预处理，也用于出水能够再次复用的深度处理。

生物净化池　是以土壤自净原理为依据，在污水灌溉的实践基础上，经间歇砂滤和接触滤池而发展起来的人工生物处理。污水长期以滴状洒布在表面上，就会形成物膜。生物膜成熟后，栖息在膜上的微生物即摄取污水中的有机污物作为营养，从而使污水得到净化。

（2）污水的排放

净化污水应根据其性质，分别处理。如饮食部门的污水主要是残羹剩饭及洗涤废水，污水中含有较多油脂。对这类污水，可设带有沉淀池的隔油井，经沉淀隔油后，排入就近的水体。这些肥水可以养鱼，也可以给水生生物施肥，水体中就可广种藻类、荷花、水浮莲等水生植物、水生植物通过光合作用放出大量的氧，溶解在水中，为污水的净化创造了良好的条件。

粪便污水处理则应采用化粪池。污水在化粪池中经沉淀、发酵、沉渣、液体再发酵澄清后，污水可排入城市污水管网，也可作园林树木的灌溉用水。少量的可排入偏僻的或不进行水上活动的园内水体，水体应种植水生植物及养鱼。对化粪池中的沉渣污泥，应根据气候条件每三个月至一年清理一次，这些污泥是很好的肥料。

巩固训练 ☞

庭院雨水口建造

依照云水花苑排水平面图，分组完成符合设计要求的平算式园林雨水口工程施工（图2.2.8）。

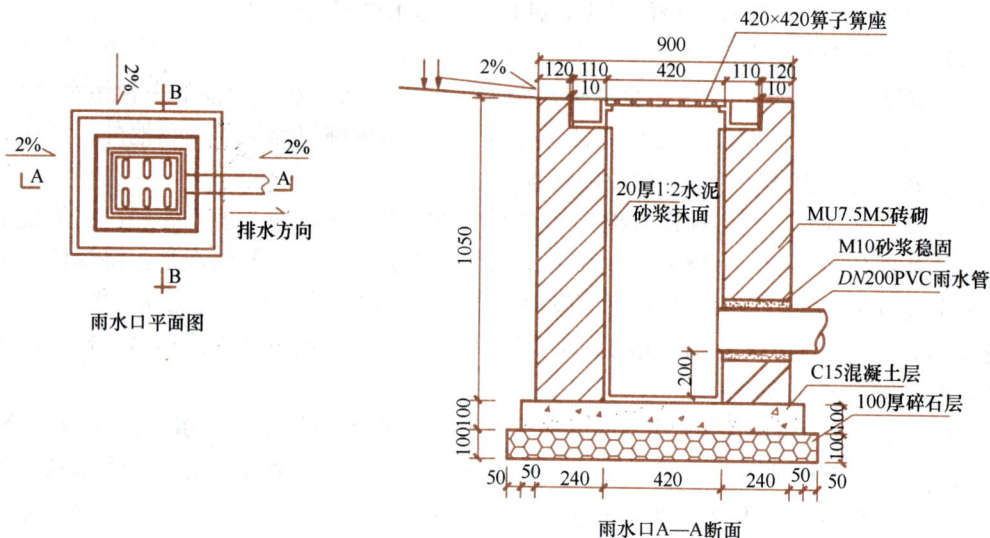

图 2.2.8 平算式雨水口结构图

1. 实训目的

1.1 掌握平算式园林雨水口的做法。

1.2 掌握雨水口施工的工艺过程。

1.3 牢记施工中的注意事项。

2. 使用材料工具的准备

2.1 碎石、细砂、混凝土、标准砖、420×420井圈雨算、φ200PVC管。

2.2 放线器、重力锥、水平仪、卷尺、绳索、圬工工具。

2.3 劳动手套、安全帽、劳动服。

3. 工作要求

合理编制施工组织设计，合理选择施工材料与施工工具，注意安全事项。

3.1 进场施工人员必须佩带安全帽。

3.2 冬季井室施工应有防冻措施，夏季施工应有防晒措施。

3.3 管沟的基层处理和井室的地基必须符合设计要求。

检验方法：现场观察检查。

3.4 各类井室的井盖应符合设计要求，应有明显的文字标识，各种井盖不得混用。

检验方法：现场观察检查。

3.5 井室的砌筑应按设计或给定的标准图施工。井室的底标高在地下水位以上时，基层应素土夯实；在地下水位以下时，基层应打100mm厚的混凝土底板。砌筑应采用水泥砂浆，内表面抹灰后应严密不透水。

检验方法：观察和尺量检查。

3.6 管道穿过井壁处，应用水泥砂浆分两次填塞严密、抹平，不得渗漏。

检验方法：观察检查。

3.7 有通车要求的必须使用重型井圈和井盖，井盖上表面应与路面相平，允许偏差为±5mm。绿化带上和不通车的地方可采用轻型井圈和井盖，井盖的上表面应高出地坪50mm，并在井口周围以2%的坡度向外做水泥砂浆护坡。

检验方法：观察和尺量检查。

3.8 成品保护。

4. 要求

分组进行实训，并对实训成果进行品评，说出优缺点并提出改进措施。

5. 考核评估

5.1 定位放线是否正确（20%）。

5.2 施工过程是否符合规范要求（30%）。

5.3 工程作品尺度是否达到设计要求（30%）。

5.4 施工安全防护措施是否到位（20%）。

相关链接

1. 陈祺. 园林工程建设现场施工技术 [M]. 北京：化学工业出版社，2006.
2. 郭丽峰. 园林工程施工便携手册 [M]. 北京：中国电力出版社，2006.
3. 中国园林网 http：//www. yuanlin. com/
4. 筑龙网 http：//www. zhulong. com/

思考与练习

1. 园林给水工程一般由哪几部分组成？

2. 园林给水管网的铺设有哪些施工步骤？各有什么特点？

3. 园林喷灌工程中喷头布置有哪些形式？

4. 园林排水工程的工作包括哪些内容？

5. 园林雨水井工程施工有哪些要求？

项目 **3**

水景工程

教学目标 ☞

1. 掌握喷泉、水池工程。
2. 掌握驳岸、护坡、挡土墙工程。

技能要求 ☞

1. 会喷泉、水池、管道的施工。
2. 会驳岸、护坡、挡土墙施工。

任务 3.1　园林水体岸坡工程

任务分析：学习并掌握基本驳岸的施工步骤、方法、过程。
技能：理解基本驳岸的施工技术及步骤，学生能够独立安排一场驳岸的施工设计。
方法：采用教师讲授，学生模拟的方法。
态度：认知施工技术是需要严格谨慎及需要保证安全的，不仅施工过程需要安全，施工工程也需要安全稳固。

3.1.1　工作任务：驳岸的施工

【案例】　为自然形成的小池塘加修驳岸，整修岸边为亲水休闲步道，以满足城市建设需要。为达到亲水的效果，设计师直接使铺装地面与驳岸相接。驳岸做法见施工图（图 3.1.1）。

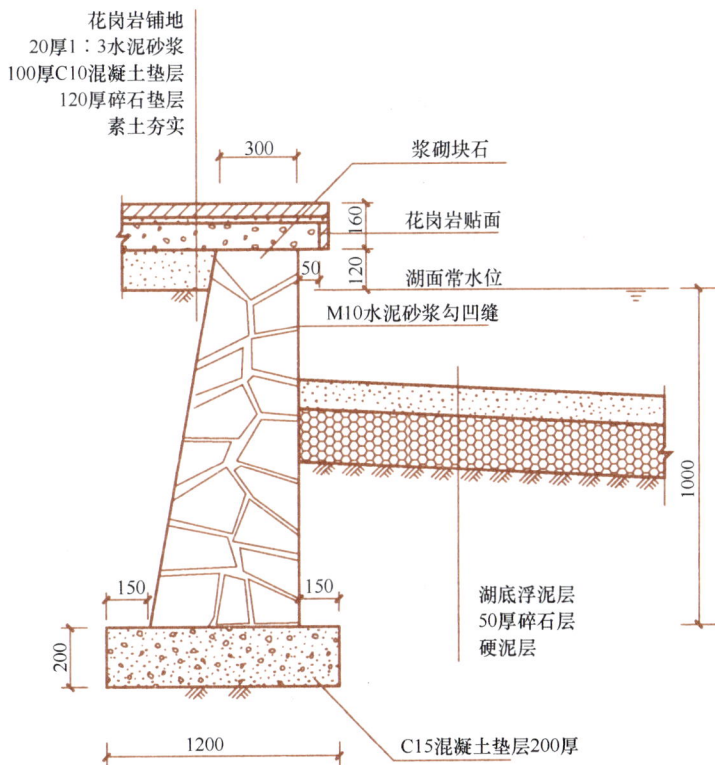

图 3.1.1　接地式驳岸施工图

1. 任务分析

拿到案例后首先分析图纸，了解驳岸的基本构成，详见驳岸的结构示意图 3.1.1。驳岸的结构大体上有 3 个部分。

1）墙基起到支撑和稳固驳岸墙身的作用，所以要有宽大的受力面才立的稳固。

2）墙身起到保护岸土稳固堤岸的作用，通常使用块石堆叠而成，这样柔韧性好且留有天然的排水孔。

3）压顶起到压紧堤岸墙体内块石的作用，使块石不因为水浪的浮托或冲蚀而散落。

2. 实践操作

操作步骤如下：

1）按照平面图纸框定湖池驳岸的基础边界。

2）等到枯水季节，或直接排除湖塘内的水，使水位下降至施工要求。

3）按照标高向下开挖至硬泥层后夯实土层。也有这样的情况，当湖泥很深时，很难挖至硬泥层，此时需要在泥层中打入浸油的木桩，让木桩深扎入硬泥层中。之后在木桩上按照后续步骤安放即可。

4）放入预制混凝土基础，也可现场浇注。混凝土基础的宽度和高度由墙身高度决定一般基础宽度在墙身高度的 1/2~2/3 之间。混凝土基础的高度一般为墙身高度的 1/8~1/6。

5）安放好基础，留出墙趾和墙踵后开始堆砌块石墙体，一定要相互抵紧，不可松动，然后用水泥砂浆勾缝，注意流出适当的排水孔，或直接安放 PVC 管材或中空的竹材。如果安放管材，需要在管材靠土层的一侧设置倒滤层，由中、小碎石块组成，防止水流掏蚀堤岸泥土。

6）压顶石与道路基础相结合。如果单独设置时，其宽度不可小于 30cm。

7）道路饰面工程。

3.1.2 理论知识：园林水体岸坡工程

按照挡土墙、驳岸和护坡的结构，驳岸和护坡可以被视为特殊的挡土墙，所以首先来了解挡土墙的结构及性质。

1. 挡土墙工程

（1）挡土墙的作用和横断面选择

由自然土体形成的陡坡超过所容许的极限坡度时，土体的稳定遭到破坏而产生滑坡和塌方。天然山体甚至会产生泥石流，如果在土坡外侧修建人工的墙体便可维持稳定。这种用以支持并防止土坡倾坍的工程结构体称为挡土墙，后面所讲的岸壁直墙实际上是水工挡土墙，所不同于一般挡土墙之处是有一面承受水的压力和侵蚀，必须满足一般水工的要求。

园林中通常采用重力式挡土墙。即借助于墙体的自重来维持土坡的稳定。常见的断面形式有以下 3 种，如图 3.1.2 所示挡土墙断面形式。

直立式挡土墙 直立式挡土墙指墙面基本与水平面垂直，但也允许有约 10：0.2~10：1 的倾斜度的挡土墙。直立式挡土墙由于墙背所承受的水平压力大，只宜用几十厘米到两米左右高度的挡土墙。

倾斜式挡土墙 倾斜式挡土墙常指墙背向土体倾斜、倾斜坡度在 20 度左右的挡土墙。这样使水平压力相对减少，同时墙背坡度与天然土层比较密贴。可以减少挖方数量和墙背回填的数量。适用于中等高度的挡土墙。

台阶式挡土墙 对于更高的挡土墙，为了适应不同土层深度土压力和利用土的垂直压力增加稳定性，可将墙背做成台阶形。

直立式　　　　　倾斜式　　　　　台阶式

图 3.1.2　挡土墙断面形式

（2）挡土墙横断面尺寸的决定

挡土墙横断面的结构尺寸根据墙高来确定墙的顶宽和底宽，表 3.1.1 可作为参考。压顶石和趾墙还需另行酌定。挡土墙力学计算是十分复杂的工作。在此仅作一般介绍，实际工作中较高的挡土墙必须经过结构工程师专门计算，保证稳定，方可施工。

表 3.1.1　浆砌块石挡土墙尺寸表（cm）

类别	墙高	顶宽	底宽	类别	墙高	顶宽	底宽
1∶3 水泥浆砌	100	35	40	1∶3 水泥浆砌	100	30	40
	150	45	70		150	40	50
	200	55	90		200	50	80
	250	60	115		250	60	100
	300	60	135		300	60	120
	350	60	160		350	60	140
	400	60	180		400	60	160
	450	60	205		450	60	180
	500	60	225		500	60	200
	550	60	250		550	60	230
	600	60	300		600	60	270

（3）挡土墙排水处理

挡土墙后土坡的排水处进对于维持挡土墙的正常使用有重大影响，特别是雨量充沛和冻土地区。据某山城统计，因未作排水处理或排水不良者，发生墙身推移或坍倒事故的占到 70%～80%，如图 3.1.3 所示。

墙后土坡排水、截水明沟、地下排水网　在大片山林、游人比较稀少的地带，根据不同地形和汇水量，设置一道或数道平行于挡土墙明沟，利用明沟纵坡将水和坡地面径流排除。减少墙后地面渗水。必要时还需设纵、横向盲沟，力求尽快排除地面水和地下水。

地面封闭处理　在墙后地面上根据各种填土及使用情况采用不同地面封闭处以减少地面渗水。在土壤渗透性较大而以无特殊使用要求时，可作 20～30cm 厚夯实黏土层或种植草皮封闭。还可采用胶泥、混凝土或浆砌毛石封闭。

泄水孔　泄水孔墙身水平方向每隔 2～4m 设一孔。竖向每隔 1～2m 设一孔。设一行每

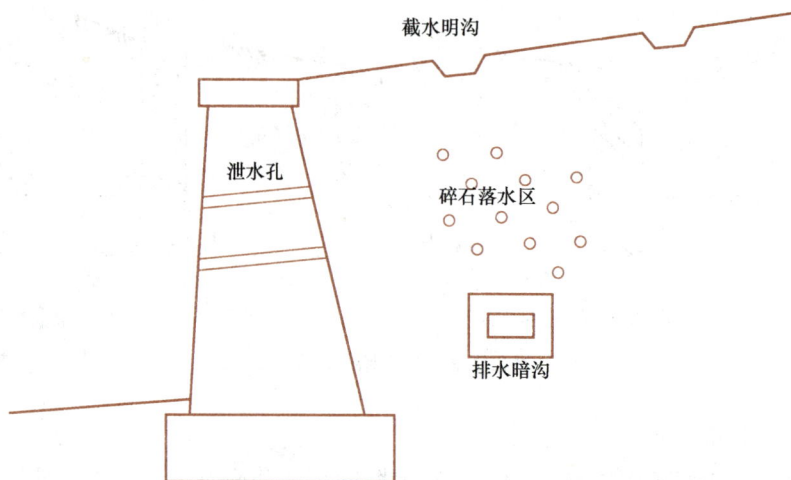

图 3.1.3 挡土墙的排水方式

层泄水孔交错设置。泄水孔尺寸在石砌墙中宽度为 2～4cm 高度约为 10～20cm 混凝土墙可留直径为 5～10cm 的圆孔或用毛竹筒排水。干砌石墙可不专设墙身泄水孔。

暗沟 有的挡土墙基于美观要求不允许设墙面排水时，除在墙背面刷防水砂浆或填一层不小于 50cm 厚黏土隔水层外，还需设毛石盲沟，并设置平等于挡土墙的暗沟。引导墙后积水，包括成股的地下水及盲沟集中之水与暗管相接，园林中室内挡土墙亦可这样处理。或者破壁组成叠泉造水景。

在土壤或已风化的岩石侧面的室外挡土墙时，地面应作散水和明、暗沟管排水。必要时作灰土或混凝土隔水层，以免地面水浸入地基而影响稳定。

2. 驳岸工程

驳岸 为保护驳岸使之不坍塌的水工构筑物。

园林驳岸是一面临水的挡土墙，是在园林水体边缘与陆地交界处，为稳定岸壁、保护湖岸不被冲刷、防止岸壁坍塌的水工构筑物。

（1）驳岸的作用

1）维系陆地与水面的界限，防止因水的侵蚀、冻胀、风浪淘刷使岸壁塌陷，导致陆地后退，岸线变形，影响园林景观；

2）通过驳岸强化岸线的景观层次，丰富水景的立面层次，加强景观的艺术效果。比如，在古典园林中，驳岸往往用自然山石砌筑，与假山、置石、花木结合，共同组成园景。

（2）驳岸的结构

园林中使用的驳岸形式主要是以重力式结构为主，它主要依靠墙身自重来保证岸壁的稳定，抵抗墙背土的压力。重力式驳岸按其墙身结构分为整体式、方块式、扶壁式，按其所用材料分为浆砌块石、混凝土及钢筋混凝土结构等。由于园林中驳岸高度一般不超过 2.5m，可以根据经验数据来确定各部分的构造尺寸，而省去繁杂的结构计算。园林驳岸的构造及名称如下：

压顶 驳岸之顶端结构，一般向水面有所悬挑。

墙身 驳岸主体，常用材料为混凝土、毛石、砖等，还有用木板、毛板等材料作为临时性驳岸的材料的。

基础　驳岸的底层结构，作为承重部分，厚度常用 400mm，宽度是在 H 的 $0.6\sim0.8$ 倍范围内。

垫层　基础的下层，常用材料如矿渣、碎石、碎砖等整平地坪，保证基础与土基均匀接触作用。

基础桩　增加驳岸的稳定性，防止驳岸的滑移或倒塌的有效措施，同时也兼起加强土基的承载能力作用。材料可以用木桩、灰土桩等。

沉降缝　由于墙高不等，墙后土压力、地基沉降不均匀等的变化差异时所必须考虑设置的断裂缝。

伸缩缝　避免因温度等的变化所引起的破裂而设置的缝。一般 $10\sim25m$ 设置一道，宽度一般采用 $10\sim20m$，有时也兼作沉降缝用。如图 3.1.4 所示。

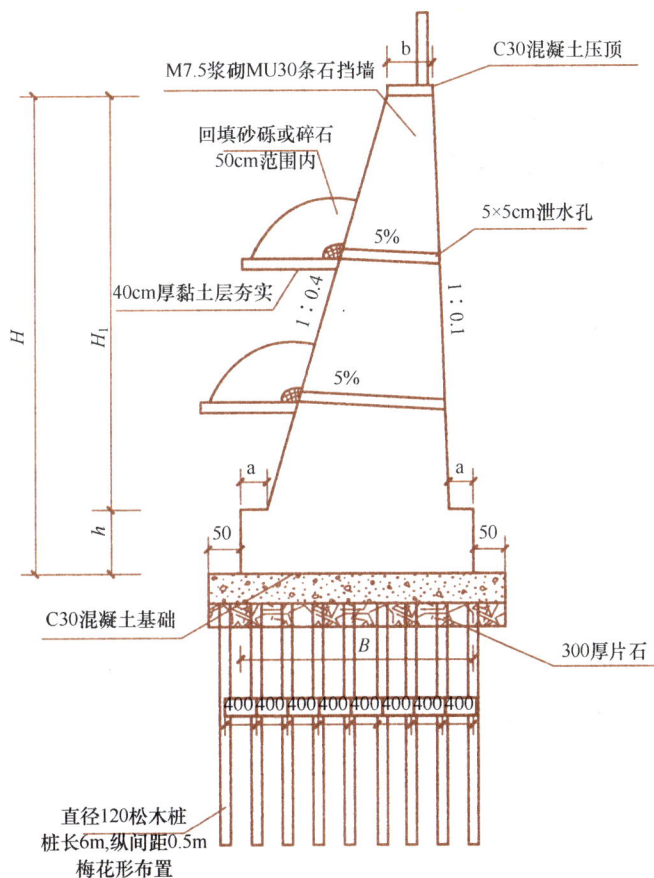

图 3.1.4　驳岸的结构示意图

（3）驳岸的形式与应用

园林水体岸坡设计中，首先要确定岸坡的设计形式，然后才根据具体建设条件进行岸坡的结构设计，最后才能完成岸坡的设计。

水体岸驳结构与一般园林挡土墙的结构差不多，岸驳实际上就是水边的挡土墙。按结构形式分，园林岸驳可分为重力式、后倾式、板桩式和混合式等几种。

重力式驳岸　主要是依靠墙身自重来保证岸壁的稳定，并抵抗墙背的土压力。这类岸坡在北方使用较为普遍，特别是在水面辽阔、风浪较大处，一般都采用此种形式的岸坡。这种岸坡多用混凝土或毛石材料砌筑而成（图3.1.5）。

后倾式驳岸　它是重力式岸坡的特殊形式，墙身后倾，受力合理，坚固耐用，工程量小，较重力式经济。一般在岸线固定、地质情况较好处可采用这种形式的岸坡（图3.1.6）。

图3.1.5　重力式驳岸

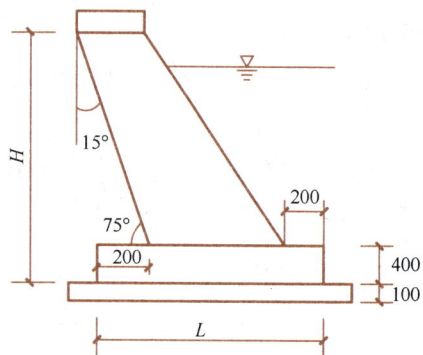

图3.1.6　后倾式驳岸

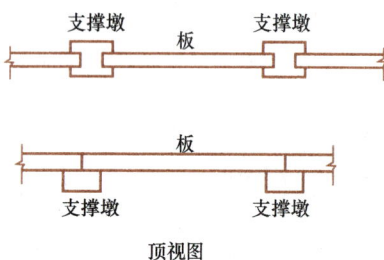

顶视图

图3.1.7　插板式驳岸

插板式驳岸　采用钢筋混凝土或木桩作支墩，加插入的钢筋混凝土板（或木板）组成这种岸坡。支墩靠横拉条和锚板连接来固定，板与支墩的连接形式分为板插入支墩和板紧靠支墩。其特点是：施工快、灵活、体积小、造价低，土体不高时尤其合适，但冲刷地段不宜用此形式（图3.1.7）。

混合式驳岸　这类岸坡有两种形式。一是其上部用块石护坡，下部采用重力式块石岸坡。这是块石护坡和后倾式相混合的岸坡，具有以下特点：避免了因全部采用重力式岸坡而使用施工进度慢，经济指标高，又避免了因全部采用块石护坡而不设重力式岸坡，造成护坡滩面太大的问题，同时抗刷效果也明显。二是桩板重力式混合岸坡。桩板作为下部结构，重力式为上部结构，组成桩板式重力岸坡。其特点是：一般多采用于湖底基础条件不好的环境（图3.1.8）。

（4）驳岸破坏的因素

1）由于池底地基强度和岸顶荷载不一而造成不均匀的沉陷使驳岸出现纵向裂缝甚至局部塌陷。

2）在寒冷地区水深不大的情况下，可能由于冰胀而引起基础变形。

3）木桩做的桩基则因受腐蚀或水底一些动物的破坏而朽烂。

4）在地下水位很高的地区会产生浮托力影响基础的稳定。

5）常水位至最高水位这一部分经受周期性的淹没。如果水位变化频繁则对驳岸也形成冲刷腐

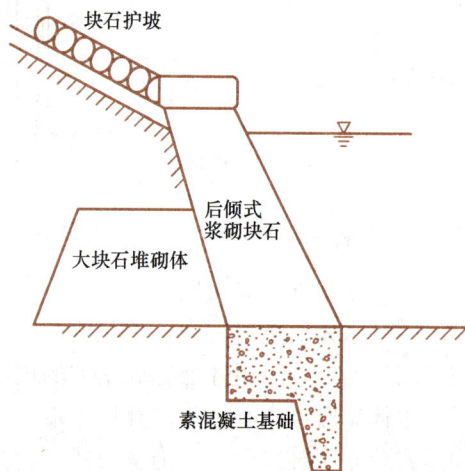

图3.1.8　混合式驳岸

蚀的破坏。

6）最高水位以上不淹没的部分主要承受浪击、日晒和风化剥蚀。驳岸顶部则可能因超生荷载和地面水的冲刷受到破坏。另外，由于驳岸下部的破坏也会引起这一部分受到破坏。了解破坏驳岸的主要因素以后，可以结合具体情况采取防止和减少破坏的措施。

（5）驳岸平面位置与岸顶高程的确定

与城市河流接壤的驳岸按照城市河道系统规定平面位置建造。园林内部驳岸则根据湖体施工设计确定驳岸位置。在平面图上以常水位线显示水面位置。如为岸壁直墙则常水位线即为驳岸向水面的位置。整形式驳岸岸顶宽度一般为 30～50cm。如为倾斜的坡岸，则根据坡度和岸顶高程推求。

岸顶高程应比最高水位高出一段以保证湖水不不因风浪拍岸而涌入岸边陆地面。因此，高出多少根据当地风浪拍击驳岸的实际情况而定。湖面广大、风大、空间开旷的地方高出多一些。而湖面分散、空间内具有挡风的地形则高出少一些。一般高出 25～100cm。从造景角度看，深潭和浅水面的要求不一样。一般湖面驳岸贴近水面为好。游人可亲近水面。并显得水面丰盈、饱满。在地下水位高、水面大、岸边地形平坦的情况下，对于游人量少的次要地带可以考虑短时间被高水位淹没以降低由于大面积垫土或加高驳岸的造价。

（6）驳岸多种施工做法

混凝土重力式驳岸做法　目前常采用 C10 块石混凝土做岸坡墙体。施工中，要保证岸坡基础埋深在 80cm 以上，混凝土捣制应连续作业，以减少两次浇注的混凝土之间留下的接缝。岸壁表面应尽量处理光滑，不可太粗糙。

块石砌重力式驳岸做法　用 M2.5 水泥砂浆作胶结材料，分层砌筑块石构成岸体，使块石结合紧密、坚实、整体性良好。临水面的砌缝可用水泥砂浆抹成平缝，但为了美观好看，也可勾成凸缝或凹缝。

砖砌重力式驳岸做法　用 MU7.5 标准砖和 M5 水泥砂浆砌筑而成，岸壁临水面用 1：3 水泥砂浆粉面，还可在外表面用 1：2 水泥砂浆加 3％防水粉做成防水抹面层。

干砌块石岸坡做法　这种岸坡一般采用直径在 300mm 以上的块石砌成，砌筑上又可分为干砌和浆砌两种。干砌适用于斜坡式块石岸坡，一般采用接近土壤的自然坡，其坡度为 1：1.5～1：2，厚度为 25～30cm；基础为混凝土或浆砌块石，其厚为 300～400mm，需做在河底自然倾斜线的实土下 500mm 处，否则易坍塌。同时，在顶部可做压顶，用浆砌块石或素混凝土代之。浆砌块石岸坡的做法是：尽可能选用较大块石，以节省水池的石材用量，用 M2.5 水泥砂浆砌筑。为使岸坡整体性加强，常做混凝土压顶。压顶混凝土内放 Φ26 统长钢筋，其构造基本上同挡土墙。

虎皮石岸坡施工做法　在背水面铺上宽 500mm 的级配砂带，以减少冬季冻土对岸坡的破坏。常水位以下部分用 M5 砂浆砌筑块石，外露部分抹平。常水位以上部分用块石混凝土浇灌，使岸体整体性好，不易沉陷。岸顶用预制混凝土块压顶，向水面挑出 50mm。压顶混凝土块顶面高出最高水位 300～400mm。岸壁斜坡坡度 1：10 左右，每隔 15m 设伸缩缝，用涂有防腐剂的木板嵌入，上铺虎皮石，用水泥砂浆勾缝 2～3 宽为宜。

自然山石驳岸施工　在常水位线以下的岸体部分，可按设计做成块石重力式挡土墙、砖砌重力式墙、干砌块石岸坡等。在常水位线上下，用 M2.5 水泥砂浆砌自然山石作岸顶。砌筑山石的时候，一定要注意使山石的大小搭配、前后错落、高低起伏，使岸边轮廓线凹深凸线，曲折变化。决不能像砌墙一样做得整整齐齐。石块与石块之间的缝隙要用水泥石

浆缝口，可用同种山石的粉末敷在表面，稍稍按实，待水泥完全硬化以后，就可很好地掩饰缝口。待山石驳岸砌筑完全后，要将大块背后用泥土填实筑紧，使山石与岸土结合一体。然后种植花草藻木或铺植草皮，即可完工。

（7）园林驳岸的砌筑要点

园林驳岸是起防护作用的工程构筑物，由基础、墙体、盖顶等组成，修筑时要求坚固和稳定。驳岸多以打桩或柴排沉褥作为加强基础的措施。选坚实的大块石料为砌块，也有采用断面加宽的灰土层作基础，将驳岸筑于其上。驳岸最好直接建在坚实的土层或岩基上。如果地基疲软，须作基础处理。近年来中国南方园林构筑驳岸，多用加宽基础的方法以减少或免除地基处理工程。驳岸常用条石、块石混凝土、混凝土或钢筋混凝土作基础；用浆砌条石、浆砌块石勾缝、砖砌抹防水砂浆、钢筋混凝土以及用堆砌山石作墙体；用条石、山石、混凝土块料以及植被作盖顶。在盛产竹、木材的地方也有用竹、木、圆条和竹片、木板经防腐处理后作竹木桩驳岸。驳岸每隔一定长度要有伸缩缝。其构造和填缝材料的选用应力求经济耐用，施工方便。寒冷地区驳岸背水面需作防冻胀处理。方法有：填充级配砂石、焦渣等多孔隙易滤水的材料；砌筑结构尺寸大的砌体，夯填灰土等坚实、耐压、不透水的材料。

（8）施工中的注意事项

园林水体岸坡工程施工过程中，为了保证工程质量和施工安全，应当注意以下几点：

1）严格管理，并按工程规范严格施工。这项要求是保证岸坡工程质量好坏的关键。

2）岸坡施工前，一般应放空湖水，以便于施工，新挖湖池应在蓄水之前进行岸坡施工。属于城市排洪河道、蓄洪湖泊的水体，可分段围堵截流，排空作业现场围堰以内的水。选择枯水期施工，如枯水位距施工现场较远，当然也就不必放空湖水再施工，岸坡采用灰土基础时，应以干旱季节施工为宜，否则会影响灰土的凝结。

3）浆砌块石施工中，砌筑要密实，要尽量减少缝穴，缝中灌浆务必饱满。浆砌石块缝宽应控制在 2～3cm，勾缝可稍高于石面。

4）为了防止冻凝，岸坡应设伸缩缝并兼作沉降缝。伸缩缝要做好防水处理，同时也可采用结合景观的设计使岸坡曲折有度，这样既丰富岸坡的变化又减少伸缩缝的设置，使岸坡的整体性更强。

5）为排除地面渗水或地面水在岸墙后的滞留，应考虑设置泄水孔。泄漏水孔的分面可为等距离的，平均 3～5m 处可设置一处。在孔后可设倒滤层，以防阻塞。

3. 护坡工程

（1）定义

防止边坡受冲刷，在坡面上所做的各种铺砌和栽植的统称。

依护坡的功能可将其概分为两种：

1）仅为抗风化及抗冲刷的坡面保护工，该保护工并不承受侧向土压力，如喷凝土护坡、格框植生护坡、植生护坡等均属此类，仅适用于平缓且稳定无滑动之虞的边坡上。

2）提供抗滑力之挡土护坡，大致可区分为：a. 刚性自重式挡土墙（如砌石挡土墙、重力式挡土墙、倚壁式挡土墙、悬壁式挡土墙、扶壁式挡土墙）；b. 柔性自重式挡土墙（如蛇笼挡土墙、框条式挡土墙、加劲式挡土墙）；c. 锚拉式挡土墙（如锚拉式格梁挡土墙、锚拉式排桩挡土墙）。

（2）护坡的类型结构及施工概要

1）种草护坡（图 3.1.9）。

对坡比小于 1.0∶1.5，土层较薄的砂质或土质坡面，可采取种草护坡工程。

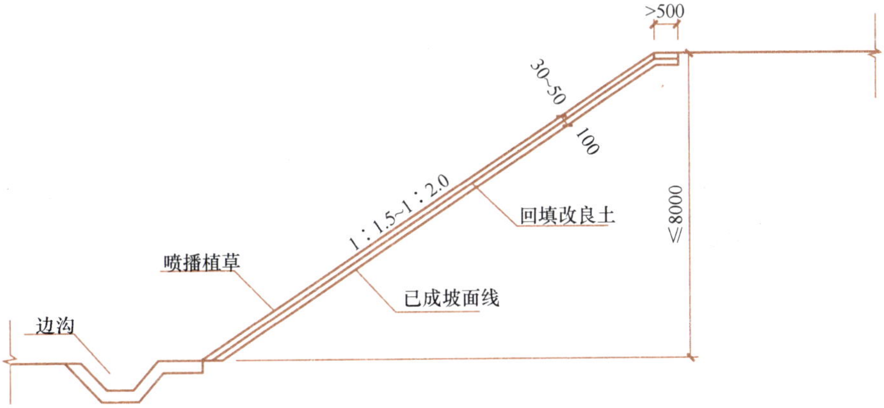

图 3.1.9　植草护坡横断面图

- 种草护坡应先将坡面进行整治，并选用生长快的低矮抗倒伏型草种。
- 种草护坡应根据不同的坡面情况，采用不同的方法。一般土质坡面采用直接播种法；密实的土质边坡上，采取坑植法；在风沙坡地，应先设沙障，固定流沙，再播种草籽。
- 种草后 1～2 年内，进行必要的封禁和抚育措施。

2）造林护坡。

对坡度 10°～20°，在南方坡面土层厚 15cm 以上、北方坡面土层厚 40cm 以上、立地条件较好的地方，采用造林护坡。

- 护坡造林应采用深根性与浅根性相结合的乔灌木混交方式，同时选用适应当地条件、速生的乔木和灌木树种。
- 在坡面的坡度、坡向和土质较复杂的地方，将造林护坡与种草护坡结合起来，实行乔、灌、草相结合的植物或藤本植物护坡。
- 坡面采取植苗造林时，苗木宜带土栽植，并应适当密植。

3）干砌石护坡（图 3.1.10）。

- 坡面较缓（1.0∶2.5～1.0∶3.0）、受水流冲刷较轻的坡面，采用单层干砌块石护坡或双层干砌块石护坡。
- 坡面有涌水现象时，应在护坡层下铺设 15cm 以上厚度的碎石、粗砂或砂砾作为反滤层。封顶用平整块石砌护。
- 干砌石护坡的坡度，根据土体的结构性质而定，土质坚实的砌石坡度可陡些，反之则应缓些。一般坡度 1.0∶2.5～1.0∶3.0，个别可为 1.0∶2.0。

4）浆砌石护坡（图 3.1.11）。

- 坡度在 1∶1～1∶2 之间，或坡面位于沟岸、河岸，下部可能遭受水流冲刷，且洪水冲击力强的防护地段，宜采用浆砌石护坡。
- 浆砌石护坡由面层和起反滤层作用的垫层组成。面层铺砌厚度为 25～35cm，垫层又分单层和双层两种，单层厚 5～15cm，双层厚 20～25cm。原坡面如为砂、砾、卵

图 3.1.10　干砌护坡横断面图

石，可不设垫层。

- 对长度较大的浆砌石护坡，应沿纵向每隔 10～15m 设置一道宽约 2cm 的伸缩缝，并用沥青或木条填塞。

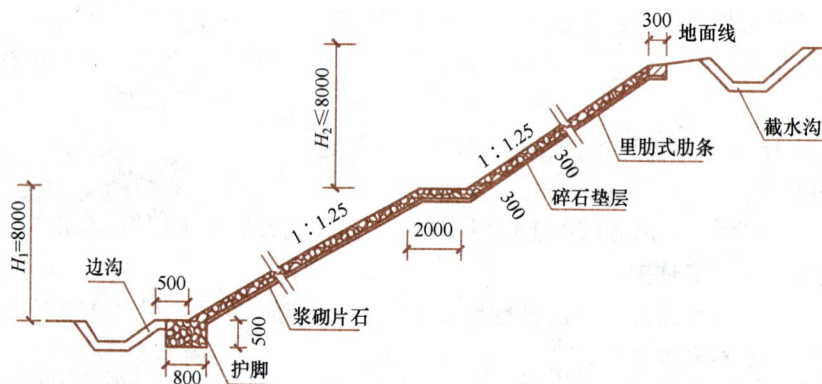

图 3.1.11　浆砌护坡横断面图

5）混凝土护坡。

在边坡坡脚可能遭受强烈洪水冲刷的陡坡段，采取混凝土（或钢筋混凝土）护坡，必要时需加锚固定。

- 边坡介于 1.0∶1.0～1.0∶0.5 之间的、高度小于 3m 的坡面，用一般混凝土砌块护坡，砌块长宽各 30～50cm；边坡陡于 1.0∶0.5 的，用钢筋混凝土护坡。
- 坡面有涌水现象时，用粗砂、碎石或砂砾等设置反滤层。涌水量较大时，修筑盲沟排水。盲沟在涌水处下端水平设置，宽 20～50cm、深 20～40cm。

6）喷浆护坡（图 3.1.12）。

在基岩不太发育裂隙、无大崩塌的坡段，采用喷浆机进行喷浆或喷混凝土护坡，以防止基岩风化剥落。

- 喷涂水泥砂浆的砂石料最大粒径 15mm，水泥和砂石的重量比 1∶4～1∶5，砂率 50%～60%，水灰比 0.4～0.5。速凝剂的添加量为水泥重量的 3% 左右。

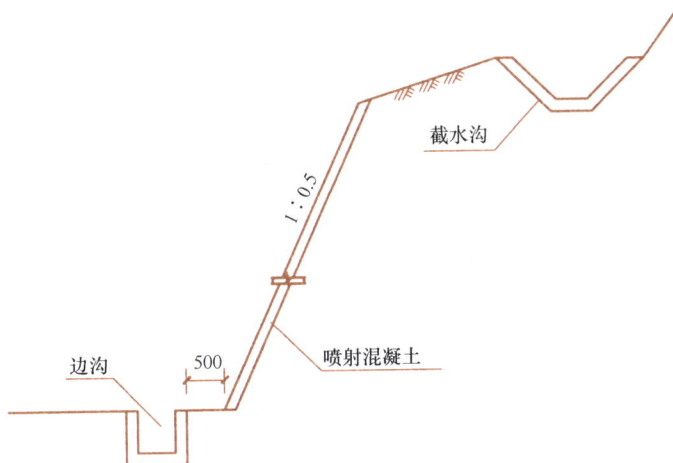

图 3.1.12　喷浆护坡横断面图

- 喷浆前必须清除坡面活动岩石、废渣、浮土、草根等杂物，填堵大缝隙、大坑注。
- 破碎程度较轻的坡段，可根据当地土料情况，就地取材，用胶泥喷涂护坡，或用胶泥作为喷浆的垫层。

7）编柳抛石护坡

采用新截取的柳条呈十字交叉编织。编柳空格内抛填厚 20～40cm 厚的块石。块石下设 10～20cm 厚的砾石层以利于排水和减少土壤流失。柳格平面尺寸为 0.3m×0.3m 或 1m×1m。厚度为 30～50cm。柳条发芽便成为保护性能较强的护坡设施。

编柳时在岸坡上用铁钎开间距为 30～40cm、深度为 50～80cm 的孔洞。在孔洞中顺根的方向打入顶面直径为 5～8cm 的柳橛子。橛顶高出块石顶面 5～15cm。

3.1.3　实践知识：园林水体岸坡工程

1. 驳岸、挡土墙、护坡的相同点

基本功能相同　都是用于相对高差较大的地段，且用来保护一侧的土坡安全，使其足以抵御自然的不良侵蚀而倾塌。

基本结构相同　都含有宽大而坚实的基础垫层，透水且坚固的墙体（直立或倾斜），防止墙体散落的重力压顶。

2. 驳岸、挡土墙、护坡的不同点

所处对象环境不同　挡土墙处于土坎或断壁处，防止高位土方受重力坍塌；驳岸处于水岸，主要防止水浪对堤岸的侵蚀。护坡处于高于自然安息角的土坡或岸边，防止雨水或水浪侵蚀坡岸。

防护目的不同　驳岸因为处于水中，水的推力与土的推力基本平衡，所以主要考虑防护水浪的侵蚀问题。挡土墙因为主要受到来自墙内土质的推力，主要考虑如何抵抗土层倾塌；护坡因为具有一定的角度，防倾塌的功能减弱，需要考虑防止自然侵蚀增加。

施工要求不同　驳岸和护坡主要依靠重力压紧墙体，基础与墙体基本不存在侧向剪力，所以可以分层施工。而多数挡土墙需要依靠墙基与墙体的抗弯曲剪力来抵抗土层的侧压力，所以有些挡土墙连为一体，整体浇筑。

巩固训练 ☞

自然块石驳岸的放线及堆叠做法（图 3.1.13）

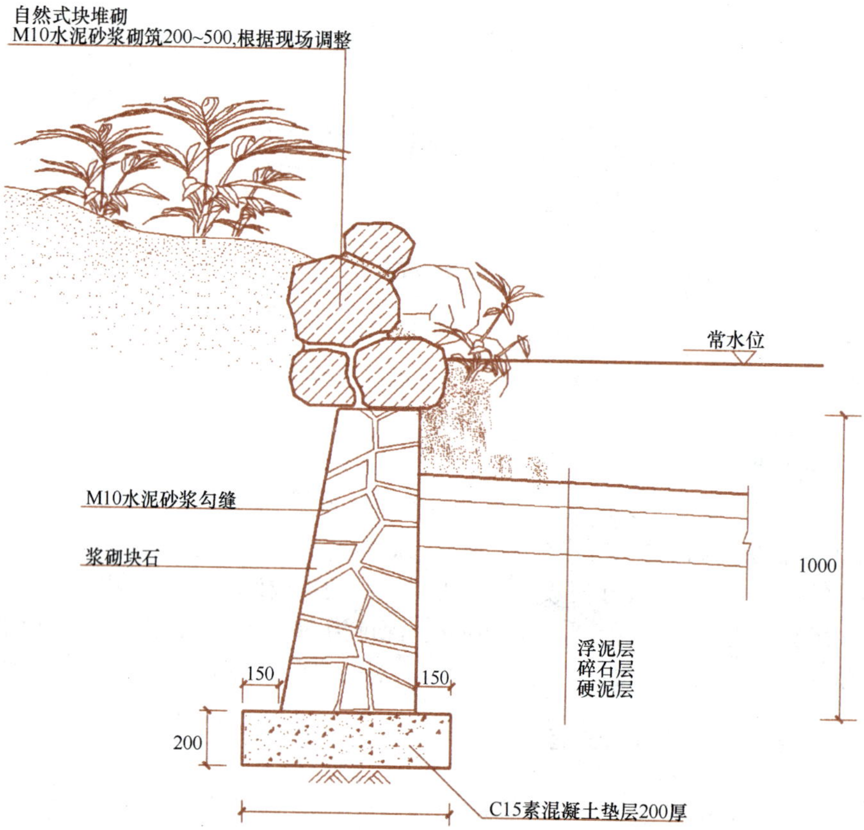

图 3.1.13 自然石压顶式驳岸做法

1. 实训目的要求

1.1 掌握自然块石压顶的驳岸做法。

1.2 熟知驳岸施工的步骤过程。

1.3 熟记施工中的注意事项。

2. 使用材料工具准备

2.1 制作墙体的小型块石，不可过大，不可浑圆，有棱角，学生可以方便搬运为宜。

2.2 放线器、重力锤、水平仪。

2.3 施工手套，安全护套、袖等。

3. 方法步骤

3.1 地基的开挖、夯实、基础素混凝土的安放（前 3 步骤一般由机械直接完成，教师讲解开挖、夯实、安放要点即可），也可直接在合适的场地直接进行第 2 步。

3.2 教师示范自然块石的堆叠方法。

3.2.1　放线，确定墙面倾角及外立面边界。

3.2.2　寻找合适大小的石块，拼接堆叠石块，使之外表面平整，且牢固，且墙面与放线相契合。

4. 作业

学生分组动手施工（教师须注意施工安全，防止学生堆叠塌方）。

5. 考核评估

5.1　定位放线是否正确（20%）。

5.2　块石的堆叠是契合、是否安全牢固（60%）。

5.3　外立面是否平整美观（20%）。

任务 3.2　水池喷泉工程

任务分析： 学习室外水池施工的技术要求及步骤，能够在团队完成施工项目。

技能： 理解基本水池的施工技术及步骤，学生能够在团队中完成驳岸的施工设计。

方法： 采用教师讲授，学生模拟的方法。

态度： 认知施工技术是需要严格谨慎及需要保证安全的，不仅施工过程需要安全，施工工程也需要安全稳固。

3.2.1　工作任务：室外水池的施工

【案例】　为了满足喷泉展示的需要，需要设置室外水池作为基础背景。设计师给出了施工图纸，如图3.2.1所示。

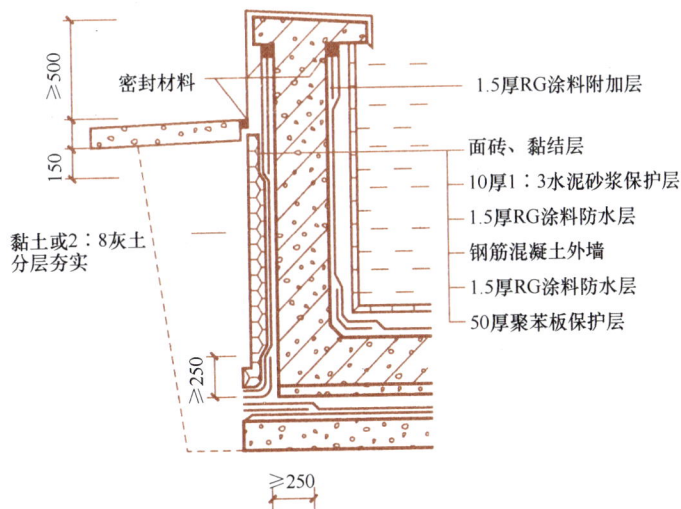

图 3.2.1　室外水池施工剖面图

1. 任务分析

我们首先来读图，这是一个水池边缘的剖面图。我们可以直观的看出，池壁与池底的骨架是连成一体的。这样做不是为了防止漏水，而是固定池壁使其不倾斜不位移，从而保证防水层的安全。如同把盛满水的塑料带放入陶盆与瓦片中的道理是一样的。

其次来看池底有层基础垫层，既然水泥骨架很结实为什么还要设置这层呢？其实水池的混凝土骨架没有你想象的那么坚固。尤其是在软质的地面上，其底面会受弯变形，形变过大，会导致断裂，可以想像玻璃丝的状态。但放置在硬质地面上，形变量就会大大减少，以保护混凝土骨架。

水池工程需要注意保温问题，尤其是北方地区，防止地层的温度对水池内水温的影响，此类问题尤其是泳池类水池工程需要注意。

注解：

RG乳胶防水材料。是以硅酸盐水泥轻质碳酸钙作为载体由多种化学物质组成的干粉状材料并与丙烯酸共聚物高分子乳液作为基料简称RG乳液按一定比例混合的防水材料。

聚苯板：全称聚苯乙烯泡沫板，EPS板，即我们通常所说的塑料泡沫，是由含有挥发性液体发泡剂的可发性聚苯乙烯珠粒，经加热预发后在模具中加热成型的具有微细闭孔结构的白色固体。主要用于建筑墙体、屋面保温、复合保温板材的保温层；船舶制冷设备和冷藏库的隔热材料。

2. 实践操作

操作步骤如下：

1）按照施工平面图放样出场地范围，然后挖方，详见土方工程。
2）对池底土进行夯实处理。
3）加铺碎石垫层，碎石层的好处是分解和缓冲向下的压力，防止压强局部集中而损坏水池骨架。
4）铺设钢筋混凝土骨架，需要整体浇注。
5）内外喷涂RG防水涂料，转角处需要加厚。
6）覆盖水泥砂浆及贴面。
7）外墙垫聚苯板阻隔温度交流。后填2∶8灰土夯实。

3.2.2　理论知识：水池喷泉工程

水是喷泉生动活泼的因素。它提供丰富多彩的水景场面，其形式多种多样，可做成建筑喷泉、雕塑喷泉，也可做成自然式岩壁喷泉、地面涌泉、池水喷泉。一般喷水池多是人工造成，设置自流水。有的布置在建筑庭园主轴线上，广场绿地的高叉点上，采用规则式的布局，在天然水域或假山岩壁间，采用自然式喷泉。不同的环境，不同的园林主题，采用不同的喷水形式。

喷水池的原理主要是利用水泵以水池抽水循环使用或利用自流压力水。池的大小和喷水的高度，有一定的比例，池的半径视喷水池的高度而定，不宜在狭窄的池中使用较高的喷水。

水池在园林中应用广泛。除喷水池外，还有观鱼池、海兽池以及水生植物种植池、儿童戏水池等类型。水池的设计，不论规则式或自然式，都力求造型简洁大方，与四周环境协调。喷水池的工程设计内容包括平面设计、立面设计、剖面结构设计、管线安装设计、给排水设计以及喷头设计（喷头流量及总流、量射、流射程、喷嘴压力、喷头倾角）等。喷泉设计还有带声控和光电效果的，更是动人心弦，悦人耳目。最近，更有可移动式自控喷泉装置在我国研制成功。它灵活方便，制作简单，将为丰富园林景观、改善室内外环境、建造屋顶花园创造方便条件，新的喷泉类型逐步满足园林绿化建设的需要。

水池是一个永久性的建设工程，在设计和施工时应十分仔细。建筑一个完全人工的水池，既不能漏水，也要注意出水口的处理，池壁要十分牢固，既要能承受大压力，也要能抵抗结冰时的膨胀力。用作饲养游鱼的人工水池，池底不宜完全水平，使游鱼能在较深的地方越冬。为了池水清澈透明，可在池底铺以卵石、细砂，以保持池水的清洁。

具体施工程序和技术要求，与土建、管线安装、市政、给排水等工程相同。

1. 水池工程

（1）水池的构造

刚性水池主要指钢筋混凝土和砖石砌筑的刚性结构水池。这类水池园林中最为常见，一般由池底、池壁、池顶、进水口、泄水口、溢水口等主要部件组成。如图 3.2.2 所示刚性水池结构。

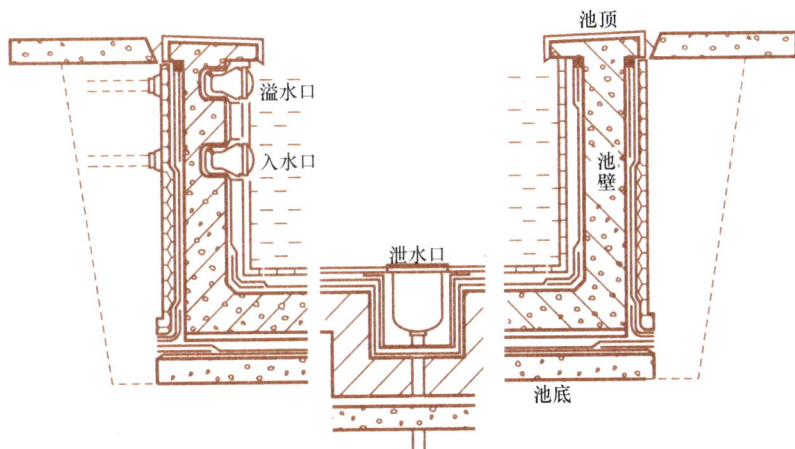

图 3.2.2　刚性水池基本结构

池底　为保证不漏水，宜采用防水混凝土。防止裂缝，应适当配置钢筋。

大型水池还应考虑适当的设置伸缩缝、沉降缝，这些构造缝应设止水带，用柔性防漏材料填放。

池壁　起到围护的作用，要求防水，分为内壁和外壁，内壁做法类同池底，并同池底浇注为一个整体。

池顶　强化水池边界线条，使水池结构更为稳定。用石材压顶，其挑出的长度受限，与墙体连接性差；用混凝土整体浇注，效果较好。

进水口　水池的水源一般为人工水源，为了给谁吃注水或补充给水，应当设置进水口，进水口可设置在隐蔽处。

泄水口　为了便于清扫、检修和防止停用时水质腐败或结冰，水池应有泄水设备。水池应尽量采用重力方式泄水，也可利用水泵的汲水口兼做泄水口，利用水泵泄水。

溢水口　为了防止水量过满而从池顶溢出，应设置溢水口。

（2）水池工程应注意的问题

1）地下水位应降低到防水工程底部最低标高以下，不得小于 300mm，直至防水工程全部完成为止。

2）基坑周围的地面水必须排除或控制，不得流入基坑。

3）基坑中不应积水，如有积水，应予以排除，严禁带水或泥浆进行防水工程施工。

4）施工前，按工艺标准及设计要求，编制相应的施工方案；施工期间各工种应相互协调，密切配合；施工完成后，应注意成品保护，不应损坏。

5）防水工程所用的原材料必须符合工艺各种规定，并具有出厂优良证或检验资料，必要时应予以复验。混凝土及砂浆配合比经试验确定后，不得任意改变，防止收缩产生裂缝。

6）对有电器设备的水池工程及地下结构，在防水层施工时应将电源临时切断，或采取相应的安全措施。

7）对施工照明用电应将电压降至 36V 以下，使用电动工具应采取安全措施。

8）铺贴防水层的基层应干燥、平整，并不得有起砂、空鼓、开裂等现象，阴阳角处应作成圆弧形或钝角。

9）地面或墙面的预埋管件、变形缝等处应进行隐蔽工程检查验收，使其符合设计和施工验收规范要求。

10）外防水内贴法施工时，应在需要铺贴立墙防水层的外侧，按设计要求砌筑永久性保护墙，防水层一侧的立墙面抹 1∶3 水泥砂浆找平层，达到表面干燥后，方可做防水层施工。

11）外防水外贴法施工时，清出防水层接槎部位，结构表面应按设计要求做找平层，干燥后方可做防水层。

12）底板钢筋混凝土底板下铺贴卷材防水层前，应在垫层上抹好防水水泥砂浆找平层，待干燥后方可进行防水层施工。

（3）水池施工

① 施工工艺

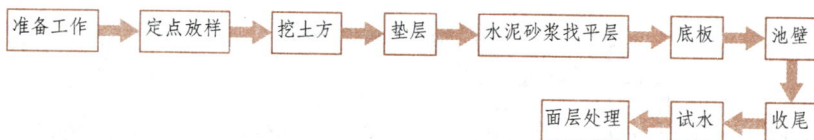

② 挖土工程

1）如果工程场地比较大，周边无建（构）筑物影响，因此挖土采用放坡大开挖。根据地质情况，确定放坡。或采取围护措施，合理采用降水措施。

2）基坑排水：基坑合理采用降水措施，若用水泵排水，基坑外上面四周做好排水明沟，以阻止地表水流入基坑内。

3）应急保护措施：为保护坑壁稳定采用细石混凝土喷浆，以防渗水造成土体剥落。如发现局部塌方可采用木桩或钢管和草包以阻止塌方。特别是要防止流沙现象。因此，施工现场在挖土期间一定加强对基坑四周坡面进行监控，及时发现问题和采取相应的补救措施，避免造成不必要的损失。所以现场在挖土期间一定要备以一定数量的木桩、钢管、草包、注浆机以备急用。

4）技术要求：挖填方工程施工应进行土方平衡计算，合理安排，减少重复搬运。土方回填前应和优良填料并应对所选用各种填料，确定合理参数，经确认后方可全面铺开。挖基坑土方尽可能做到随挖随运，合理安排，符合回填要求的土质堆放，沟槽每侧临时堆土或施加其他荷载时，不得影响周围建筑物、管线等设施安全。沟槽坑支撑安装拆除提供实施细则报业主代表核查，沟槽坑直撑拔除时须填孔。沟槽坑回填和压实除要求恢复原地貌外，填土密实度不小于 0.90，管顶以上 500mm 填土密实度不小于 0.85，砂基础密实度不小于 0.93。处于绿地或农田范围内的沟槽坑回填土，表面 500mm 范围内不宜压实，但应将表面整平。并预留高出原地面 150mm 左右的沉降量，回填时槽坑内不得积水，回填和压实工作应在管道两侧薄层均匀地对称进行。管基或构筑物基础如坐落于淤泥质粉质土上时，则应先铺一道竹篱笆隔离层，然后再做砂垫层基础，流塑性淤泥应清除干净，用素土或砂砾石回填设计标高，最后施工管道。谨防出现流沙现象。

③ 模板工程

为确保工程质量，采用九层夹板作模板、钢管支撑，并要求木工翻样。根据每个水池结构的特点，画出详细的模板排列图，同时为防止水池阴阳角处漏浆及保证池壁与管槽、走道板连接处的几何尺寸正确，根据现场实际尺寸定制阴阳角模，将连接处的阴阳角包起来，以保证混凝土的观感质量。

底板支模 外侧模采用砖胎模，每隔 3m 砌一砖墩，以增加稳定性，砂浆内粉刷。

水池壁、柱等支模 均采用九层夹板、$\phi 12$ 对穿螺杆间距 $600 \times 800mm$ 拉结，外侧壁加止水片。

板底预埋钢管位置要正确 对伸入底板内的钢管要加焊止水片，防止该部位渗水，钢管预埋前要按设计要求做好防腐处理。

池壁支模 模板用圆弧形钢管横竖固定，间距 @800mm，再加钢丝绳箍，确保池壁不炸模。

预埋件施工 结构预埋管、件数量比较多，且埋件的尺寸、位置、标高等要求较高，因此，在施工中应仔细对照结构及水道专业施工图纸，做到核对无误，不得遗漏，预埋管在预埋前内外壁均按设计要求做好防腐，并通知安装单位，监理人员一起进行核验，对照工艺要求及图纸位置要求是否相符。

④ 钢筋工程

1）进场钢筋必须按不同规格、分批堆放整齐，及时抽样，做好原材料复试，严禁使用劣质材料，对沾有污泥、油渍、锈斑等，要予以清除后方可使用。

2）底板 $\phi 16mm$ 以上钢筋采用对焊，竖向 $\phi 14mm$ 以上粗钢筋采用电渣压力焊，其余采用绑扎搭接。对焊的焊接接头必须抽样复试，优良后方可进行绑扎。

3）熟悉图纸，加强钢筋翻样工作，对班组认真做好技术交底。

4）底板上下层钢筋之间，设置竖向的 $\phi 16@450 \times 450mm$ 梅花形布置的 Ω 型撑脚，每平方米设一只，将上下层钢筋间距固定牢，池壁插筋按已弹轴线位置预留，插筋伸到底板筋上固定。

5）池壁钢筋绑扎先竖向筋后水平筋，里外两层钢筋之间，必须增设 $\phi 8@ \leqslant 500 \times 500mm$ 梅花形布置的拉结筋，以保证受力筋的正确位置。

6）保护层厚度按设计要求，底板、池壁用水泥垫块，控制保护层。

⑤ 混凝土工程

1）水池混凝土使用前应做好配合比试验，优良后方可使用。

2）混凝土拌制及运输（两种方法）

方法一：搅拌站拌制，采用泵送混凝土，混凝土泵车直接送至施工地点进行浇注。

方法二：搅拌站拌制混凝土，机动翻斗车运输或搭设运输道，人力小车运输。

3）混凝土浇捣前，要充分做好机械的备用及劳动力的组织，备足水泥、砂、石等材料，做好道路通畅，并收集有关气象预测资料，配备雨具及做好防雨措施，确保浇筑质量，保证施工正常顺利进行。

4）劳动力组织。对底板和池壁混凝土的浇捣，为保证质量，采用一次性浇捣。将配备二个浇捣小组。在混凝土浇捣前列出详细名单，责任到人。

5）混凝土的振捣及操作要领。振捣时要控制振动棒插入深度以及振捣时间，要快插慢拔，不允许通过振动钢筋的方法来使混凝土振实，振动棒要及时到位，防止出现冷缝。

6）为保证混凝土质量特采用以下措施：

保证混凝土强度措施。设计最佳配合比，采用外掺剂，控制坍落度，从而提高混凝土强度。

保证混凝土密实的措施。混凝土中掺高效减水剂及粉煤灰、UEA 增加混凝土密实度，选用合理的浇捣顺序和方法。及技术措施和质量两个方面加强振捣，以防漏振造成的蜂窝、孔洞等引起的漏水、渗水。对钢筋密集处，交接班用餐等，做好交底，加强监督、检查，确保质量。

混凝土裂缝的控制措施。要防止大体积混凝土内外温差过大造成混凝土浇捣后产生裂缝，采用降低混凝土的水化热，以减小浇捣后混凝土的内外温差，所以要选用水化热低的矿渣水泥，并尽量降低水泥用量，加缓凝剂、粉煤灰等。浇捣混凝土时，要采用分层浇捣，按照混凝土的温度变化规律采取覆盖塑料布、温浇水等养护措施。

水池施工中外池壁采有用对穿螺杆加焊止水片。钢筋按设计规定留足保护层，不得有负误差。留设保护层应以相同配合比的细石混凝土或水泥砂浆制成垫块，将网筋垫起。混凝土除必须满足一般混凝土强度、整体性和耐久性等要求外，还必须满足抗渗要求，控制混凝土变形裂缝的发生和开裂。为达到以上目的，建议在混凝土中掺加微膨胀剂 UEA 等，以达到补偿收缩，防止裂缝产生的目的。

7）混凝土养护措施。底板表面混凝土浇捣结束，收水后用木蟹抹平，即铺上湿草包，上面覆盖塑料布，在最初 2～5 天内，混凝土处于升温阶段，要采取保温措施，减少表面热扩散，防止表面裂缝，塑料布覆盖下草包保持湿润，散浇养护，约一周后（根据混凝土温度测定情况），去掉塑料布浇水养护。

⑥ 水池注水试验

当整个池体混凝土达到设计强度后，应将水池注水至设计水位，并在充满水三昼夜后，再进行测定水的一昼夜的减少量及作外观检查，渗水量按设计 24 小时不超过 1.2‰（除去蒸发量），注水方式：每升高 1 米水位不少于 4 小时，然后停止 12 小时再充水，注水试验应在外粉前进行，如有渗漏，采取有效方式修补，再进行外壁防腐及回填土方。

⑦ 回填土工程

缩短回填土时间是争取早日完成水池工程，保证其他工作全面铺开的关键。在拆除模板后，及时做好验收工作，同时抽干积水，经检查观察无渗漏水，且外池壁干燥后，即加快外墙防水处理，然后组织回填，回土要求分层夯实，严格按照施工规范的要求操作。

2. 水景工程

（1）水景喷泉工程的类型

按工程规模划分，水景喷泉工程可按规模划分为：特小型、小型、中型、大型和特大型等数种，如表 3.2.1 所示。

表 3.2.1　喷泉工程规模

划分依据＼规模	特小型	小型	中型	大型	特大型
设备投资/万元	<10	10～50	50～500	500～1000	>1000
喷头数量/个	<100	100～300	300～1000	1000～3000	>3000
装机总功率/kW	<10	10～100	100～400	400～2000	>2000

注：1. 特小型三项划分依据应全符合，其他型仅一项符合即可。

　　2. 设备投资仅包括设备、材料、器件等部分的投资额，不包括土建、电源、给排水、绿化等工程费用。

按控制方式划分：

手控喷泉　喷水造型和照明灯光固定不变或靠手动操作变化的喷泉工程。

程控喷泉　喷水造型和照明灯光的变换组合采用程序控制器按预编程序自动运行的喷泉工程。

音乐喷泉　喷泉造型和照明灯光的变换组合采用音乐信号自动控制与音乐信号同步协调运行的喷泉工程。控制系统除音乐信号的采集、处理、放大等功能外，还可以包括乐曲管理、计算机辅助配曲、喷泉多媒体仿真演示等人工智能。

特控喷泉　喷水造型和照明灯光的变换组合采用特殊控制方式（如定时、光电、感应、风速、水力、声响等控制）自动运行的喷泉工程。多应用于功能性和娱乐性喷泉，如时钟喷泉、踏泉、喊泉、追随泉等。

按喷泉水池形式划分：

水泉　喷泉水池水面敞露的喷泉工程，包括设在江、河、湖、海中的喷泉工程。

旱泉　喷泉水池水面隐蔽在地下，地面敞露，游人可在喷水间穿行、戏耍，停喷后喷泉地面可作其他用途的喷泉工程。

水旱泉　既可形成敞露水面供游人观赏、涉水，也可降低水位后露出地面，供游人玩耍、通行或作其他用途的，兼有水泉和旱泉特点的喷泉工程。

按造景水泵类型划分：

潜水泵喷泉　造景循环水采用潜水泵供水，水泵在水池内就近布置，不设专用水泵房的喷泉工程，目前国内大多数水景工程为此类型。

陆用泵喷泉　造景循环水采用陆用泵供水，水泵布置在专用水泵房或水泵井内的喷泉工程。

按喷泉设备移动性划分：

固定式喷泉　喷泉设备（喷头、管道、水泵等）、照明设备、控制设备和喷泉水池均固定设置，不可随意移动的喷泉工程。大多数喷泉工程，尤其是中型以上工程为此类型。

半移动式喷泉　喷水设备和照明设备可随意移动，但控制设备和喷泉水池固定设置的喷泉工程。

移动式喷泉　喷泉设备、照明设备、控制设备和喷泉水池均可移动，一般时将四者组装在一起的定型化、设备化、可整天移动的特小型或小型喷泉设备。

按喷水高度划分：

普通喷泉　垂直喷水高度在 50m 以内，基本可按一般水力计算公式计算（包括修正系数的应用）的喷泉工程。

高喷喷泉　垂直喷水高度在 50～100m 范围内，常用水力计算公式已不适用的喷泉。

超高喷泉（百米喷泉）　垂直喷水高度在 100m 以上的喷泉工程。

（2）基本水流形式及其采用的喷头

基本水流形式（姿态）和形成该水流形式的喷头如表 3.2.2 所示。

表 3.2.2　基本水流形式及其采用的喷头

大类	特征	分类	特征	种类	特 征	采用喷头
静水	水面开阔不流动	镜池	水面平静			
		浪池	水面波动			
流水	在重力作用下流动的水流	平流	基本沿水平方向流动	溪流	蜿蜒曲折的潺潺水流	
				渠流	规整有序的水流	
				慢流	四处漫溢的水流	
		跌流	突然跌落	叠流	落差较小多次跌落	
				瀑布	落差、流量均较大的跌落	
				水帘	落差较大的膜状或线状跌流	
				壁流	落差较大的附壁跌流	
				孔流	自孔口或管嘴流出的跌流	
		旋流	沿同心圆作圆周流动	单旋流	仅有一个旋心	
				多旋流	有两个或两个以上旋心	
喷水	在压力作用下自特制喷头中喷出的水流	纯射流	自直流喷头喷出的细长透明水柱	固定单射	固定单嘴射流	固定单射喷头
				可调单射	可调单嘴射流	可调单射喷头
				层花	多喷嘴多向辐射射流	层花喷头
				集流	多喷嘴平行射流	集流喷头
				开屏	多喷嘴在同一平面内的辐射射流	开屏喷头
		水膜射流	自成膜喷头喷出的透明膜状水流	半球	半球膜状水流	半球喷头
				喇叭花	喇叭花膜状水流	喇叭花喷头
				蘑菇	蘑菇形膜状水流	蘑菇喷头
				扇形	扇形膜状水流	扇形喷头
				锥形	锥形膜状水流	锥形喷头
		泡沫射流	自泡沫喷头喷出的气水混合水柱	冰塔	粗壮高大的冰塔状掺气水流	冰塔喷头
				玉柱	柱状掺气水流	玉柱喷头
				涌泉	粗壮低矮的涌泉掺气水流	涌泉喷头

续表

大类	特征	分类	特征	种类	特　征	采用喷头
喷水	在压力作用下自特制喷头中喷出的水流	雾状射流	自成雾喷头喷出的雾状水流	扇形水雾	扇形雾状水流	扇形水雾喷头
				玉柱水雾	玉柱形雾状水流	玉柱水雾喷头
				锥形水雾	锥形雾状水流	锥形水雾喷头
		旋转	自旋转喷头喷出多根水柱，在反作用力下，形成绕轴心旋转水流	旋转水晶球	多根水柱旋转形成水晶球形的水流	旋转水晶球喷头
				盘龙玉柱	多根水柱旋转形成盘龙形的水流	盘龙玉柱喷头
		复合	由多种形式的喷头组合形成一种独特的复合水流	扶桑	由多个可调单射和水膜射流组成的水流	扶桑喷头
				半球蒲公英	多个圆形膜状水组成的半球蒲公英形水流	半球蒲公英喷头
				蒲公英	多个圆形膜状水组成的球形蒲公英形水流	蒲公英喷头
其他水流	特殊形式的水流	珠泉	自水面下涌起的串串气泡流			
		涌流	自水面或地面下向上涌出的非掺气水流			

（3）水景喷泉工程的给水排水系统设计

水景喷泉工程的给水排水系统设计主要包括以下方面：

1）水景喷泉工程的水源种类与给水排水方式选择。

根据给水水源种类和排水去向不同，水景喷泉工程的常用给水排水方式举例如下。设计时应根据当地具体条件参照选用。图中仅绘出流主要管线联系，设计时应根据具体情况加以完善。

水体—水体方式　以天然或人工水体（河、湖、库）为水源，尾水再排至水体的方式。见图 3.2.3。

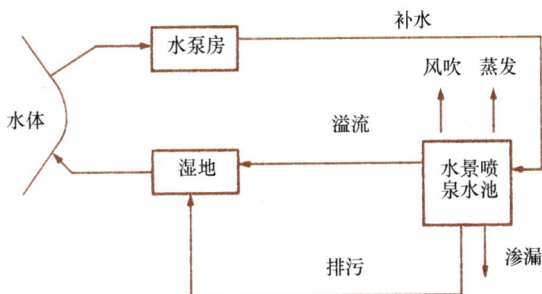

图 3.2.3　水体—水体方式给排水

自来水—雨水道方式　以自来水为水源，尾水排至雨水道的方式。如图 3.2.4 所示。

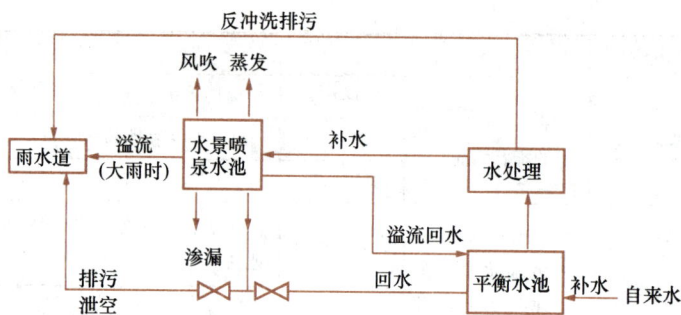

图 3.2.4 自来水—雨水道方式给排水

2）水景喷泉工程的水池设计。

水景喷泉水池水深和有效容积 水池的水深应满足喷头、管道、水泵、灯具等的布置要求。一般情况下可按表 3.2.3 设计。

表 3.2.3 水池的水深要求

水泵、管道和灯具安装方式		水深要求/mm
水泵	全部明装	≥600
	仅灯具明装	≥300
	全部暗装	≤50
旱泉		≥800

注：一般旱泉水池还应有大于等于 400mm 的干舱，以便维修人员的呼吸。

旱泉水池除满足上述要求外，还应满足安装、维护空间要求。当水池兼作其他用途时还应满足其他用途要求。水池的有效容积（即水泵吸水口以上的总水容积）应不小于 5～10min 的最大循环流量，在水流回流路程较远时采用较大值，在水流直接回落到水池内时采用最小值。

喷水池平面尺寸和底坡 喷水池平面形状和尺寸一般由总体设计确定，但池内喷水水柱距水池边缘或收水线的距离（收水距离），应根据水滴飘散距离进行核算，且不得小于喷水高度的一半。在水柱距池边的最小距离小于收水距离时，池岸应设坡向水池的坡度，且进行防水处理。

旱泉水池上的地面可以不做坡度，但旱泉收水线与水池之间的地面应有坡向水池的坡度，坡度不小于 0.005。

常用喷泉水池池壁形式 喷泉水池池壁形式除满足功能要求和造型美观外，还应因地制宜设计，便于补充水口、溢流口、泄空口、水处理供回水口和电缆进出口等设置，同时应尽量满足人们的亲水要求，使水池水位适当抬高更接近游人。

常用水泉池壁形式见图 3.2.5。

常用旱泉池壁形式见图 3.2.6。

常用水旱泉池壁形式见图 3.2.7。

水池的给水口 为向水池充水和运行时不断补充损失水量，大、中型水景工程应设有自动补水的给水口，以便维持水池中水位稳定。水型和特小型水景工程可设手动补充水的给水口，间断式补水。

图 3.2.5 常用水泉池壁形式

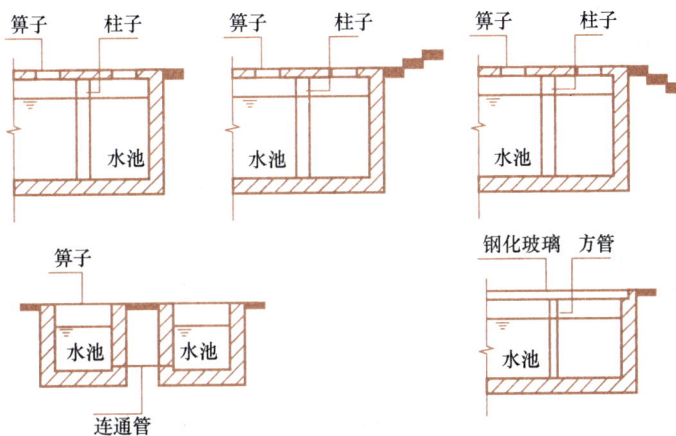

图 3.2.6 常用旱泉池壁形式

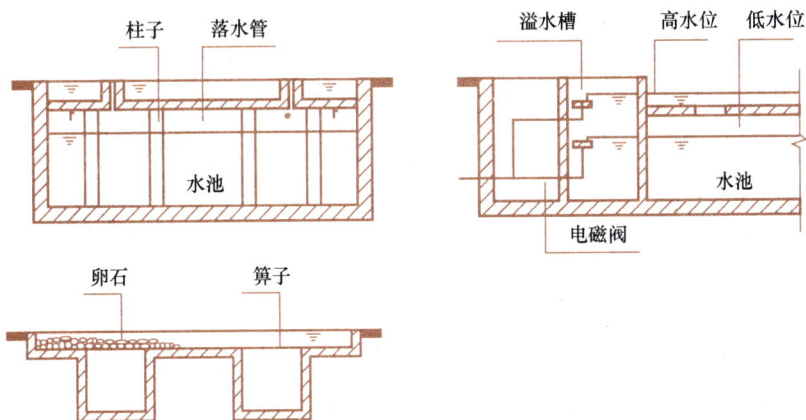

图 3.2.7 常用水旱泉池壁形式

给水口的管径和数量应根据补充水流量计算确定。

当利用自来水作为补给水水源时，给水口应设有防止回流污水的措施，加设置浮球阀、倒流防止器等。空气隔断间距应小于 2.5 倍给水口直径。安装倒流防止器的场地应有排水措施，不得被水淹没。

固定式水景喷泉工程的给水管上应安装用水计量装置。

为了美观和防止游人误动作，补水阀、计量装置宜隐蔽设置。

常用自动补水给水口形式见图 3.2.8。

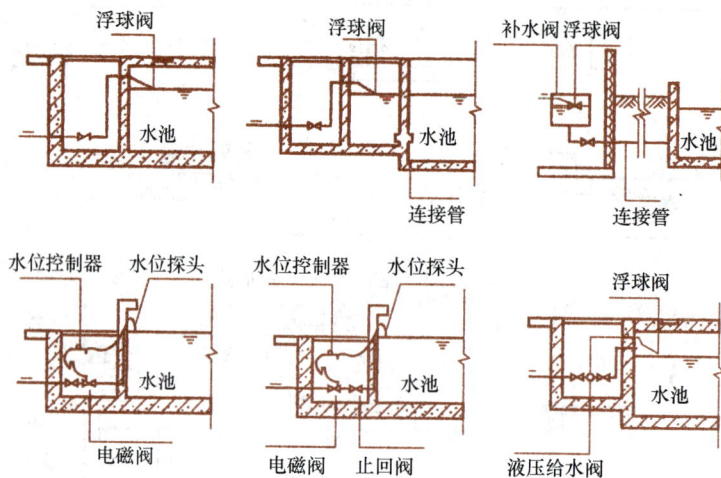

图 3.2.8 常用自动补水口形式

水池的溢水口 为稳定水位、实现水面排污和回流，保持池水水质，一般水池应设有溢水口。

重要水景工程不允许暴雨时水位升高或溢出池外时，溢水堰口宽度应根据暴雨流量和堰流计算确定。一般溢流堰宽不宜小于 400mm。

溢流堰口宜设有格栅，以免较大漂浮物堵塞排水管道。栅条间隙不得大于排水管直径的 1/4。

设有水处理循环系统时，溢流排水应回利用。

水池的泄水口 为排空维修、冬季维护和池底清淤，水景游泳池应设有泄水措施。宜采用重力泄水方式，不具备重力泄水条件时，应设置专用排水泵或利用造景水泵强制排水。

对于陆用泵水景喷泉工程，池底向水口可兼作泄水口，利用造景水泵强制排水。

泄水口宜设有隔栅，栅条间隔不得大于排水管管径的 1/4，利用水泵强制排水时，还应满足排水泵的要求。

重力泄水时泄水管管径应根据允许泄空时间计算确定。一般泄空时间可按 12～48h 确定。

常用泄水口形式见图 3.2.9。

在设有水处理循环系统时，水池的排水，宜回收利用。不能回收时，可排至人工湿地或雨水道；不得已必须排至污水道时，应有可靠的防倒流措施。

喷水池的防水和配筋措施 喷泉水防水方法不当和质量低劣，是造成大量浪费水源和喷水造型走形的重要原因之一，因此对于永久性水景工程，一定要重视作好防水工程。推荐采用钢筋混凝土结构自防水和加防水抹面或贴面方法。在当地地下水位较高时，也可采用水池外防水。

(a) 常用泄水口形式一

(b) 常用泄水口形式二

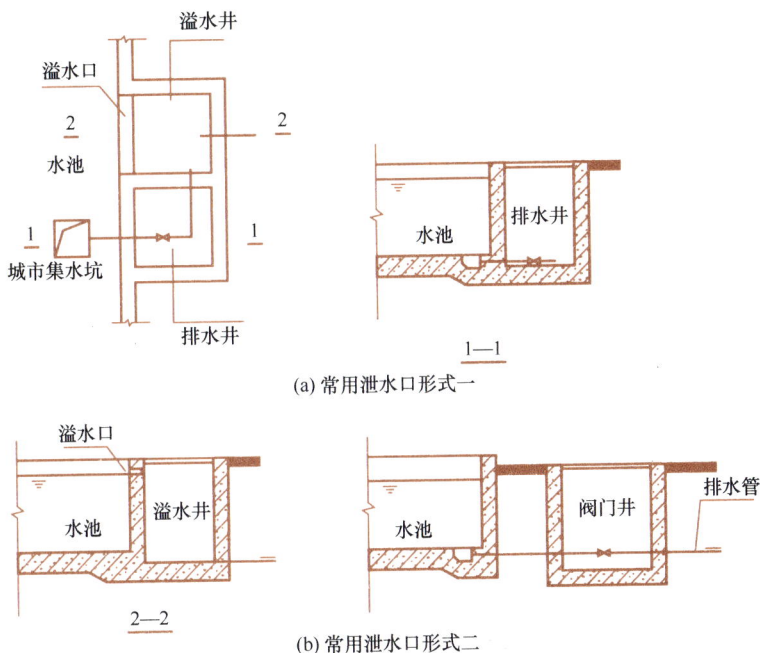

图 3.2.9 常用自动补水口形式

所有穿池壁和池底管道，均应设止水环或防水套管。水池的沉降缝、伸缩缝等应设止水带。

水池若采用钢筋混凝土结构，宜将结构纵横主要配筋旱接成网，并用扁钢引至结构层外，以便用作电气设备的接地极。引出扁钢间距不宜大于 10m。

喷水池的安全措施 水泉的水深大于 0.5m 时，水池外围应设维护措施（池壁、台阶、护栏、警戒线等）。水池中设有汀步、平桥时，其周围 2m 以内的水深不应大于 0.5m。

水泉水深大于 0.7m 时，池内岸边宜作缓冲台阶等。

旱泉、水旱泉的地面和水泉供儿童涉水部分的池底应采取防滑措施。

当水泉水池设在坡道下方时，水池与坡道之间至少应有 3m 有平坦缓冲段。

水泉水池距城市道路的间距不应小于 5m。

3）水景喷泉工程防冻。

• 冰冻地区水景喷泉工程的管道、设备应因地制宜采取防冻措施。这些措施应运行可靠耐久、操作维护简单、经济实惠。

• 冰冻时期停止运行的水景喷泉工程，所有管段和设备均应有放空措施。

冰冻时期运行的水景喷泉工程，可采用池水加热措施（池水循环加热、池底池壁采暖、安装水池散热器等）。对于小型、特小型水景喷泉工程，也可采用在池水中投加防冻剂措施。

• 江河、湖、海上的水景喷泉工程，水面以上管道可采用放空措施。在冰冻层较薄时，冰冻层内的管道、喷头可采用电热措施。在冰冻层较厚时，应避免在冰冻层内设置喷头、阀门、水泵、灯具等。也可采取管道、喷头、水泵、灯具等整体升降措施，冬天将设备降至冰冻层以下。

• 冰冻地区的室外水景喷泉工程，管道、阀门、喷头、灯具和其他配件，不宜采用带有塑料、橡胶等易老化、脆化、变形、变质的材料。

3.2.3　实践知识：音乐喷泉施工方案

1. 工程概况

音乐喷泉圆形设置，直径 15.50m；基础底面 0.2m 级配碎石，基础垫层为 0.1m C15 素混凝土，池底板、池壁、顶板、柱混凝土等级均为 C25，抗渗等级为 S6。

2. 施工准备

调查分析各施工段的施工难易的条件、施工现场的布置、勘测等情况，进行分段安排，了解现状场地标高，复测、确认坐标点、标高。配备充足的施工机械，配备充足的劳动力，做好物资供应，为整体进度计划的实施，奠定基础。

技术力量准备　建立以我公司技术负责人为首的技术班子，以体系保证系统实施的正确性为根本。安排有丰富施工经验的技术人员进驻现场。

认真仔细阅读施工图，充分理解、仔细推敲，以便施工中能充分体现设计意图。

施工机械设备准备　落实好工程所需的机械设备。

落实有丰富机械修理、维护的机施人员。

设置机械检测制度，做到每天作业完成后，及时检查，发现问题及时修理，保证工程正常施工。

材料、物资准备　按照总体进度计划，编制材料、物资的进场计划。

对现场所需材料做到心中有数。调配有度，准备充足。

随时调整编制计划，确保现场施工顺利进行。

按专业、按工序，有专人负责。

劳动力准备　安排工程所需充足的施工队全，并配备后备力量，根据劳动力计划，组织劳动力进场。

选择有良好素质，安全意识，具有较高的技术等级，具有相类似工程施工经验人员。

3. 施工工艺

（1）土方开挖

1）做好施工准备，进行测量放样。根据土质和开挖深度等情况，按施工方案的要求进行施工。开挖时不得扰动槽底土壤，如发现超挖，严禁用土回填。要做好沟槽排水工作，槽底不得受水浸泡。

2）挖槽过程中，使用反铲挖掘机，挖槽时有专人负责。挖槽时在达到设计标高以上 200mm 时，停止机械挖土，在槽底转干爽后，采用人工清理槽底，保证槽底标高正确，平整，槽底土壤不受扰动。

3）基槽开挖好后，应及时组织验收，验收合格后及时进行下道工序施工，尽可能的减少晾槽时间，施工时要及时掌握天气变化，做好下雨前的准备工作。

4）开挖出的土方要按照施工方案的要求堆放，不得堆于沟槽边上，以免引起地面堆载超荷引起土方位移、塌方等。

5）开挖尺寸不足：基坑（槽）或管沟底部的开挖宽度，除结构宽度外根据施工需要增加工作面宽度。

6）基坑（槽）或管沟边坡不直不平，基底不平：应加强检查，随挖随修，并要认真验收。

（2）模板制作与安装

1）模板严格按施工图纸及建筑物结构外形尺寸设计制作。

2）模板支立保证支撑牢靠，架立稳定，具有足够的刚度、强度、能承受混凝土浇筑的各项荷载。

3）模板支立前，先由测量人员按照施工图纸放出建筑的结构边线、轴线、高程控制点，并做明显标记，施工人员严格按测量放点支立模板，模板支立偏差应满足模板制作允许偏差规定。模板支立完，由质检及测量人员检查验收合格后，方可进行下道工序施工。

4）模板每次使用完，清洗干净、修整，并刷脱模剂。

5）模板拆除时间按施工图纸及规范规定执行。

6）模板必须支撑牢固、稳定、不得有松动、跑模、超标准下沉等现象。

7）模板拼缝应平整严密，不得漏浆，模内表面应清理干净，拼缝处内贴止水胶带，防止漏浆。

8）模板安装前，必须经过正确放样，检查无误后才能立模安装。

（3）钢筋制作与安装

1）材料及主要机具。

钢筋　应有出厂合格证，按规定作力学性能复试，当加工过程中发生脆断等特殊情况，还需作化学成分检验。钢筋应无老锈及油污。

铁丝　可采用 20～22 号铁丝（火烧丝）或镀锌铁丝（铅丝）。

控制混凝土保护层用的砂浆垫块、塑料卡。

工具　钢筋钩子、撬棍、钢筋扳子、绑扎架、钢丝刷子、手推车、粉笔，尺子等。

2）钢筋的制作与安装。

基础钢筋　基础底板为双层钢筋，绑完下层钢筋后，摆放钢筋马镫或钢筋支架（间距以 1.5m 左右一个为宜），在马镫上摆放纵横两个方向定位钢筋，钢筋上下次序及绑扣方法同底板下层钢筋。

钢筋绑扎时，靠近外围两行的相交点都绑扎，中间部分的相交点可相隔交错绑扎。如采用一面顺扣应交错变换方向，也可采用八字扣，但必须保证钢筋不位移。

摆放底板混凝土保护层用砂浆垫块，垫块厚度等于保护层厚度，按每 1 米左右距离梅花型摆放。

柱钢筋　安装灯柱钢筋骨架：按图纸要求、间距，计算好每根柱箍筋数量，先将箍筋套在下层伸出的搭接筋上，然后立柱子钢筋，在搭接长度内，绑扣不少于 3 个，绑扣要向柱中心。搭接倍数不低于 35 天，对好标高线。骨架调整后，可以绑根部加密区箍筋。钢筋的绑扎、缺扣、松扣的数量不超过绑口数的 10%，且不应集中。弯钩朝向正确，绑扎接头，按规定取试件，其机械性能试验结果必须符合钢筋焊接及验收规范的规定。

（4）混凝土浇筑质量控制

1）对模板的质量、数量、位置逐一检查，并作好记录。

2）与混凝土直接接触的模板清除淤泥和杂物，用水湿润。模板中的缝隙应堵严。

3）根据工程需要准备防暑物品。

4）混凝土应连续浇筑，应尽量一次完成，须间歇时，应尽量缩短间歇时间并在前层混凝土凝结之前，将次层混凝土浇筑完成。

5）采用振捣器捣实混凝土时，应严格控制振捣时间、振捣点间距和插入深度，避免各浇筑带交接处的漏振。提高混凝土与钢筋的握裹力，增大密实度，应将混凝土捣实到表面呈现浮浆和不再沉落为止。

6）表面及泌水处理：浇筑成型后的混凝土表面水泥砂浆较厚，应按设计标高用刮尺刮平，赶走表面泌水，初凝前，反复碾压，用木抹子搓压表面 2～3 遍，以逼和收水裂缝。

7）加大测量力度现场跟踪控制，保证混凝土基线、尺寸准确。

（5）止水带质量控制

止水带是在混凝土浇注过程中全部浇注埋进混凝土中。在浇埋混凝土以前先要使其在界面部位保持平展，接头部分粘接紧固，再以适当的力充分浇捣，震荡混凝土来定位止水带，使其与混凝土良好的结合，以免影响止水效果。

止水带施工注意如下几点：

1）固定止水带时，不得损坏本体的部分。

2）在定位止水带时，一定要使其在界面部位保持平展，如发现有部平整现象应及时进行调整。

3）在浇注固定止水带时，应防止止水带偏移，以免单侧缩短，影响止水效果。

4）在混凝土浇捣时还必须充分振捣，以免止水带和混凝土结合不良而影响止水效果。

（6）防水层施工

基本规定　基层表面应平整、坚实、粗糙、清洁，水泥砂浆防水层要求表面充分湿润，无积水；掺添加剂的水泥砂浆防水层不论迎水面或背水面均须分两层铺抹，表面应压光，总厚度不应小于 20mm；结构阴阳角处，均应做成圆角，圆弧半径一般阴角为 50mm，阳角为 10mm。防水层的施工缝需留斜坡阶梯形槎，并应依照层次操作顺序连续施工，层层搭接紧密。留槎的位置一般宜留在地面上，亦可在墙面上，但须离开阴、阳角 200mm 处。

操作工艺　铺贴防水层的基层必须按设计施工完毕，并经养护后干燥，含水率不大于 9%；基层应平整、牢固，洁净、不空鼓开裂、不起砂；防水层施工涂底胶前，应将基层表面清理干净；施工用材料均为易燃品，因而应准备好相应的消防器材。

工艺流程　如下：

基层清理：施工前将验收合格的基层清理干净。

涂刷基层处理剂：在基层表面满刷一道用汽油稀释的氯丁橡胶沥青胶黏剂，涂刷应均匀，不透底。

铺贴附加层：管根、阴阳角部位加铺一层卷材。按规范及设计要求将卷材裁成相应的形状进行铺贴。

铺贴卷材：将改性沥青防水卷材按铺贴长度进行裁剪并卷好备用，操作时将已卷好的卷材，用直径 30mm 的管穿入卷心，卷材端头比齐开始铺的起点，点燃汽油喷灯或专用火焰喷枪，加热基层与卷材交接处，喷枪距加热面保持 300mm 左右的距离，往返喷烤、观察当卷材的沥青刚刚熔化时，手扶管心两端向前缓缓流动铺设，要求用力均匀、不窝气，铺设压边宽度应掌握好，满贴法搭接宽度为 80mm，条粘法搭接宽度 100mm。

热熔封边：平面做水泥砂浆或细石混凝土保护层；立面防水层施工完，应及时稀撒石渣后抹水泥砂浆保护层。

（7）铺装

① 花岗岩材料要求

每种类型的石材应满足和符合建设单位及设计要求，更要满足工程的要求。在供货过程中，不得改变石材的牌号或供应来源。板材质量保证坚固耐用，无损害强度和明显外观缺陷。板材的色调、花纹保证协调统一，正面外观不允许出现坑窝、划痕、缺棱、缺角、裂纹、色斑、色线等缺陷。所需各种品牌花岗岩的规格尺寸允许偏差、平面度允许极限公差、角度允许极限公差、外观质量、物理性能及检验规则均按行业标准 JC205—1992 中有关规定严格执行。

矿物颜料：颜色与饰面板协调（与白水泥配合供擦缝用）。

砂子：中、粗砂，含泥量小于 3%，并经过筛除去杂物，石材粘线砂浆标号按设计要求，并按规范做试块送料。

水泥：32.5 级及其以上标号的普通硅酸盐水泥或矿渣硅酸盐水泥。

石材板：规格、品种、颜色、花样按设计规定（天然石面板）。

② 施工准备

1）清除结构地面的灰浆、污垢和其他垃圾，并浇水湿润，刷水灰比为 0.5 的素水泥浆一遍，不得有漏刷现象，如有松散处应清除净，作补强处理。

2）根据标筋标高，摊铺 1∶2.5 干硬性水泥砂浆，用短刮尺刮平，铁抹子拍平拍实，再用长刮尺纵横检查表面平整度。

3）依据石材供应商提供的石材标号试铺，板材试铺采用吸盘，试铺后将水泥砂浆翻松，稍洒水浇一层纯水泥浆（1∶1～1∶1.5），使其渗透后再铺设，铺设板材宜四角同时均衡下落，对齐缝格铺平，用橡皮锤敲击平实，如发现空鼓、凹凸不平或接缝不直，应将板材重新掀起重铺。样板间经业主、监理方检验认定后，依此样板开始大面积施工。

4）铺设顺序先铺十字交叉点的四块板材作为控制板块，该板块是整个地坪水平标准和纵横拼缝标准，注意用水平尺和通长钢丝线校正，然后向两侧和退后方向顺序铺设，随时用水平尺和靠尺找准。

③ 施工方法

1）先将石板块背面刷干净，铺贴时保持湿润。

2）根据水平线，中心线（十字线）按预排编号铺好每一部位，再进行拉线铺贴。

3）铺干硬性水泥砂浆（一般配合比为 1∶2.5）以湿润松散，手握成团不泌水为准，找平层铺厚度以 25～30mm 为宜，放上石板时高也预定完成面约 3～4mm 为宜，用铁抹子拍平，然后进行石板预铺，并应对准以纵横缝，用木锤着力敲击板中部，振实砂浆至铺设高度后，将石板掀起，检查砂浆表面与石板相吻合后（如有空虚外，应用砂浆填补），在砂浆表面先用喷壶适量洒水，均匀撒一层水泥粉，把石板块对准铺贴，铺贴时四角要同时着落，再用木锤着力敲击至平正。

4）铺贴顺序应从里向外铺贴。

5）铺贴完成 24 小时后，经检查石板块表面无断裂、空鼓后，用稀水泥刷缝填饱满，并随时用干布擦净至无残灰、污垢为止，铺好石板两天内禁止行人和堆放物品。

④ 质量标准

保证项目：检验方法：用小锤轻击和观察检查。

1）面层所用板块的品种，质量必须符合设计要求。

2）面层与基层的结合必须牢固，无空鼓。

基本项目：板块面层的表面质量符合以下规定：

合格：色泽均匀，板块无裂缝、掉角和缺愣等缺陷。

优良：表面洁净，图案清晰，色泽一致，接缝均匀，同边顺直，板无裂缝，掉角和缺愣等无缺陷。

⑤ 施工注意事项

避免工程质量通病：

1）石板块与基层空鼓：主要由于基层清理不干净，没有足够水分湿润，结合层砂浆过薄（砂浆虚铺一般不宜少于 25～30mm，块料座实后不宜少于 20mm 厚），结合层砂浆不饱满以及水灰比过大等。

2）边出现大小关：由于板块本身不平，铺贴时操作不当，铺贴后过早行人将板块踩踏等（有时还出现板块松动等现象），一般铺贴后两天后严禁行人踩踏。

主要安全措施：

1）装卸石板块时，要轻拿轻放，防止挤手或砸脚。

2）使用手提电动机时，要经过试运转合格，并计漏电掉闸开关及可靠接地装置，操作者必须要配戴防护眼镜及绝缘手套。

产品保护：

1）供应商提供的花岗岩石板材须是木箱包装，包装牢固，板材光面相对，内衬软纸，按品种、规格、工程区域分别包装，并标志"小心轻放"、"向上"标识。在运输装卸中严禁滚掉、碰撞。

2）石板块存放，不得淋雨及长期日晒，一般要采取立放，光面相对，板底应用方木垫托；运输时应轻拿轻放。

3）试铺、调校及擦缝的操作人员，要穿软底鞋。

4）完成后的地面，两天内禁止行人行走及堆物件，其表面要覆盖保护物（如撒锯末、草帘、塑料编织布、油毡等）。

5）完成后的地面，当水泥砂浆结合层强度达到 60%～70% 后，才允许进行局部修磨。

6）运输料具时，不要碰坏柱饰面。施工时不得碰撞损坏各种管线及预理件。施工时如有污染，应及时清理干净。

巩固训练 ☞

喷泉水池管线安排及效果

1. 实训目的要求

1.1 掌握喷泉管线排布原理。

1.2 熟知水循环的原理。

1.3 熟记施工中的注意事项。

2.使用材料工具准备

2.1 预制树枝型管网（2叉即可）和环状管网（圆形即可），管网与自来水管网相接，如果自来水压力不足，需要配有加压泵。

2.2 在管网中均匀安设简易喷头。

3.方法步骤

3.1 带领学生观察2种管网中的喷头喷水状况。

3.2 教师讲解为什么会存在水头压力不均匀的客观现象，并对比2种管网的利弊。

4.作业

学生纸面设计自主改造环状管网，使之各个喷头之间的水头差降低，且不浪费过多管材。

5.考核评估

5.1 设计水头差是否能达到预期效果（60%）。

5.2 管线是否浪费（40%）。

相关链接

1. 杨至德. 园林工程 [M]. 武汉：华中科技大学出版社，2009.

2. 刘卫斌. 园林工程 [M]. 北京：中国科学技术出版社，2003.

3. 中国园林网 http：//gc. yuanlin. com/

4. 筑龙网 http：//bbs. zhulong. com/

思考与练习

1. 驳岸的施工步骤有哪些？

2. 护坡的类型可以分为几种？

3. 水池施工的注意要点有哪些？

4. 喷泉池的管线安排是如何进行的？

项目 **4**

园路及风景园桥工程

教学目标 ☞

1. 掌握园路平面线型设计、结构设计和面层设计的知识。
2. 掌握园路施工图识读及园路施工方法。
3. 掌握圬工石桥的结构特点及施工方法。
4. 掌握木桥的结构特点及施工方法。

技能要求 ☞

1. 会进行园路结构设计和面层设计。
2. 会进行典型园路的施工。
3. 会进行简易石桥的施工。
4. 会进行常见木桥的施工。

任务 4.1 建立园路图片库

任务分析： 了解园路的功能，采用现场调查及资料查阅等方法收集园路景观图片，并能根
据不同的分类依据对各种园路进行系统的归类，建立园路景观资料库。

技能： 通过园路资料库的建立，锻炼学生对景观资料的收集和归类能力，为景观工程设计
与施工积累丰富的素材，并通过分析借鉴扩展学生对景观的创新应用。

方法： 采用教师讲授，学生调查分析、整理归类的方法。

态度： 认知景观工程设计与施工是需要细心观察，用心积累，并不断创新运用的。

4.1.1 工作任务：建立园路图片库

【案例】 园路除了具有交通、导游、组织空间、划分景区等功能以外，还具有重要的
造景作用。以周边绿地为对象，通过现场调查分析园路的造景应用形式，收集园路图片。

1. 任务分析

园路是园林的基本组成要素之一，也是园林工程设计与施工的主要内容之一。园路的
造景应用主要是对道路本身的曲线、质感、色彩、纹样、尺度等与周围环境协调统一的应
用。进行现场调查时，应注意比较不同形式道路对以上要素的综合运用。

2. 实践操作

操作步骤如下：

1）实景园路图片收集。选择周边较典型及优秀的景观绿地进行调查分析，对其中的园
路进行拍照记录。

2）园路图片资料收集。查阅相关网站，对典型的园路图片进行分类存档。

3）建立园路图片库。按照不同分类方法对收集的园路图片进行归类整理，建立较丰富
全面的园路图片资料库。

4.1.2 理论知识：园路概述

1. 园路的发展简况

道路的修建在我国有着悠久的历史，从考古和出土的文物来看，我国铺地的结构复
杂，图案十分精美。如战国时代的"米"字纹砖，秦咸阳宫出土的太阳纹铺地砖，西汉
遗址中的卵石路面，东汉的席纹铺地，商代以莲纹为主的各种"宝相纹"铺地，西夏的
火焰宝珠纹铺地，明清时的雕砖卵石嵌花路及江南庭园的各种花街铺地等。在中国古代
园林中，道路铺地多以砖、瓦、卵石、碎石片等组成各种图案，具有雅致、朴素、多变
的风格，为我国园林艺术的成就之一。近年来，随着科技、建材工业及旅游业的发展。
园林铺地中又陆续出现了水泥混凝土、沥青混凝土以及彩色水泥混凝土、彩色沥青混凝
土、透水透气性路面等，这些新材料、新工艺的应用，使园路更富有时代感，为园林增
添了新的光彩。

2. 园路的功能

园路是贯穿全园的交通网路，是联系若干个景区和景点的纽带，是组成园林风景的要素，并为游人提供活动和休息的场所。无论从实用功能上，还是从美观方面，均对园路的设计有一定的要求。

（1）划分组织空间

园林功能分区的划分多是利用地形、建筑、植物、水体或道路。对于地形起伏大、建筑比重小的现代园林绿地，用道路围合、分隔不同景区则是主要方式。同时，借助道路面貌（线形、轮廓、图案等）的变化可以暗示空间性质、景观特点的转换以及活动形式的改变，从而起到组织空间的作用。尤其在专类园中，园路划分空间的作用十分明显。

（2）组织交通和导游

首先，经过铺装的园路能耐践踏、碾压和磨损，可满足各种园务运输的要求，并为游人提供舒适、安全、方便的交通条件；其次，园林景点间的联系是依托园路进行的，为动态序列的展开指明了前进的方向，引导游人从一个景区进入另一个景区；再次，园路还为欣赏园景提供了连续的不同的视点，可以取得步移景异的效果。

（3）提供活动场地和休息场所

在建筑小品周围、花坛、水旁、树下等处，园路可扩展为广场。材料、质地和图案的变化，为游人提供活动和休息的场所。

（4）参与造景

园路本身的曲线、质感、色彩、纹样、尺度等与周围环境协调统一，都是园林中不可多得的风景要素。园路的铺装材料及其图案和边缘轮廓，具有构成和增强空间个性的作用。不同的铺装材料和图案造型，能形成和增强不同的空间感，如细腻感、粗犷感、宁静感、亲切感等。并且，丰富而独特的园路可以创造视觉趣味，增强空间的独特性和标识性。

（5）组织排水

道路可以借助其路线或边沟组织排水。一般园林绿地都高于路面，方能实现以地形排水。道路汇集两侧绿地径流之后，利用其纵向坡度即可按预定方向将雨水排除。

3. 园路的分类

（1）按构造形式分

路堑式（也称街道式）　立道牙位于道路边缘，路面低于两侧地面，道路排水，见图 4.1.1。

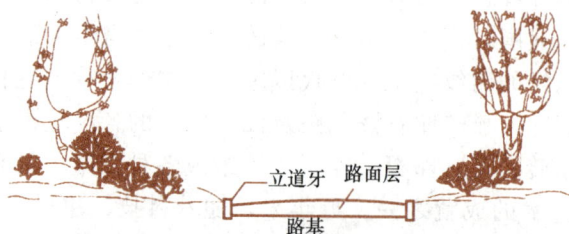

图 4.1.1　路堑式

路堤式（也称公路式）　平道牙位于道路靠近边缘处，路面高于两侧地面（明沟），利用明沟排水，见图 4.1.2。

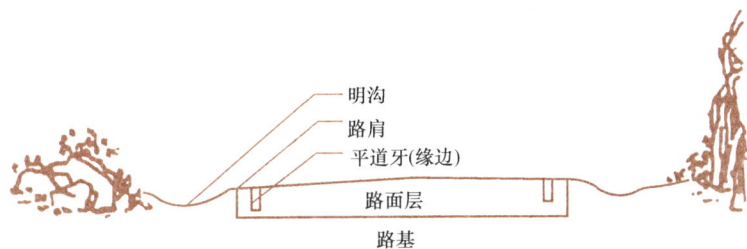

图 4.1.2　路堤式

特殊型　包括步石、汀步、蹬道、攀梯等，见图 4.1.3。

图 4.1.3　特殊式

（2）按面层材料分

整体路面　包括现浇水泥混凝土路面和沥青混凝土路面。整体路面平整、耐压磨，适用于通行车辆或人流集中的公园主路和出入口。

块料路面　包括各种天然块石、陶瓷砖及各种预制水泥混凝土块料路面等。块料路面坚固、平稳，图案纹祥和色彩丰富，适用于广场、游步道和通行轻型车辆的路段。

碎料路面　用各种石片、砖瓦片、卵石等碎石料拼成的路面，图案精美，表现内容丰富，做工细致，巧夺天工。主要用于庭园和各种游步小路。

简易路面　由煤渣、三合土等组成的路面，多用于临时性或过渡性园路。

（3）按使用功能划分

主干道　联系公园主要出入口、园内各功能分区、主要建筑物和主要广场，成为全园道路系统的骨架，是游览的主要线路，多呈环形布置。其宽度视公园性质和游人容量而定，一般为 3.5～6m。

次干道　为主干道的分支，是贯穿各功能分区、联系重要景点和活动场所的道路。宽度一般为 2.5～3.5m。

游步道　各景区内连接各个景点、深入各个角落的游览小路。宽度一般为 1～2m，有些游览小路宽度为 0.6～1m。

4.1.3　实践知识：建立园路图片库

园路图片库的建立除了现场拍照或网络搜索所收集的实景图片以外，要建立真正完整丰富的资料库，还需加强对各类园路的设计图类的收集，主要是 cad 设计及施工图的形式，包括平面铺装设计图、横断面设计图、断面结构图等。因此，学生在课外学习中应多关注和浏览专业网站，注重素材积累，并能及时了解园路造景的最新的施工技术及规范。学生应多进入一些施工现场，观摩学习园路的具体施工方法和造景应用。

巩固训练 ☞

园路图片收集与展示

1. 实训目的要求

1.1　掌握园路景观素材收集的方法和渠道

1.2　熟知园路景观素材归类整理的方法

1.3　培养认真观察、细心积累的专业习惯

2. 使用材料工具准备

2.1　数码相机

2.2　电脑

2.3　网络

3. 方法步骤

3.1　学生对周边绿地进行现场调查，并拍照记录。

3.2　学生查阅相关网站，搜索相关园路的实景图片。

3.3　学生对所收集的园路图片按照不同的分类方法进行归类整理，建立图片资料库。

3.4　教师指导学生就图片收集过程及成果进行展示汇报。

4. 作业

学生应个人独立完成调查环节的图片收集，在此基础上可相互间对照补充资料库。（学生校外调查时应注意交通和人身安全。）

5. 考核评估

5.1　图片数量及丰富性（30%）

5.2　图片代表性及新颖性（30%）

5.3　图片归类准确性及完整性（40%）

任务 4.2　园路的线型设计

任务分析：学习并掌握园路线 4 型设计的要点，并能完成绿地中的园路布局设计。
技能：掌握园路线型设计的要点及其和各因素的关系，具备各类绿地的园路布局设计技能。
方法：教师讲授，学生观摩学习、分析讨论及实践训练。
态度：认知景观工程设计需要细心观察，用心积累，并不断创新运用。

4.2.1　工作任务：园路的布局设计

【案例】　图 4.2.1 所示为某公园平面设计底图，该公园位于某市较繁华地段，两面临街，公园北面、东面为机关、医院、学校及居民区，西南面濒临城市河流。全园呈三角形地块，面积约 1.2 万 m²。园内地势平坦，土质良好。要求完成公园的园路布局设计。

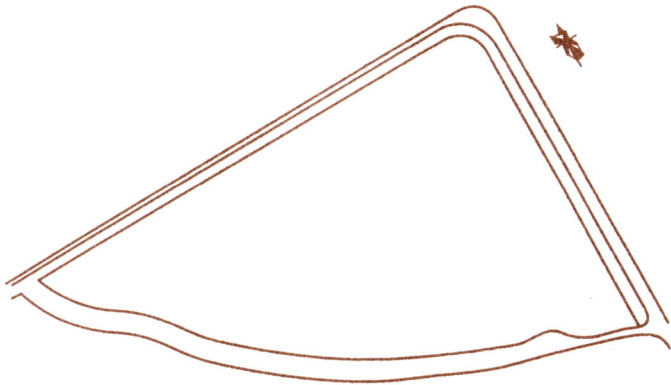

图 4.2.1　公园平面设计底图

1. 任务分析

园路的布局设计对分隔空间、组织游览线路和引导游人有着重要的作用，因此，合理的园路布局设计是做好整个绿地平面设计的基础。进行园路布局设计应充分考虑园路和园林绿地的性质、风格、地位的关系，具体线型布局应结合场地的安排布置，形成一个完整统一的平面空间构图。园路的布局即根据场地出入口及硬质场地的布置及功能分区的设置不同规格的园路，形成一个主次分明、游览方便而又联系紧密的园路系统。那么，我们首先来看一下一般绿地的园路分类及规格。

主要道路　联系全园，必须考虑通行、生产、救护、消防、游览车辆，宽 7~8m。

次要道路　沟通各景点、建筑，通轻型车辆及人力车，宽 3~4m。

休闲小径、游步道　双人行走宽 1.2~1.5m，单人行走宽 0.6~1m。

林荫道、滨江道和各种广场　根据不同造景要求设置，一般规格比其他类型的园路更宽。

2. 实践操作

操作步骤如下：

1）确定园路的规划形式。对收集来的设计资料及其他图面资料进行分析研究，从而初步确定园路的布局风格，如自由、曲线式或规则、直线式。

2）对公园或绿地规划中的景点、景区设置进行认真分析研究。

3）对公园或绿地周边的交通、环境等进行综合分析，必要时可与有关单位联合分析。

4）研究设计区内的植物种植情况。

5）通过以上的分析研究，确定主干道的位置布局和宽窄规格，一般7～8m。

6）以主干道为骨架，用次干道（3～4m），进行景区的划分，并通达各区主景点。

7）以次干道为基点，结合各区景观特点，具体设计游步道，0.6～1.5m。

8）完成园路布局设计图（图4.2.2）。

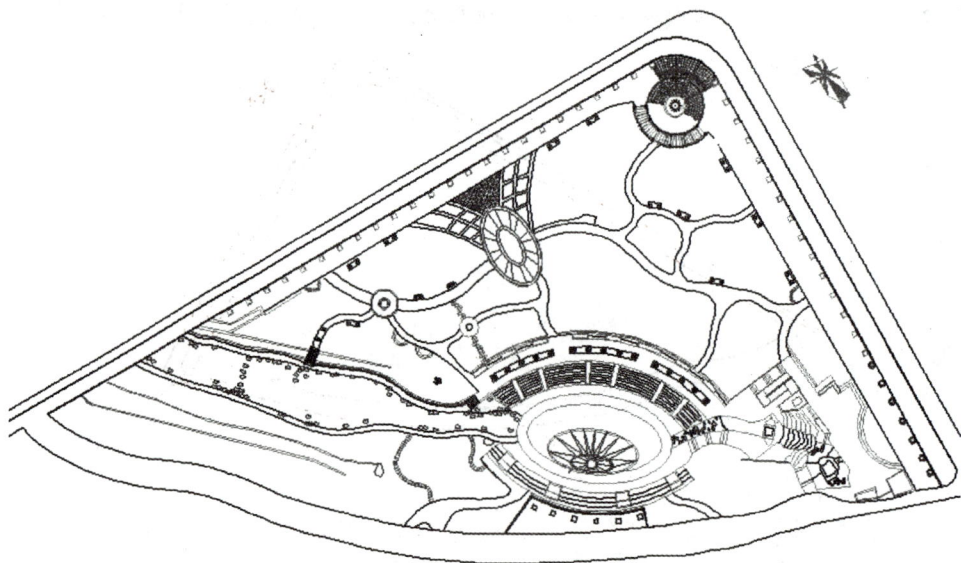

图 4.2.2　园路的布局设计

> **注意**
>
> 园路及场地的连接宜曲直相济、流畅自如。可以根据功能需要采用变断面的形式，如转折处不同宽狭；坐凳、椅处外延边界；路旁的过路亭、还有园路和小广场相结合等。园路忌讳断头路、回头路，除非有一个明显的终点景观和建筑。

4.2.2　理论知识：园路的线型设计

园路的线型包括平面线型和纵断面线型。线型设计是否合理，不仅关系到园林景观序列的组合与表现，也直接影响道路的交通和排水功能。

1. 平面线型

即园路中心线的水平投影形态。

（1）线型种类

直线　在规则式园林绿地中，多采用直线型园路。其线形规则、平直，方便交通。

圆弧曲线　道路转弯或交汇时，考虑行驶机动车的要求，弯道部分应用圆弧曲线连接，并具有相应的转弯半径。

自由曲线　指曲率不等且随意变化的自然曲线。在以自然式布局为主的园林游步道中多采用此种线型，可随地形、景物的变化而自然弯曲，柔顺流畅和协调。

（2）设计要求

1）对于总体规划时确定的园路平面位置及宽度应再次核实，并做到主次分明。在满足交通要求的情况下，道路宽度应趋于下限值，以扩大绿地面积的比例。游人及各种车辆的最小运动宽度见表 4.2.1。

表 4.2.1　游人及各种车辆的最小运动宽度表

交通种类	最小宽度/m	交通种类	最小宽度/m
单人	≥0.75	小轿车	2.00
自行车	0.6	消防车	2.06
三轮车	1.24	卡车	2.05
手扶拖拉机	0.84～1.5	大轿车	2.66

2）行车道路转弯半径在满足机动车最小转弯半径条件下，可结合地形、景物灵活处置。

3）园路的曲折迂回应有目的性。一方面曲折应是为了满足地形及功能上的要求，如避绕障碍、串联景点、围绕草坪、组织景观、增加层次、延长游览路线、扩大视野；另一方面应避免无艺术性、功能性和目的性的过多弯曲。

（3）平曲线最小半径

当车辆在弯道上行驶时，为了使车体顺利转弯，保证行车安全，要求弯道上部分应为圆弧曲线，该曲线称为平曲线（图 4.2.3）。

自然式园路曲折迂回，在平曲线变化时主要由下列因素决定：

1）园林造景的需要。

2）当地地形、地物条件的要求。

3）在通行机动车的地段上，要注意行车安全。在条件困难的个别地段上，可以采用最小的转弯半径，最小转弯半径为 12m。

当汽车在弯道上行驶时，由于前轮的轮迹较大，后轮的轮迹较小，出现轮迹内移现象，同时，本身所占宽度也较直线行驶时大，弯道半径越小，这一现象越严重。为了防止后轮驶出路外，车道内侧（尤其是小半

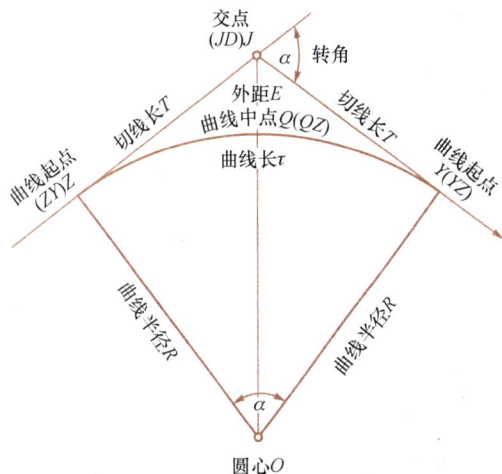

图 4.2.3　平曲线图

图 4.2.4　平曲线加宽

径弯道）需适当加宽，称为曲线加宽（图 4.2.4）。

① 曲线加宽值与车体长度的平方成正比，与弯道半径成反比。

② 当弯道中心线平曲线半径 $R \geqslant 200\text{m}$ 时可不必加宽。

③ 为了使直线路段上的宽度逐渐过渡到弯道上的加宽值，需设置加宽缓和段。

④ 园路的分支和交汇处，为了通行方便，应加宽其曲线部分，使其线型圆润、流畅，形成优美的视觉效果。

2. 纵断面线型

纵断面线型即道路中心线在其竖向剖面上的投影形态。它随着地形的变化而呈连续的折线。在折线交点处，为使行车平顺，需设置一段竖曲线。

（1）线型种类

直线　表示路段中坡度均匀一致，坡向和坡度保持不变。

竖曲线　两条不同坡度的路段相交时，必然存在一个变坡点。为使车辆安全平稳通过变坡点，须用一条圆弧曲线把相邻两个不同坡度线连接，这条曲线因位于竖直面内，故称竖曲线。当圆心位于竖曲线下方时，称为凸型竖曲线。当圆心位于竖曲线上方时，称为凹型竖曲线（图 4.2.5）。

（2）设计要求

1）园路根据造景的需要，应随形就势，一般随地形的起伏而起伏。

2）在满足造景艺术要求的情况下，尽量利用原地形，以保证路基稳定，减少土方量。行车路段应避免过大的纵坡和过多的折点，使线型平顺。

3）园路应与相连的广场、建筑物和城市道路在高程上有一个合理的衔接。

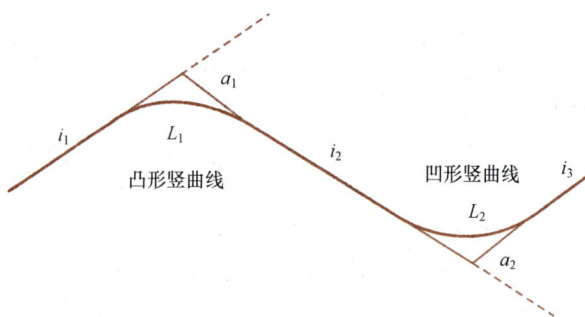

图 4.2.5　竖曲线

4）园路应配合组织地面排水。

5）纵断面控制点应与平面控制点一并考虑，使平、竖曲线尽量错开，注意与地下管线的关系，达到经济、合理的要求。

6）行车道路的竖曲线应满足车辆通行的基本要求，应考虑常见机动车辆线形尺寸对竖曲线半径及会车安全的要求。

（3）纵横向坡度

纵向坡度　即道路沿其中心线方向的坡度。园路中，行车道路的纵坡一般为 0.3%～0.8%，以保证路面水的排除与行车的安全。游步道、特殊路应不大于 12%。

横向坡度　即垂直道路中心线方向的坡度。为了方便排水，园路横坡一般在 1%～4%

之间，呈两面坡。弯道处因设超高而呈单向横坡。

不同材料路面的排水能力不同，其所要求的纵横坡度也不同（表 4.2.2）。

表 4.2.2 各种类型路面的纵横坡度

路面 类型	纵坡/%			横坡/%		
	最大	游览大道	园路	特殊	最小	最大
水泥混凝土路面	0.3	6	7	10	1.5	2.5
沥青混凝土路面	0.3	5	6	10	1.5	2.5
块石、砾石路面	0.4	6	8	11	2	3
卵石路面	0.5	7	8	7	3	4
粒料路面	0.5	6	8	8	2.5	3.5
改善土路面	0.5	6	6	8	2.5	4
游览小道	0.3		8		1.5	3
自行车道	0.3	3			1.5	2
广场、停车场	0.3	6	7	10	1.5	2.5
特别停车场	0.3	6	7	10	0.5	1

弯道超高 当汽车在弯道上行驶时，产生横向推力即离心力。这种离心力的大小，与行车速度的平方成正比，与平曲线半径成反比。为了防止车辆向外侧滑移及倾覆，并抵消离心力的作用，就需将路的外侧抬高。设置超高的弯道部分（从平曲线起点至终点）形成了单一向内侧倾斜的横坡。为了便于直线路段的双向横坡与弯道超高部分的单一横坡有平顺衔接，应设置超高缓和段（图 4.2.6 和图 4.2.7）。

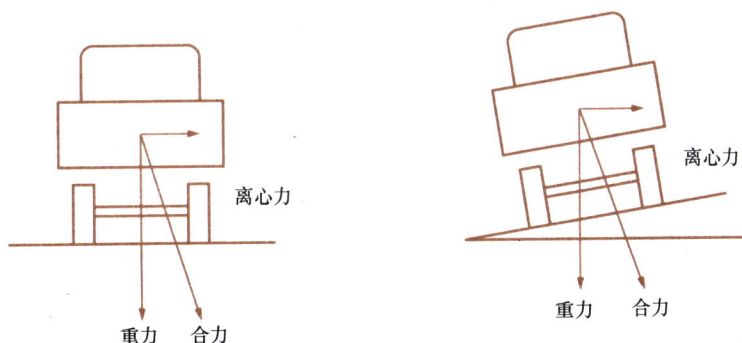

图 4.2.6 汽车在弯道上行使受力分析

4.2.3 实践知识：园路布局设计

1. 设计依据

园路的布局设计，要以园林绿地的性质、特征以及使用功能为依据，主要有以下几个方面：

1）园林工程的建设规模决定了园路布局设计的道路类型和布局特点。

较大的公园，要求园路主干道、次干道和游步道三者齐备，并使其铺装式样多样化，

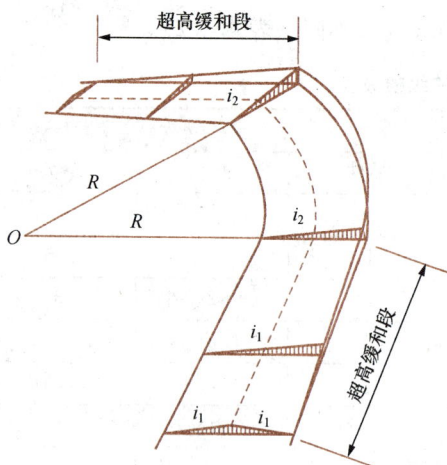

图 4.2.7　弯道超高

从而使园路成为园林造景的重要组成部分。而较小的园林绿地或单位小块绿地的设计，往往只有次干道和游步道的布局设计。

2）园林绿地的规划形式决定了园路布局设计的风格。

如果园林为规则式，则园路应布局直线和有规可循的曲线式，在园路的铺装上也应和园林风格相适应，充分体现规则式园林的特征。如果园林为自然式，则园路应布局成无规可循的自由曲线和宽窄不等的变形路。

2. 设计原则

（1）因地制宜的原则

园路的布局设计，除了依据园林工程建设的规划形式外，还必须结合地形地貌设计。一般园路宜曲不宜直，贵在合乎自然，追求自然野趣，依山随势，回环曲折；曲线要自然流畅，犹如流水，随形就势。

（2）满足实用功能，体现以人为本的原则

园林中，园路设计也必须遵循供人行走为先的原则。也就是说设计修筑的园路必须满足导游和组织交通的作用，要考虑到人总喜欢走捷径的习惯，因此园路设计必须首先考虑为人服务、满足人的需求。否则就会导致修筑的园路少人走，而没有园路的绿地却被踩出了园路。

（3）切忌设计无目的、死胡同的园路

园林工程建设中的道路应形成一个环状道路网络，四通八达，道路设计要做到有的放矢，因景设路，因游设路，不能漫无目的，更不能使游人正在游兴时"此路不通"，这是园路设计最忌讳的。

（4）综合园林造景

园路是园林工程建设造景的重要组成部分，园路的布局设计一定要坚持路为景服务，要做到因路通景，同时也要使路和其他造景要素很好地结合，使整个园林更加和谐，并创造出一定的意境来。

3. 设计要点

1）两条自然式园路相交于一点，所形成的对角不宜相等。道路需要转换方向时，离原交叉点要有一定长度作为方向转变的过渡。如果两条直线道路相交时，可以正交，也可以斜交。为了美观实用，要求交叉在一点上，对角相等，这样就显得自然和谐。

2）两路相交所呈的角度一般不宜小于 60°。如果由于实际情况限制，角度太小，可以在交叉处设立一个三角绿地，使交叉所形成的尖角得以缓和，如图 4.2.8 所示。

3）如果三条园路相交在一起时，三条路的中心线应交汇于一点上，否则显得杂乱，如图 4.2.9 所示。

4）由主干道上发出来的次干道分叉的位置，宜在主干道凸出的位置处，这样就显得流畅自如，如图 4.2.10 所示。

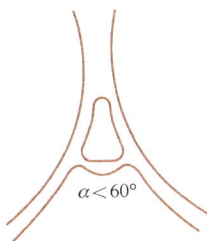

图 4.2.8　两路交叉处设立三角绿地　　图 4.2.9　三条园路交汇于一点　　图 4.2.10　主干道上发出的次干道分叉的位置

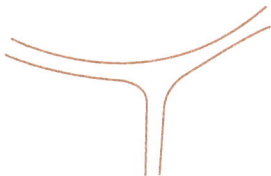

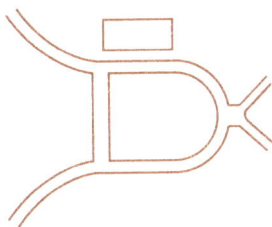

5）在较短的距离内道路的一侧不宜出现两个或两个以上的道路交叉口，尽可能避免多条道路交接在一起。如果避免不了，则需在交接处形成一个广场。

6）凡道路交叉所形成的大小角都宜采用弧线，每个转角要圆润。

7）自然式道路在通向建筑物正面时，应逐渐与建筑物对齐并趋于垂直，在顺向建筑物时，应与建筑物趋于平行。

8）两条相反方向的曲线园路相遇时，在交接处要有较长距离的直线，切忌 S 形。

9）园路布局应随地形、地貌、地物而变化，做到自然流畅、美观协调。

4. 供残疾人使用的园路在设计时的要求

1）路面宽度不宜小于 1.2m，回车路段路面宽度不宜小于 2.5m。

2）道路纵坡一般不宜超过 4%，且坡长不宜过长，在适当距离应设水平路段，并不应有台阶。

3）应尽可能减小横坡。

4）坡道坡度 1/20～1/15 时，其坡长一般不宜超过 9m；每逢转弯处，应设宽度不小于 1.8m 的休息平台。

5）园路一侧为陡坡时，为防止轮椅从边侧滑落，应设 10cm 以上高度的挡石，并设扶手栏杆。

6）排水沟箅子等不得突出路面，并注意不得卡住车轮和盲人的拐杖。

具体做法参照《方便残疾人使用的城市道路和建筑设计规范》。

巩固训练 ☞

园路布局设计

1. 实训目的要求

1.1　掌握园路布局设计的方法。

1.2　熟知一般绿地园路的类型。

1.3　掌握园路布局设计图的绘制要点。

2. 使用材料工具准备

2.1　图板、丁字尺、三角板。

2.2　图纸、透明胶。

2.3　铅笔、橡皮、小刀。

3. 方法步骤

3.1 教师提供某绿地规划设计底图（图 4.2.11），设定绿地周边环境，也可让同学自行拟定场地环境和场地性质。

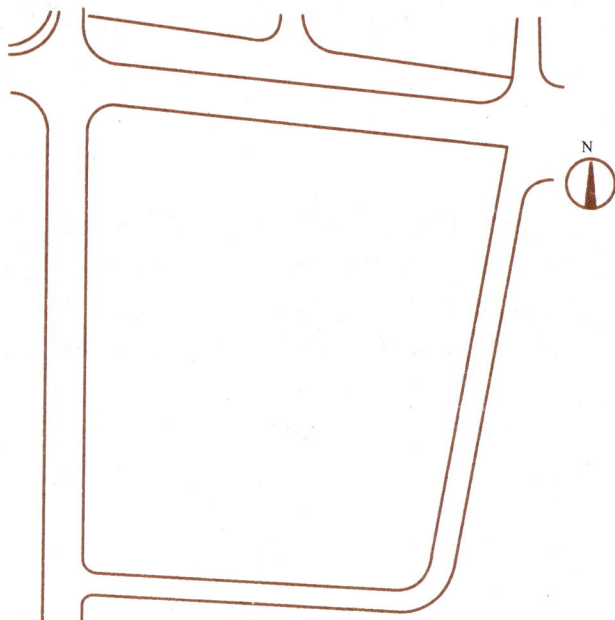

图 4.2.11 绿地规划设计底图

3.2 学生根据既定的场地特征如绿地规模、绿地性质及周边环境进行分析构思，确定出入口位置、园路规划形式、园路规格等。

3.3 绘制园路系统的布局设计草图，注意道路和出入口、场地的连接及道路之间的连接关系。

3.4 修正草图，完成园路系统布局设计图。

4. 作业

学生应个人独立完成绿地的园路布局设计图，提交设计成果。

5. 考核评估

5.1 园路系统的合理性及完整性（40%）。

5.2 园路及场地连接的合理性（30%）。

5.3 图面表现的清晰度与美观度（30%）。

任务 4.3 园路的结构设计

任务分析：学习并掌握园路结构设计的方法，完成园路的结构设计。

技能：掌握园路结构设计的要点及方法，具备各类园路的结构设计技能。

方法：教师讲授，学生观摩学习及实践训练。

态度：认知景观工程设计应具备较强的分析能力及应用能力。

4.3.1 工作任务：园路的结构设计

【案例】 现有某小区主园路，主要联系小区入口及各居住组团建筑，要求完成园路的结构设计。

1. 任务分析

该园路为小区的主要道路，应该具备一定的道路宽度，可在园路的线型设计中确定，道路横断面布置应满足车辆和人通行及景观绿化要求，同时道路结构应满足车辆交通、消防安全、地表排水及景观装饰的功能。因此，进行此类园路结构设计应从横断面布置、结构层设置及材料选用等几方面入手，完成园路的结构设计图。

2. 实践操作

操作步骤如下：

1）进行园路的横断面设计，绘制园路横断面设计图。根据道路性质功能确定横断面结构，道路的横断面宽度和平面线型宽度一致，设置人行道宽度、车行道宽度、绿带宽度，并确定其相对位置及联系，在图线上进行相应的尺寸标注。

2）确定人行道及车行道的横向坡度及坡向，以保证路面的排水方便。在横断面设计图或结构设计图中标注。

3）进行人行道及车行道的结构设计，确定人行道及车行道各结构层的厚度及材料做法，在图面对应的位置用引线标注的方式对各结构层进行标注。

4）进行侧石即道牙设计，道牙的结构尺寸应与人行道及车行道联系和对应。

5）完成园路的结构设计，将园路的结构设计图绘制完整。可参考图4.3.1和图4.3.2。

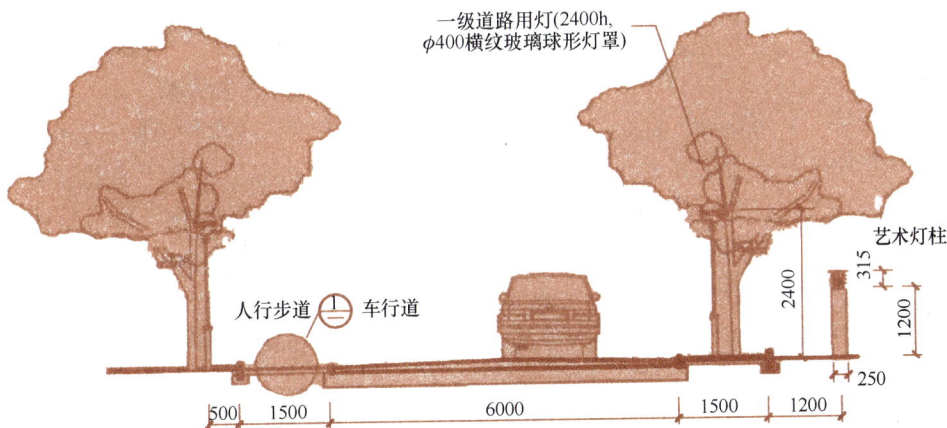

图4.3.1　园路横断面设计图

4.3.2　理论知识：园路结构

1. 园路的结构

园路一般由路面、路基和附属工程三部分组成。

（1）路面层

① 典型的路面图式

路面层的结构组合形式是多样的，但园路路面层的结构一般比城市道路简单，其典型的面层图式如图4.3.3所示。

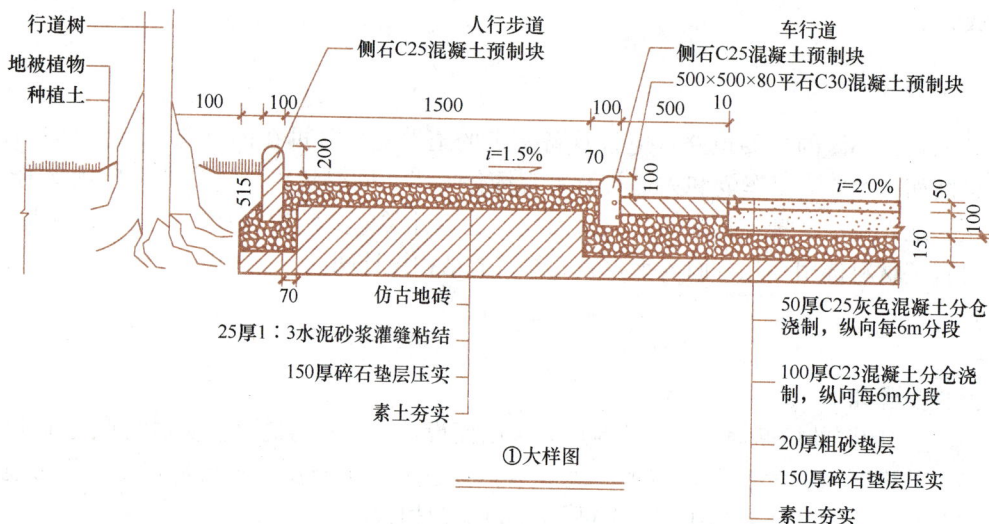

图 4.3.2　园路结构设计图

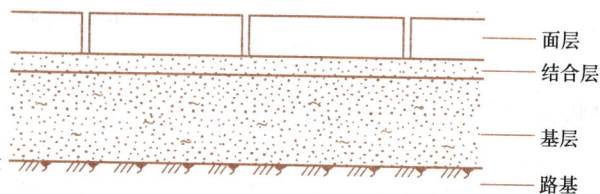

图 4.3.3　园路面层结构

② 路面各层的作用和设计要求

面层　面层是路面最上面的一层，它直接承受人流、车辆和大气因素如烈日、严冬、风、雨、雪等的破坏。如面层选择不好，就会给游人带来"无风三尺土，雨天一脚泥"或反光刺眼等不利影响。因此，从工程上来讲，面层设计时要坚固、平稳、耐磨耗，具有一定的粗糙度、少尘性、便于清扫。

基层　基层一般在土层之上，起承重作用。一方面支承由面层传递下来的荷载，另一方面把此荷载均匀地传给土基。基层不直接接受车辆和气候因素的作用，对材料的要求比面层低。一般用碎（砾）石、灰土或各种工业废渣等筑成。

结合层　结合层是指在采用块料铺筑面层时，面层和基层之间的一层。结合层的主要作用是结合面层和基层，同时起到找平的作用，一般用 30～50mm 厚粗砂、水泥砂浆或白灰砂浆即可。

垫层　在路基排水不良或有冻胀、翻浆的路段，为了排水、隔温、防冻的需要，用煤渣土、石灰土等筑成。在园林中可以用加强基层的方法，而不另设此层。

（2）路基

路基是路面的基础，它不仅为路面提供一个平整的基面，承受路面传下来的荷载，也是保证路面强度和稳定性的重要条件之一。因此，对保证路面的使用寿命具有重大意义。如果土基的稳定性不良，应采取措施，以确保路面的使用寿命。

（3）附属工程

道牙　道牙一般分为立道牙和平道牙两种形式，其构造如图 4.3.4 和图 4.3.5。它们安置在路面两侧，使路面与路肩在高程上起衔接作用，并能保护路面，便于排水。道牙一般用砖或混凝土制成，在园林中也可以用瓦、大卵石等。

明沟和雨水井　是为收集路面雨水而建的构筑物，在园林中常用砖块砌成。

立道牙   平道牙

图 4.3.4 道牙结构图

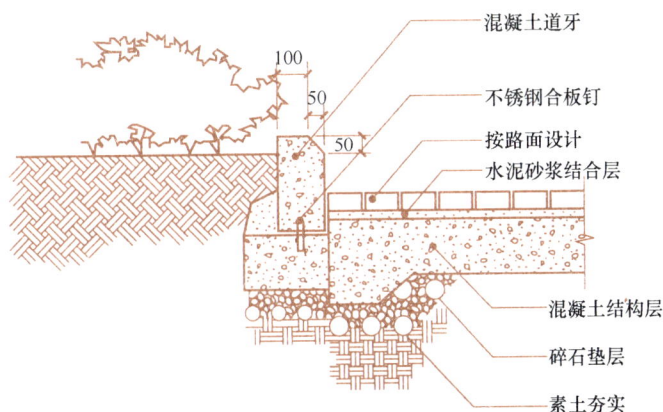

图 4.3.5 标准立道牙剖面图

台阶、礓磙、蹬道 当路面坡度超过 12°时，为了便于行走，在不通行车辆的路段上，可设台阶。台阶的长度与路面宽度相同，每级台阶的高度为 12～17cm，宽度为 30～38cm。一般台阶不宜连续使用，如地形许可，每 10～18 级后应设一段平坦的地段，使游人有恢复体力的机会。为了防止台阶积水、结冰，每级台阶应有 1%～2% 的向下的坡度，以利排水。在园林中根据造景的需要，台阶可以用天然山石、预制混凝土作成木纹板、树桩等各种形式，装饰园景。为了夸张山势，造成高耸的感觉，台阶的高度也可增至 25cm 以上，以增加趣味。

在坡度较大的地段上，一般纵坡超过 15% 时，本应设台阶，但为了能通行车辆，将斜面作成锯齿形坡道，称为礓磙，其形式和尺寸如图 4.3.6 所示。

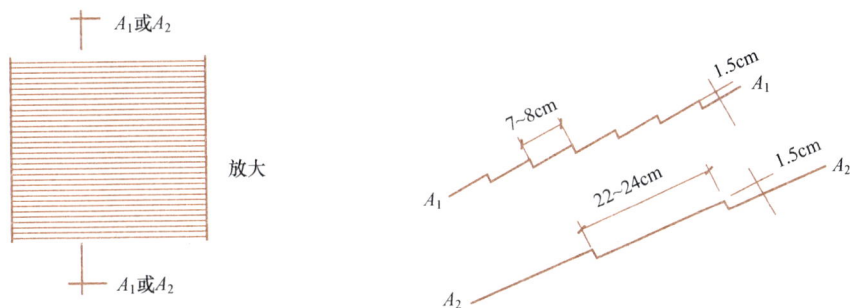

图 4.3.6 礓磙

图 4.3.7 蹬道

在地形陡峭的地段，可结合地形或利用露岩设置蹬道（图 4.3.7）。当纵坡大于 60% 时，应做防滑处理，并设扶手栏杆等。

种植池 在路边或广场上栽种植物，一般应留种植池。种植池的大小应由所栽植物的要求而定，在栽种高大乔木的种植池上应设保护栅。

2. 园路的常见"病害"及其原因

园路的"病害"是指园路的破坏现象。一般常见的病害有裂缝、凹陷、啃边、翻浆等。

裂缝与凹陷 造成这种破坏的主要原因是基土过于湿软或基层厚度不够、强度不足或不均匀，在路面荷载超过土基的承载力时出现。

啃边 路肩和道牙直接支撑路面，使之横向保持稳定。因此路肩与其基土必须紧密结实，并有一定的坡度。否则由于雨水的侵蚀和车辆行驶时对路面的边缘啃蚀，使之损坏，并从边缘起向中心发展，这种破坏现象叫啃边（图 4.3.8）。

翻浆 在季节性冰冻地区，地下水位高，特别是对于粉砂性土基，由于毛细管的作用，水分上升到路面下。冬季气温下降，水分在路面下形成冰粒，体积增大，路面就会出现隆起现象。到春季上层冻土融化，而下层尚未融化，这样使冰冻线土基变成湿软的橡皮状，路面承载力下降。这时如果车辆通过，路面下陷，邻近部分隆起，并将泥土从裂缝中挤出来，使路面破坏，这种现象叫翻浆（图 4.3.9）。

路面的这些常见的"病害"，在进行路面结构设计时，必须给予充分的重视。

图 4.3.8 啃边

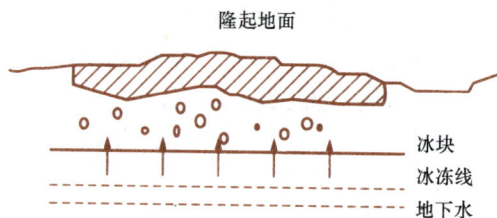

图 4.3.9 翻浆

4.3.3 实践知识：园路的结构设计

1. 园路结构设计中应注意的问题

就地取材 园路修建的经费，在整个公园建设投资中占有很大的比例。为了节省资金，在园路设计时应尽量使用当地材料、建筑废料、工业废渣等。

薄面、强基、稳基土 在设计园路时，往往存在对路基的强度重视不够的现象。在公园里，我们常看到一条装饰性很好的路面，没有使用多久，就变得坎坷不平、破破烂烂。其主要原因：一是园林地形经过整理，其土基不够坚实，修路时又没有充分夯实；二是园路的基层强度不够，在车辆通过时路面被压碎。

为了节省水泥石板等建筑材料，降低造价，提高路面质量，应尽量采用薄面、强基、稳基土。使园路结构经济、合理、美观。

2.面层的材料选择

面层材料的选择应遵循的原则：一是要满足园路的装饰性，体现地面景观效果；二是要求色彩和光线的柔和，防止反光；三是应与周围的地形、山石、植物相配合。

3.结合层的材料选择

混合砂浆　由水泥、白灰、砂组成，强度高，黏性、整体性好，适合铺块料面层，但造价高。干砂施工时操作简单，遇水后会自动凝结。白灰的体积膨胀，密实性好。

白灰干砂　施工操作简单，遇水自动凝结。由于白灰体积膨胀，密实性好，是一种比较好的结合层。

净干砂　施工简单，造价低廉，但最大的缺点是砂子遇水会流失，导致结合层不平整，下雨时面层以下积水，行人行走时往往挤出泥浆，使行人不便，现在应用较少。

4.基层的材料选择

基层的材料选择应视路基土壤的情况、气候特点及路面荷载的大小而定，并应尽量利用当地材料。

（1）自然土基层

在冰冻不严重，基土坚实，排水良好的地区，铺筑游步道时，只要把路基稍微平整，就可以铺砖修路。

（2）灰土基层

它是由一定比例的白灰和土拌和后压实而成，使用较广。具有一定的强度和稳定性，不易透水，后期强度近刚性物质。在一般情况下使用一步灰土（压实后为15cm），在交通量较大或地下水位较高的地区，可采用压实后为20～25cm或二步灰土。

（3）几种隔温材料基层

在季节性冰冻地区，地下水位较高时，为了防止发生道路翻浆，基层应选用隔温性较好的材料。

砂石基层　砂石的含水量少，导温率大，故该结构的冰冻深度大，如用砂石做基层，需要做得较厚，不经济。

石灰土基层　石灰土的冰冻深度与土壤相同，石灰土结构的冻胀量仅次于亚黏土，说明密度不足的石灰土（压实密度小于85%）不能防止冻胀，一般用于无冰冻区或冰冻不严重的地区。

煤、矿渣石灰土基层　用7∶1∶2的煤渣、石灰、土混合料，隔温性较好，冰冻深度最小，在地下水位较高时，能有效地防止冻胀。

5.路基设计

路基设计在园路中相对简单，在具体设计时因地制宜，一般有以下几种设计类型。

1）对于未压实的下层填土，经过雨季被水浸润后能使其自身沉陷稳定，其容重为180g/cm³可以用于路基。

2）一般黏土或砂性土开挖后用蛙式夯夯实三遍，如无特殊要求，就可直接作为路基。

3）在严寒地区，严重的过湿冻胀土或湿软呈橡皮状土，宜采用 1∶9 或 2∶8 灰土加固路基，其厚度一般为 15cm。

巩固训练 ☞

游步道结构设计

1. 实训目的要求

1.1 掌握园路结构设计的方法。

1.2 熟知游步道一般的结构组成。

1.3 掌握园路结构设计图的绘制方法。

2. 使用材料工具准备

2.1 图板、丁字尺、三角板。

2.2 图纸、透明胶。

2.3 铅笔、橡皮、小刀。

3. 方法步骤

3.1 确定垫层材料及结构尺寸。

3.2 确定基层材料及结构尺寸。

3.3 确定结合层材料及结构做法。

3.4 确定面层材料、尺寸及材料做法。

3.5 绘制完成园路结构设计图。

4. 作业

学生个人独立完成游步道结构设计图，提交设计成果。

5. 考核评估

5.1 各结构层类型及尺寸设置的合理性（40%）。

5.2 各结构层材料做法的合理性（40%）。

5.3 图面表现的规范性与完整性（20%）。

任务 4.4 园路的面层装饰

任务分析：重点掌握园路的铺装类型，能完成不同类型园路的面层装饰设计。

技能：掌握园路装饰设计要点，具备各类园路铺装设计技能。

方法：教师讲授，学生观摩及实践训练。

态度：认知园路表面装饰设计应注意细心积累，合理组合，创新应用。

4.4.1 工作任务：园路的面层装饰设计

【案例】 现有某绿地内的一游览步道，要求完成该游步道的面层装饰设计。使其既有交通游览功能，又有较好的景观装饰效果。

1. 任务分析

要完成道路的面层装饰设计，首先要分析道路和周边环境的关系，使其装饰设计风格跟绿地的整体设计风格协调统一。其次，要确定道路的铺装类型，如整体路面、块料路面、碎料路面或各种材料组合路面，因此设计者要熟悉各种铺装材料材质、色彩、常用的施工尺寸及相互组合的方式。第三，要处理好道路边缘的装饰设计，既有利于形成不同的道路装饰图案也有利于道路和周边绿地的衔接与稳固。

2. 实践操作

操作步骤如下：

1）确定道路宽度。在绿地整体的园路布局设计的基础上，按照园路功能要求确定道路宽度，一般为 1～2m。

2）确定道路的铺装类型，如整体路面、块料路面、碎料路面或各种材料组合路面，根据园路的功能，游步道铺装类型宜采用块料或碎料路面或者两者组合的形式。

3）确定具体的铺装材料，如果采用块料路面，则进一步选定块石的类型如青石、块石或花岗岩等。

4）根据游步道的宽度，确定各石材的规格，规格确定以石材加工方便和施工方便为原则，满足装饰功能。

5）按比例及设计思路绘制园路的铺装大样图。

6）进行尺寸标注并标注相应的材料、规格等。

7）在园路铺装设计图下方注写图名、比例等信息，具体设计可参考图 4.4.1。

4.4.2　理论知识：园路铺装类型

由于面层材料及其铺装形式的不同，形成了不同类型的园路。不同类型的园路因其色彩、质感和纹样的不同，所适应的环境和场合亦不同。为了达到经济、合理和美观的目的，我们必须掌握常见园路铺装的类型。

1. 整体路面

（1）水泥混凝土路面

用水泥、超细骨料（碎石、卵石、砂等）、水按一定的配合比拌匀后现场浇筑的路面。整体性好，耐压强度高，养护简单，便于清扫，在园林

图 4.4.1　1.2m 园路铺装设计

中，多用于主干道。初凝之前，还可以在表面进行纹样加工（图 4.4.2）。为增加色彩变化也可添加不溶于水的无机矿物颜料。另外，一些园路的边带或作障碍性铺装的路面常采用混凝土露骨料方法饰面，做成装饰性边带（图 4.4.3）。这种路面立体感较强，能够和其旁的平整路面形成鲜明的质感对比。

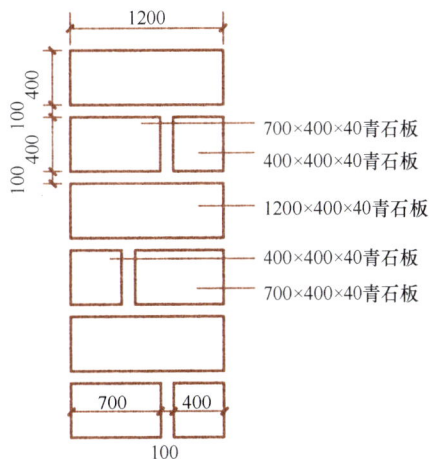

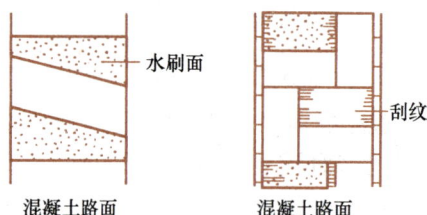

图 4.4.2 混凝土表面纹样加工

图 4.4.3 混凝土露骨料饰面

（2）沥青混凝土路面

用热沥青、碎石和砂的拌和物现场铺筑的路面。颜色深、反光小，易于与深色的植被协调。耐压强度和使用寿命均低于水泥混凝土路面，且夏季沥青有软化现象。在园林中多用于主干道。

2. 块料路面

（1）砖铺地

目前我国机制标准砖的大小为 240mm×115mm×53mm、有青砖和红砖之分。园林铺地多用青砖，风格朴素淡雅、施工简便，可以拼凑成各种图案，以席纹和同心圆弧放射式排列为多（图 4.4.4）。砖铺地适用于庭院和古建筑物附近。因其耐磨性差，容易吸水，适用于冰冻不严重和排水良好之处。坡度较大和阴湿地段不宜采用，因易生青苔而行走不便。目前已有采用彩色水泥仿砖铺地，效果好。日本、欧美等国尤喜用红砖或仿缸砖铺地，色彩明快艳丽。

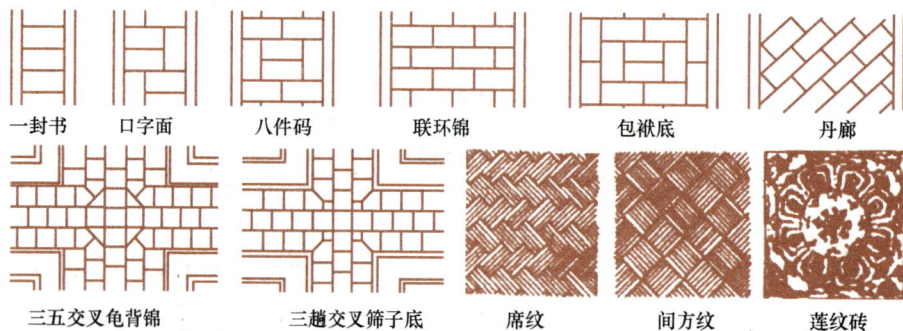

一封书　口字面　八件码　联环锦　包袱底　丹廊

三五交叉龟背锦　三趟交叉筛子底　席纹　间方纹　莲纹砖

图 4.4.4 传统砖铺地图案

砖及其设计参考尺寸如下：尺二方砖 400mm×400mm×60mm；尺四方砖 470mm×470mm×60mm。用以上砖铺地，显得平整、大方、庄重，多用于古典庭园。

（2）冰纹路

冰纹路是用大理石、花岗岩、陶质或其他碎片模仿冰裂纹样铺砌的路面。碎片间接缝呈不规则折线，用水泥砂浆勾缝，多为平缝和凹缝，以凹缝为佳。也可不勾缝，便于草皮长出成冰裂纹嵌草路面（图 4.4.5）。还可做成水泥仿冰纹路，即在现浇水泥混凝土路面初凝时，模印冰裂纹图案，表面拉毛，效果也较好。冰纹路适用于池畔、山谷、草地、林中之游步道。

（3）乱石路

乱石路是用天然块石大小相间铺筑的路面，采用水泥砂浆勾缝。石缝曲折自然，表面粗糙，具粗犷、朴素、自然之感（图 4.4.6）。冰纹路、乱石路也可用彩色水泥勾缝，增加色彩变化。

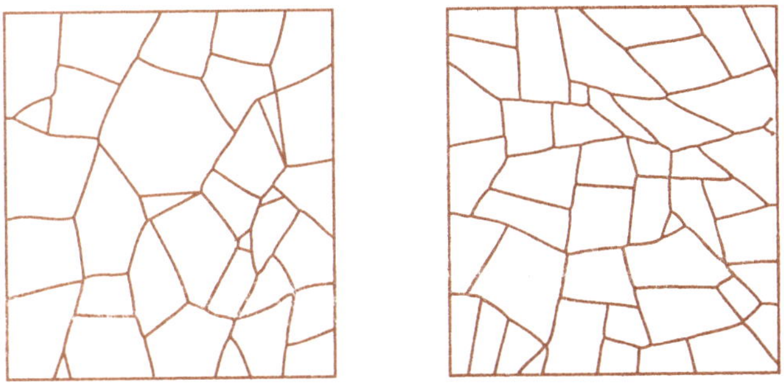

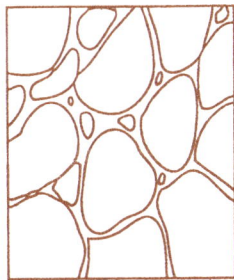

(a) 块石冰纹　　　　　　　(b) 水泥仿冰纹

图 4.4.5　冰裂纹路面

图 4.4.6　乱石路

（4）条石路

条石路是用经过加工的长方体条石铺筑的路面。路面平整规则、庄重大方、坚固耐久。多用于广场、殿堂和纪念性建筑物周围。条石一般被加工成 497mm×497mm×50mm、697mm×497mm×60mm、997mm×697mm×70mm 等规格。

（5）预制水泥混凝土方砖路

预制水泥混凝土方砖路是用预先制成的水泥混凝土方砖铺砌的路面。形状多变，图案丰富，如各种几何图形、花卉、木纹、仿生图案等。也可添加无机矿物颜料制成彩色混凝土砖，色彩艳丽。方砖常见有 250mm×250mm×50mm、297mm×297mm×60mm、397mm×397mm×60mm 等规格。路面平整、坚固、耐久。适用于园林中的广场和规则式路段上，如图 4.4.7 所示。

预制水泥混凝土方砖路也可做成预制混凝土砌块和草皮相间铺装路面。能够很好地透水透气，绿色草皮呈点状或线状有规律地分布，在路面形成美观的绿色纹理，美化了路面。这种具有鲜明生态特点的路面铺装形式，现在已越来越受到人们的欢迎。采用砌块嵌草铺装的路面，主要用在人流量不太大的公园散步道、小游园道路、草坪道路或庭院内道路等处。一些铺装场地如停车场等，也可采用这种路面。预制混凝土砌块按照设计可有多种形状，大小规格也有很多种，也可做成各种彩色的砌纹，一般厚度都设计为 100～150mm。砌块的形状基本可分为实心和空心两类。由于砌块是在相互分离状态下构成路面，使得路面特别是在边缘部分容易发生歪斜、散落。因此，在砌块嵌草路面的边缘，最好要设置道牙加以规范和保护路面。

（6）步石、汀步

步石是置于陆地上的天然或人工整形块石，多用于草坪、林间、岸边或庭院等处。汀步是设在水中的岩石，可自由地布置在溪涧、滩地和浅池中。块石间距离按游人步距放置（一般净距为 200～300mm）。步石、汀步块料可大可小，形状不同，高低不等，间距也可灵活变化。路线可直可曲，最宜自然弯曲，轻松、活泼、自然，极富野趣。也可用水泥混凝土仿成树桩或荷叶形状（图 4.4.8）。

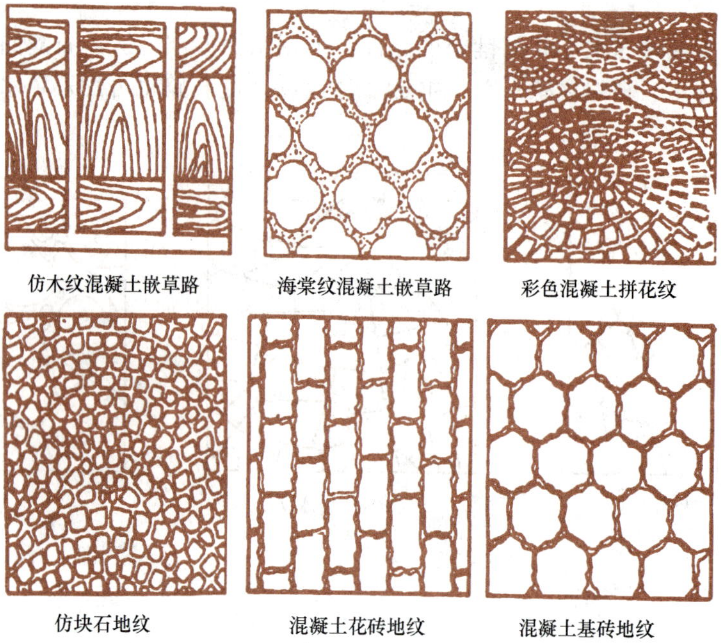

仿木纹混凝土嵌草路　　海棠纹混凝土嵌草路　　彩色混凝土拼花纹

仿块石地纹　　混凝土花砖地纹　　混凝土基砖地纹

图 4.4.7　预制水泥混泥土方砖

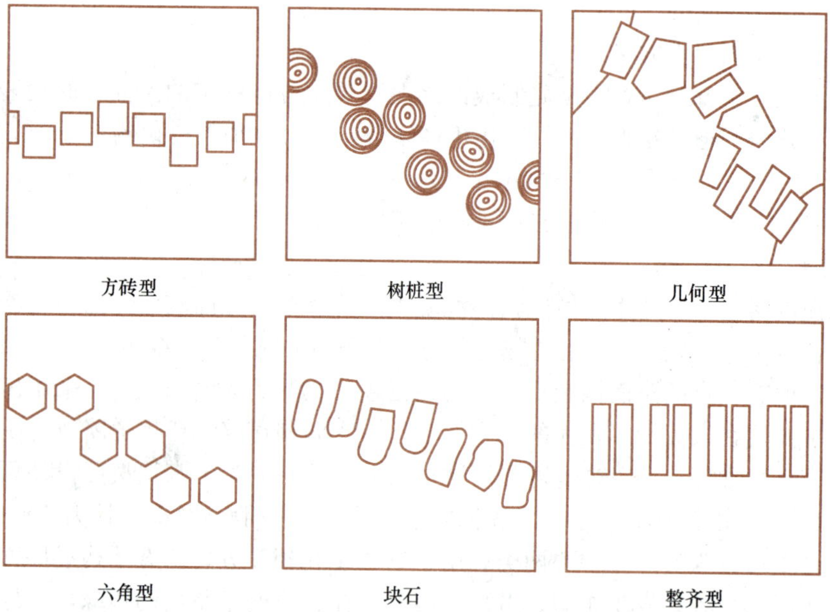

方砖型　　树桩型　　几何型

六角型　　块石　　整齐型

图 4.4.8　步石与汀步

（7）台阶与蹬道

当道路坡度过大时（一般超过 12%），需设梯道实现不同高程地面的交通联系，即称台阶（或踏步）。室外台阶一般用砖、石、混凝土筑成，形式可规则也可自然，根据环境条件而定。一般每级台阶的路面踏步宽、踏步高、休息平台间隔及宽度的尺寸要求，见图 4.4.9。台阶也用于建筑物的出入口及有高差变化的广场（如下沉式广场）。台阶能增加立面上变化，丰富空间层次，表现出强烈的节奏感。

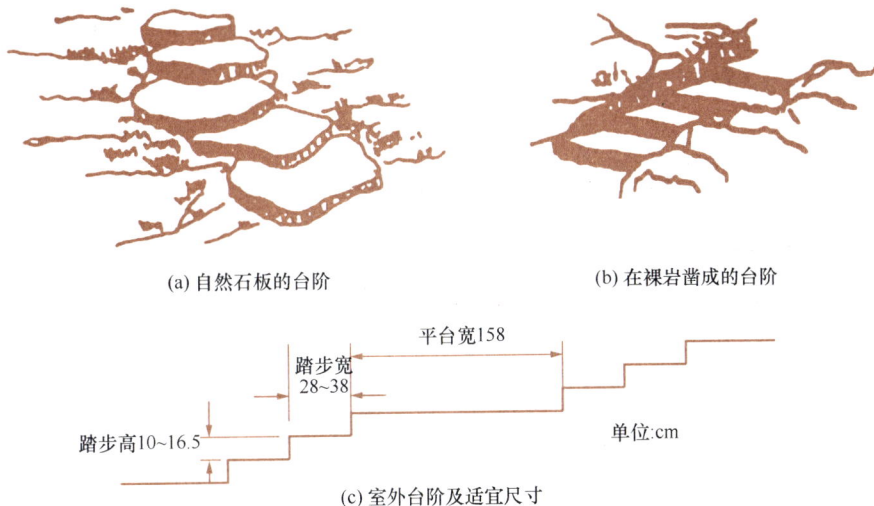

(a) 自然石板的台阶　　　　　　　　　(b) 在裸岩凿成的台阶

平台宽158

踏步宽
28~38

踏步高10~16.5

单位:cm

(c) 室外台阶及适宜尺寸

图 4.4.9　台阶

当台阶路段的坡度超过 70%（坡角 35°，坡值 1∶1.4）时，台阶两侧需设扶手栏杆，以保证安全。

风景名胜区爬山游览步道，当路段坡度超过 173%（坡角 60°，坡值 1∶0.58）时，需在山石上开凿坑穴形成台阶，并于两侧加高栏杆铁索，以利于攀登，确保游人安全，这种特殊台阶即称蹬道。蹬道可错开成左右台级，便于游人相互搀扶。

3. 碎料路面

（1）花街铺地

花街铺地是指用碎石、卵石、瓦片、碎瓷等碎料拼成的路面。图案精美丰富，色彩素艳和谐，风格或圆润细腻或朴素粗犷，做工精细，具有很好的装饰作用和较高的观赏性，有助于强化园林意境，具有浓厚的民族特色和情调，多见于古典园林中（图 4.4.10）。

（2）雕砖卵石路面

雕砖卵石路面又被誉为"石子画"。它是选用精雕的砖、细密的瓦和经过严格挑选的各色卵石拼凑成的路面。图案内容丰富，如以寓言、故事、盆景、花鸟虫鱼、传统民间图案等为题材进行铺砌加以表现。多见于古典园林中的道路，如故宫御花园路，精雕细刻，精美绝伦，不失为我国传统园林艺术的杰作，如：胡人引驼图、奇兽葡萄图、八仙过海图、松鹤延年图、桃园三结义图、赵颜求寿图、凤戏牡丹图、牧童图、十美图、战长沙图等（图 4.4.11）。

（3）卵石路

卵石路是以各色卵石为主嵌成的路面。借助卵石的色彩、大小、形状和排列的变化可以组成各种图案，具有很强的装饰性，能起到增强景区特色、深化意境的作用。这种路面耐磨性好，防滑，富有江南园林的传统特点，但清扫困难，且卵石容易脱落。多用于花间小径、水旁亭榭周围。

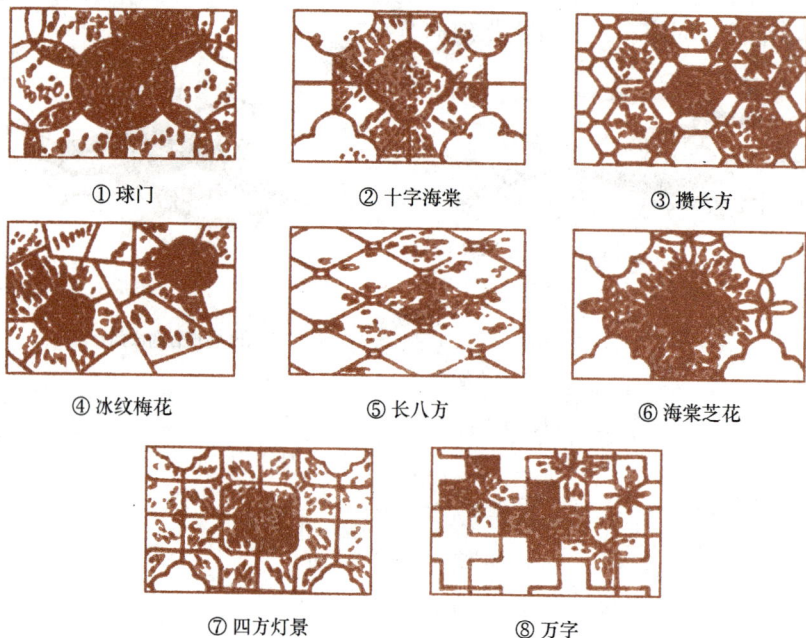

① 球门　　　　　② 十字海棠　　　　　③ 攒长方

④ 冰纹梅花　　　　⑤ 长八方　　　　　⑥ 海棠芝花

⑦ 四方灯景　　　　⑧ 万字

图 4.4.10　花街铺地

图 4.4.11　雕砖卵石路面——战长沙

4.4.3　实践知识：园路路面的特殊要求

1）园路路面应具有装饰性，或称地面景观作用，它以多种多样的形态、花纹来衬托景色，美化环境。在进行路面图案设计时，应与景区的意境相结合，要根据园路所在的环境，选择路面的材料、质感、形式、尺度与研究路面的寓意、趣味，使路面更好地成为园景的组成部分。

2）园路路面应有柔和的光线和色彩，减少反光。园路路面应耐磨、平整、防滑、适用、美观。除起装饰、点缀作用的线条等部位，不应使用光滑面层。面层材料宜选用当地材料，充分体现自然特色，面层图案应丰富多样，避免单调乏味。

3）路面应与地形、植物、山石相配合。在进行路面设计时，应与地形、置石等很好地配合、共同构成景色。园路与植物的配合不仅能丰富景色，使路面变得生气勃勃，而且嵌草的路面可以改变土壤的水分和通气的状态，为广场的绿化创造有利的条件，并能降低地表温度，为改善局部小气候创造条件。

4）园路面层装饰设计应与结构设计相统一，尤其是在选用面层材料规格时，应充分考虑其结构的安全稳固性。因此在设计园路铺装平面图时，应同步完成其对应的剖面结构图，设计形式可参考图 4.4.12～图 4.4.15。

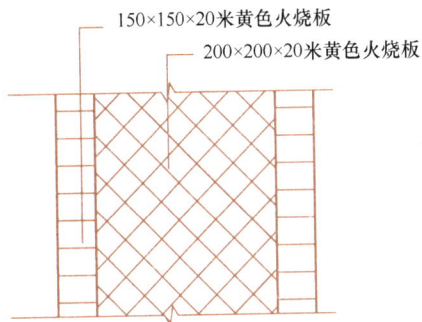

图 4.4.12　花岗岩布道平面图

（标注：150×150×20米黄色火烧板　200×200×20米黄色火烧板）

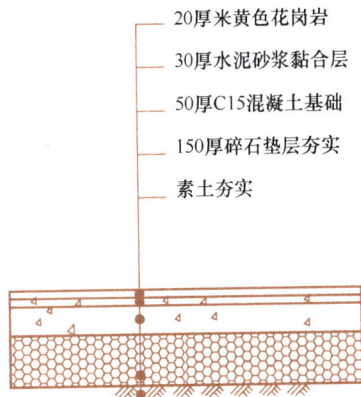

图 4.4.13　花岗岩布道剖面图

（标注：20厚米黄色花岗岩　30厚水泥砂浆黏合层　50厚C15混凝土基础　150厚碎石垫层夯实　素土夯实）

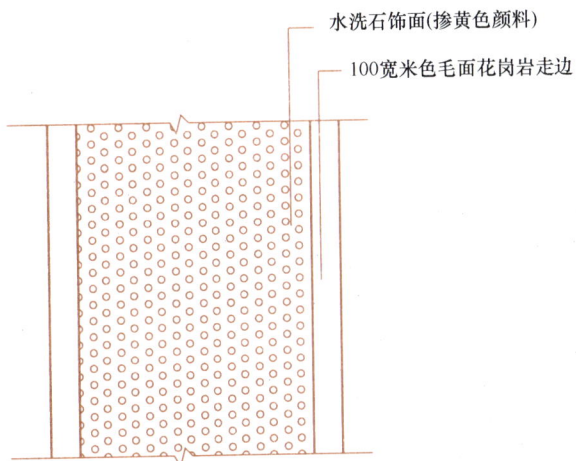

图 4.4.14　水洗石步道平面图

（标注：水洗石饰面(掺黄色颜料)　100宽米色毛面花岗岩走边）

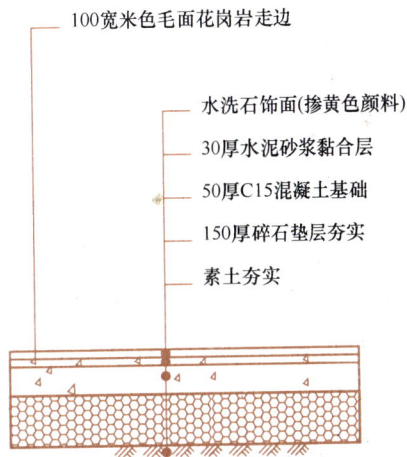

图 4.4.15　水洗石步道剖面图

（标注：100宽米色毛面花岗岩走边　水洗石饰面(掺黄色颜料)　30厚水泥砂浆黏合层　50厚C15混凝土基础　150厚碎石垫层夯实　素土夯实）

巩固训练 ☞

园路铺装设计

1. 实训目的要求

1.1　掌握园路铺装设计的方法要点。

1.2　熟知各类园路铺装材料与基本规格。

1.3　培养分析借鉴与创新能力。

2. 使用材料工具准备

2.1　图板、丁字尺、三角板。

2.2　图纸、透明胶。

2.3　铅笔、橡皮、小刀。

3. 方法步骤

3.1　确定道路宽度。

3.2　确定园路的铺装类型，如块料或碎料等。

3.3　确定铺装材料及规格。

3.4　确定材料的组合形式。

3.5　按照比例绘制完成该园路的铺装设计图。

4. 作业

学生个人独立完成园路铺装设计，并提交成果图。

5. 考核评估

5.1　园路铺装图案的美观性及新颖性（40％）。

5.2　材料种类的合理性及材料组合的协调性（30％）。

5.3　材料规格设置的合理性（30％）。

任务 4.5　园路的施工

任务分析：按照园路施工图，采用正确的施工工艺和施工方法完成园路施工。

技能：掌握园路的施工工艺及施工要点，具备典型园路施工技能。

方法：教师讲授、现场教学，学生现场观摩、实践训练。

态度：认知景观工程施工过程应严格遵守施工规范，施工效果应符号工程质量标准。

4.5.1　工作任务：园路施工

【案例】　图 4.5.1 所示为某绿地游步道施工大样图，按照图中所示园路规格及平面装饰和剖面图，完成该园路的施工。

1. 任务分析

园路施工图是其施工的依据和基础，施工前应认真读图，了解园路的规格、平面铺装图样、剖面结构及各类材料种类和规格。施工过程应严格按照施工工艺逐步施工，最终完成施工任务。

2. 实践操作

操作步骤如下：

施工放线　按道路设计的中线，在地面上每隔 20～50m 放一中心桩，在弯道的曲线上，应在曲头、曲中和曲尾各放一中心桩。园路若为自由曲线，应加密中心桩。并在各中心桩上写明桩号，再以中心桩为准，根据路面宽度定边桩，最后放出路面的平曲线。

修筑路槽　按设计路面的宽度，每侧放出 20cm 挖路槽，路槽的深度应等于路面的厚度，槽底应有 2％～3％ 的横坡度，并用蛙式夯夯压 2～3 遍，路槽平整度允许误差不大于 2cm。土壤干燥，待路槽开挖后，在槽底上洒水，使其潮湿，然后再夯。

垫层施工　按图所示，准备碎石材料，将集配碎石摊铺的同时进行夯实，夯实厚度控

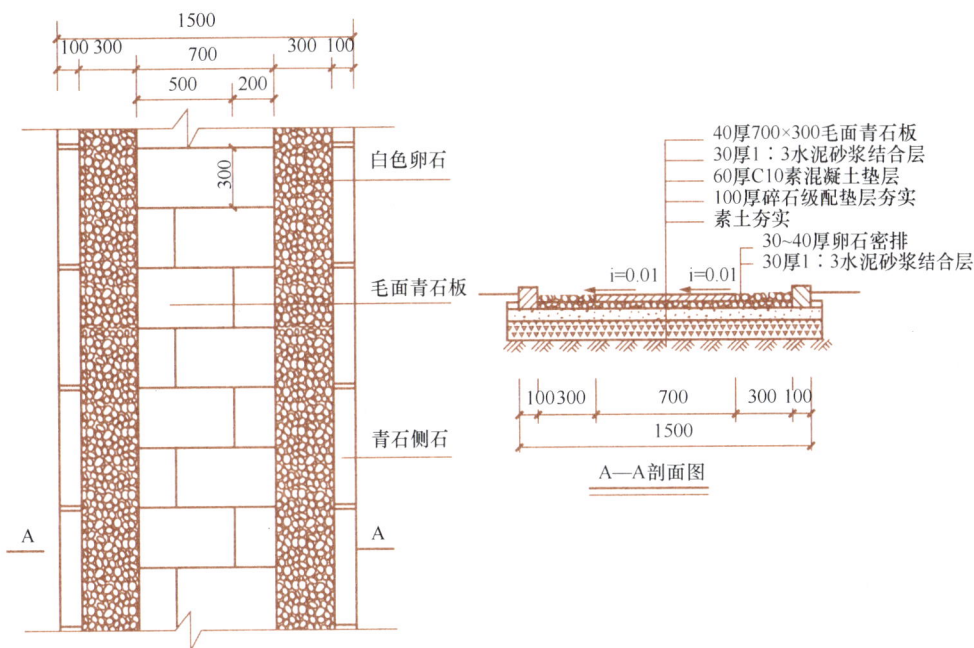

白色卵石

毛面青石板

青石侧石

40厚700×300毛面青石板
30厚1：3水泥砂浆结合层
60厚C10素混凝土垫层
100厚碎石级配垫层夯实
素土夯实
30~40厚卵石密排
30厚1：3水泥砂浆结合层

i=0.01　　i=0.01

A—A剖面图

图 4.5.1　园路施工图

制 100mm 厚。

　　基层施工　根据设计要求准备铺筑的材料，在铺筑厚度为 60mm 厚。

　　结合层施工　按图纸施工要求采用 1：3 水泥砂浆进行摊铺，摊铺厚度 30mm。砂浆摊铺宽度应大于铺装面 5~10cm，已拌好的砂浆应当日用完。

　　面层施工　在完成的路面基层上，重新定点、放线，每 10m 为一施工段落，根据设计标高、路面宽度定边桩、中桩，打好边线、中线。设置整体现浇路面边线处的施工挡板，确定砌块路面列数及拼装方式，面层材料运入施工现场。面层施工时应注意控制排水坡向和坡度，按图纸设计要求，为横向双坡向，坡度值为 0.01。

　　道牙施工　道牙基础宜与路床同时填挖碾压，以保证密度均匀，具有整体性。弯道处的道牙最好事先预制成弧形，道牙的结合层亦用 1：3 水泥砂浆 30mm 厚，应安装平稳牢固。道牙间缝隙为 1cm，用 M10 水泥砂浆勾缝。道牙背后路肩用夯实白灰土 10cm 厚、15cm 宽保护，亦可用自然土夯实代替。

　　附属工程：雨水口及排水明沟　对于先期的雨水口，园路施工（尤其是机具压实或车辆通行）时应注意保护。若有破坏，应及时修筑。一般雨水口进水箅子的上表面低于周围路面 2~5cm。

　　土质明沟按设计挖好后，应对沟底及边坡适当夯压。

　　砖（或块石）砌明沟，按设计将沟槽挖好后，充分夯实。通常以 Mu7.5 砖（或 80~100mm 厚块石）用 M2.5 水泥砂浆砌筑，砂浆应饱满，表面平整、光洁。

4.5.2　理论知识：园路的施工

　　园路的施工是园林总体施工的一个重要组成部分，园路工程的重点在于控制好施工面的高程，并注意与园林其他设施在高程上相协调。施工中，园路路基和路面基层的处理只要达到设计要求牢固和稳定性即可，而路面面层的施工，则要求更加精细，更加强调对质量的要求。

1. 园路施工工艺流程

施工放线 ➡ 修筑路槽 ➡ 基层施工 ➡ 结合层施工 ➡ 面层施工 ➡ 道牙施工

2. 园路常见的几种面层施工

（1）水泥路面施工

水泥路面装饰的方法有很多种，要按照设计的路面铺装方式来选用合适的施工方法。常见的施工方法及其施工技术要点主要有以下几种。

① 普通抹灰与纹样处理

用普通灰色水泥配制成 1∶2 或 1∶2.5 水泥砂浆，在混凝土面层浇注后尚未硬化时进行抹面处理，抹面厚度为 10～15mm。当抹面层初步收水，表面稍干时，再用下面的方法进行路面纹样处理。

滚花　用钢丝网做成的滚桶，或者用模纹橡胶裹在 300mm 直径铁管外做成滚桶，在经过抹面处理的混凝土面板上滚压出各种细密纹理。滚桶长度在 1m 以上比较好。

压纹　利用一块边缘有许多整齐凸点或凹槽的木板或木条，在混凝土抹面层上挨着压下，一面压一面移动，就可以将路面压出纹样，起到装饰作用。用这种方法时要求抹面层的水泥砂浆含砂量较高，水泥与砂的配合比可为 1∶3。

锯纹　在新浇的混凝土表面，用一根直木条如同锯割一般来回动作，一面锯一面前移，即能够在路面锯出平行的直纹，有利于路面防滑，又有一定的路面装饰作用。

刷纹　最好使用弹性钢做成刷纹工具。刷子宽 450mm，刷毛钢丝长 100mm 左右，木把长 1.2～1.5m。用这种钢丝在未硬化的混凝土面层上可以刷出直纹、波浪纹或其他形状的纹理。

② 彩色水泥抹面装饰

水泥路面的抹面层所用水泥砂浆，可通过添加颜料调制成彩色水泥砂浆，用这种材料可做出彩色水泥路面。彩色水泥调制中使用的颜料，需选用耐光、耐碱、不溶于水的无机矿物颜料，如红色的氧化铁红、黄色的柠檬铬黄、绿色的氧化铬绿、蓝色的钴蓝和黑色的炭黑等。不同颜色的彩色水泥及其所用颜料见表 4.5.1。

表 4.5.1　彩色水泥的配置

调制水泥色	水泥及其用量	颜料及其用量	调制水泥色	水泥及其用量	颜料及其用量
红色、紫砂色水泥	普通水泥 500g	铁红 20～40g	苹果绿色水泥	白色水泥 100g	铬绿 150g、钴蓝 50g
咖啡色水泥	普通水泥 500g	铁红 25g、铬黄 20g	青色水泥	普通水泥 500g	铬绿 0.25g
橙黄色水泥	白色水泥 500g	铁红 25g、铬黄 10g		白色水泥 100g	钴蓝 0.1g
黄色水泥	白色水泥 500g	铁红 10g、铬黄 25g	灰黑色水泥	普通水泥 500g	炭黑适量

③ 露骨料饰面

采用这种饰面方式的混凝土路面和混凝土铺砌板，其混凝土应该用粒径较小的卵石配制。混凝土露骨料主要是采用刷洗的方法，在混凝土浇好后 2～6h 内就应进行处理，最迟不超过浇好后的 16～18h。刷洗工具一般用硬毛刷子和钢丝刷子。刷洗应当从混凝土板块的周边开始，要同时用充足的水把刷掉的泥砂洗去，把每一粒暴露出来的骨料表面都洗干净。刷洗后 3～7d 内，再用 10％的盐酸水洗一遍，使暴露的石子表面色泽更明净，最后还要用清水把残留盐酸完全冲洗掉。

（2）块料路面施工

块料路面在铺筑块料时，在面层与道路基层之间所用的结合层做法有两种：一种是用湿性的水泥砂浆、石灰砂浆或混合砂浆作结合材料，另一种是用干性的细砂、石灰粉、灰土（石灰和细土）、水泥粉砂等作为结合材料或垫层材料。

湿性铺筑　用厚度为 15～25mm 的湿性结合材料。如用 1：2.5 或 1：3 水泥砂浆、1：3 石灰砂浆、M2.5 混合砂浆或 1：2 灰泥浆等粘结，在面层之下作为结合层，然后在其上砌筑片状或块状贴面层。砌块之间的结合以及表面抹缝，亦用这些结合材料。用花岗石、釉面砖、陶瓷广场砖、碎拼石片、马赛克等材料铺地时，一般要采用湿法铺砌。用预制混凝土方砖、砌块或黏土砖铺地，也可以用此法。

干法砌筑　以干粉沙状材料，作路面面层砌块的垫层和结合层。如用干砂、细砂土、1：3 水泥干砂、3：7 细灰土等作结合层。砌筑时，先将粉砂材料在路面基层上平铺一层，其厚度为：干砂、细土 30～50mm，水泥砂、石灰砂、灰土 25～35mm 铺好后找平，然后按照设计的砌块拼装图案，在垫层上拼砌成路面面层。路面每拼装好一小段，就用平直木板垫在顶面，以铁锤在多处震击，使所有砌块的顶面都保持在一个平面上，这样可将路面铺装得十分平整。路面铺好后，再用干燥的细砂、水泥粉、细石灰粉等撒在路面上并扫入砌块缝隙中，使缝隙填满，最后将多余的灰砂清扫干净。以后，砌块下面的垫层材料将慢慢硬化，使面层砌块和下面的基层紧密地结合成一体。适宜采用这种干法砌筑的路面材料主要有：石板、整形石块、预制混凝土方砖和砌块等。传统古建筑庭院中的青砖铺地、金砖铺地等，也常采用干法砌筑。

（3）碎料路面施工

地面镶嵌与拼花施工前，要根据设计的图样，准备镶嵌地面用的砖石材料。设计有精细图形的，先要在细密质地的青砖上放好大样，再细心雕刻，做好雕刻花砖，施工中可嵌入铺地图案中。要精心挑选铺地用的石子，挑选出的石子应按照不同颜色、不同大小、不同长扁形状分类堆放，铺地拼花时才能方便使用。

施工时，先要在已做好的道路基层上，铺垫一层结合材料，厚度一般可在 40～70mm。垫层结合材料主要用 1：3 石灰砂、3：7 细灰土、1：3 水泥砂等，用干法砌筑或湿法砌筑都可以，但干法施工更为方便一些。在铺平的松软垫层上，按照预定的图样开始镶嵌拼花。一般用立砖、小青瓦瓦片来拉出线条、纹样和图形图案，再用各色卵石、砾石镶嵌作花。或者拼成不同颜色的色块，以填充图形大面。然后，经过进一步修饰和完善图案纹样，并尽量整平铺地后，就可以定稿。定稿后的铺地地面，仍要用水泥干砂、石灰干砂撒布其上，并扫入砖石缝隙中填实。最后，除去多余的水泥石灰干砂，清扫干净；再用细孔喷壶对地面喷洒清水，稍使地面湿润即可，不能用大水冲击或使路面有水流淌。完成后，养护 7～10d。

（4）嵌草路面施工

无论用预制混凝土铺路板、实心砌块、空心砌块，还是用双面平整的乱石、整形石块或百板，都可以铺装成砌块嵌草路面。

施工时，先在整平压实的路基上铺垫一层栽培壤土作垫层。壤土要求比较肥沃，不含粗颗粒物，铺垫厚度为 100～150mm。然后在垫层上铺砌混凝土空心砌块或实心砌块，砌块缝中半填壤土，并播种草籽。

实心砌块的尺寸较小，草皮嵌种在砌块中心预留孔中。草缝设计宽度可在 20～50mm 之间，缝中填土达砌块的 2/3 高。砌块下面如上所述用壤土作垫层并起找平作用，砌块要铺装得尽量平整。实心砌块嵌草路面上，草皮形成的纹理是线网状的。

空心砌块的尺寸较小，草皮嵌种在砌块中心预留孔中。砌块与砌块之间不留草缝，常用水泥砂浆粘接。砌块中心孔填土亦为砌块的 2/3 高；砌块下面仍用壤土作垫层找平，使嵌草路面保持平整。空心砌块嵌草路面上，草皮呈点状而有规律地排列。空心砌块的设计制作，一定要保证砌块的结实坚固和不易损坏，因此，其预留孔径不能太大，孔径最好不超过砌块边长的 1/3。

采用砌块嵌草铺装的路面，砌块和嵌草是道路的结构面层，其下面只能有一个壤土垫层，在结构上没有基层，只有这样的路面结构才能有利于草皮的存活与生长。

4.5.3　实践知识：园路施工质量标准

1. 园路与广场各层的质量要求及检查方法

1）各层的坡度、厚度、标高和平整度等应符合设计规定。

2）各层的强度和密实度应符合设计要求，上下层结合应牢固。

3）变形缝的宽度和位置、块石间缝隙的大小，以及填缝的质量等应符合要求。

4）不同类型的面层的结合以及图案应正确。

5）各层表面对水平面或对设计坡度的允许偏差，不应大于 30mm。供排除液体用的带有坡度的面层应作泼水试验，以能排除液体为合格。

6）块料面层相邻两块料间的高差，不应大于表 4.5.2 的规定。

表 4.5.2　各种块料面层相邻两块料的高低允许偏差

序号	块料面层名称	允许偏差/mm
1	条石面层	2
2	普通黏土砖、红砖和混凝土板面层	1.5
3	水磨石板、陶瓷地砖、陶瓷锦砖、水泥花砖和硬质纤维板面层	1
4	大理石、花岗岩、木板、拼花木板和塑料地板面层	0.5

7）水泥混凝土、水泥砂浆、水磨石等整体面层和铺在水泥砂浆上的板块面层以及铺贴在沥青胶结材料或胶粘剂上的拼花木板、塑料板、硬质纤维板面层与基层的结合应良好，应用敲击方法检查，不得空鼓。

8）面层不应有裂纹、脱皮、麻面和起砂等现象。

9）面层中块料行列（接缝）在 5m 长度内直线度的允许偏差不应大于表 4.5.3 的规定。

表 4.5.3　各类面层块料行列（接缝）直线度的允许偏差

序号	面层名称	允许偏差/mm
1	缸砖、陶瓷锦砖、水磨石板、水泥花砖、塑料板和硬质纤维板	3
2	活动地板面层	2.5
3	大理石、花岗岩面层	2
4	其他块料面层	8

10）各层厚度对设计厚度的偏差，在个别地方偏差不得大于该层厚度的 10%，在铺设时检查。

11）各层的表面平整度，应用 2m 长的直尺检查，如为斜面，则应用水平尺和样尺检查。各层表面对平面的偏差，不应大于相关规定。

2. 与路面施工相关的国家标准

（1）《建筑地面工程施工及验收规范》（GB 50209—1995）

（2）《建筑工程质量验收评定标准》（GBJ 301—1988）

（3）《建筑安装工程质量检验评定统一标准》（GBJ 300—1988）

（4）《沥青路面施工及验收规范》（GBJ 92—1986）

（5）《水泥混凝土路面施工及验收规范》（GBJ 97—1987）

（6）《连锁型路面砖路面施工及验收规范》（GJJ 79—1988）

（7）《固化类路面基层和底基层技术规程》（GJJ/80—1990）

（8）《粉煤灰石灰类道路基层施工及规程》（GJJ 4—1997）

（9）《市政道路工程质量检验评定标准》（GJJ 1—1990）

（10）《建筑工程冬期施工规程》（GJJ/T 80—1990）

巩固训练 ☞

鹅卵石园路施工

1. 实训目的要求

1.1 掌握园路施工图的识读方法。

1.2 熟知鹅卵石园路的施工方法。

1.3 了解相关园路的施工质量标准。

2. 使用材料工具准备

2.1 园路结构材料，包括鹅卵石、碎石、水泥、砂、水等。

2.2 园路施工实训场地。

2.3 放线器、铁铲、桶、砌砖刀、铁锥、水平仪。

2.4 施工手套，安全护套、袖等。

3. 方法步骤

3.1 教师讲解卵石园路施工方法要点，布置施工任务及要求，卵石道路施工图如图 4.5.2。

3.2 学生认真读图，了解本次施工任务中的园路规格等相关施工要求。

3.3 按设计要求进行园路施工，大致流程如下：

3.3.1 放样、开挖地基。

3.3.2 基层、垫层施工。按照施工图设计要求，先进行素土夯实，再摊铺 100mm 厚碎石垫层。

3.3.3 结合层和面层施工。按照施工图设计要求，结合层采用 1∶2.5 水泥砂浆，先将未干的砂浆填入，摊铺厚度约 50mm 厚，再把卵石填下，卵石应选择光滑圆润的一面向上，在作为庭院或园路使用时一般横向埋入砂浆中，埋入量约为卵石的 2/3，卵石排列均衡、其间隙的线条要呈不规则的形状，千万不要弄成十字形或直线形。

3.3.4 摆完卵石后，再在卵石之间填入稀砂浆，填充实后就算完成了。鹅卵石地面铺设完毕应立即用湿抹布轻轻擦拭其表面的灰泥，使鹅卵石保持干净，并注意施工现场的成品保护。

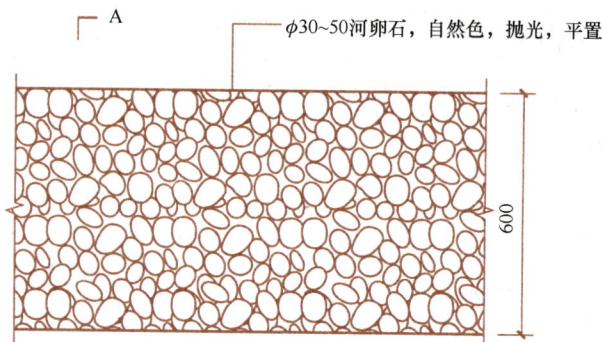

卵石道路平面图
比例 1：10

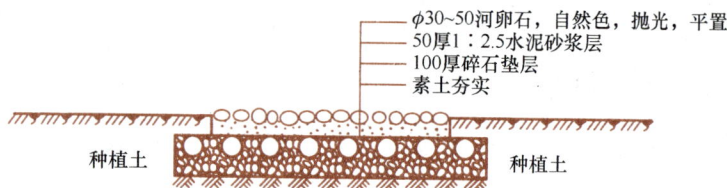

A—A剖面图
比例 1：10

图 4.5.2　卵石道路施工图

　4. 作业

　　学生分组分段完成卵石道路施工，对比评价各组的施工成果和质量（注：学生必须注意施工安全和施工规范）。

　5. 考核评估

　5.1　道路放样及地基开挖的准确性（20％）。

　5.2　基层及垫层施工的规范性（20％）。

　5.3　道路面层施工的规范性及卵石路的平整性（60％）。

任务4.6　风景园桥概述

任务分析：了解园桥的概念与特征，采用现场调查及资料查阅等方法收集风景园桥景观图片，并能根据不同的分类依据对各种园桥进行系统的归类，建立园桥景观资料库。

技能：通过园桥资料库的建立，锻炼学生对景观资料的收集和归类能力，为景观工程设计与施工积累丰富的素材，并通过分析借鉴扩展学生对景观的创新应用。

方法：采用教师讲授，学生调查分析、整理归类的方法。

态度：认知景观工程设计与施工是需要细心观察，用心积累，并不断创新运用的。

4.6.1　工作任务：建立风景园桥图片库

【案例】　以周边绿地为对象，通过现场调查分析园桥的造景应用形式，并进行拍照记录。

1. 任务分析

园桥除了具有交通、导游、组织空间、划分景区等功能以外，还具有重要的造景作用。因此，了解园桥的类型及在各种绿地中的应用对于园桥施工有着重要的作用。通过现场调查及查阅相关网站收集园桥图片，为今后园桥施工与应用积累丰富的素材。

2. 实践操作

操作步骤如下：

实景园桥图片收集　选择周边较典型及优秀的景观绿地进行调查分析，对其中的园桥进行拍照记录。

园桥图片资料收集　查阅相关网站，对典型的园桥图片进行分类存档。

建立园桥图片库　按照不同分类方法对收集的园桥图片进行归类整理，建立较丰富全面的园桥图片资料库。

4.6.2　理论知识：风景园桥概述

1. 风景园桥的概念与特征

园林中的桥是风景桥，它是风景景观的一个重要组成部分。园桥具有三重作用：一是悬空的道路（图 4.6.1），起组织游览线路和交通功能，并可变换游人观景的视线角度。二是凌空的建筑（图 4.6.2），点缀水景，本身常常就是园林一景，在景观艺术上有很高价值，往往超过其交通功能。加建亭廊的桥，则称亭桥或廊桥，如扬州瘦西湖的五亭桥，桥上五亭，翼角飞翘，风铃叮当，桥墩高耸，桥孔衔月，桥身高跨，风姿流盼，既是桥，是建筑，又是立体的路，自成一景。三是分隔水面，增加水景层次，赋予构景的功能，水面被划分为大与小水面，桥则在线（路）与面（水）之间起中介作用（图 4.6.3）。

图 4.6.1　玉带桥

图 4.6.2　柳桥

图 4.6.3　扬州五亭桥

园桥既有园路的特征，又有景园建筑的特色，桥面可抬高隆起成拱桥，突出桥的建筑特征和立面效果，打破水的水平界面，形成优美的空间立体轮廓线，犹如有层次的山水画面，园桥顿使水面与空间相互渗透，其倒影如扩大的画面，随荡漾的碧波，给人以遐想意境。

2. 桥位选址

在风景园林中，桥位选址与总体规划、园路系统、水面的分隔或聚合、水体面积大小密切相关。桥位和造型应与景观地形环境相协调。大水面架桥，借以分隔水面时，宜选在水面岸线较狭处，既可减少桥的工程造价，还可避免水面空旷。如欲在大水面上建桥，应适当抬高桥面，既可满足通航净空的要求，还能框景，增加桥的艺术效果。附近有建筑的，更应推敲桥的体型和细部的表现。小水面架桥宜体量小而轻，体型细部应简洁、轻盈质朴，同时，宜将桥位选择在偏居水面的一隅，以期水系藏源，产生"小中见大"的景观效果，水的范围有不尽之意。在水势湍急处，桥宜凌空架高，并加栏杆，以策安全，以壮气势。水面高程与岸线齐平处，宜使桥平贴水波，使人接近水面，产生凌波亲切之感。凡有载重与通航要求的桥，还应考虑人群、车辆荷载与桥下通航净空要求。

3. 园桥的分类

（1）按材料分类

汀步　又称步石、飞石。溪滩浅水中按一定步距，布设微露水面的块石，供游人跨步而过，别有一番野趣。将步石设计成荷叶形或仿石板形，则质朴自然，又有一番情趣，见图4.6.4。

(a) 彩塑混凝土仿荷叶汀步　　　　(b) 高承式汀步　　　　(c) 树桩汀步

(d) 随水位高程不同，过水断面也不同　　　(e) 多功能汀步桥

图4.6.4　汀步

竹桥与木桥　就地取材与环境融为一体，但易损坏腐朽，养护工程量大，一般可用于

小水面和临时性的桥位上。

　　圬工石桥　一般建于盛产石材的风景区，便于就地取材，也较耐久古朴。

　　钢筋混凝土桥　经久耐用，适用场合广泛，但在一般情况下造价高于圬工桥。

　　预应力混凝土桥　基本情况同上，但跨度可较钢筋混凝土桥更大些，施工条件要求较高，要有预应力加工工场。

　　钢桥和钢索桥　在风景区特殊地段（诸如沟塞壑断崖上）架设，既能显示山势的险峻，又能令人感叹天险变通途的奇胜。

　　（2）按力学分类（合支承方式）

　　简支桥　即桥面梁两端的支承方式为简支静定的结构，按桥面的厚度和桥的宽度又可分为板式和梁式，一般桥面厚小于 250mm 者称"板式"，大于 250mm 者称"梁式"。孔径大小和孔数不限。

　　悬（伸）臂桥　即桥面梁两端或一端外伸悬空，一般做法是在简支梁桥的基本结构上，将梁端延伸成为外伸静定结构。为了争取中间桥孔加大，以满足通航净空要求，又能减少邻跨的跨中弯矩，可采用悬臂挂孔桥结构，见图 4.6.5（a）～（c）。

(a) 伸臂梁桥

(b) 叠涩梁桥

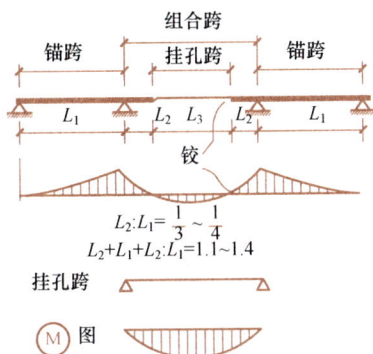

(c) 悬(伸)臂桥

图 4.6.5　伸臂梁桥

桁架桥   由桁架所组成的桥，杆件多为受拉或受压的轴力杆件，取代了弯矩产生的条件，导使杆件的受力特性得以充分发挥，杆件结点多为铰接，造型纤秀轻巧，富有韵律。

拱桥   由拱券（圈）受压结构所形成的桥，结构各截面上多为压力，因此可采用砖石等材料，充分发按它们受压强度高的特点，拱桥造型亦佳，常收一举二得之效，为了适应地基要求，有设计成三铰、两铰、无铰拱的结构模式。

钢构（架）桥   是由梁和桥墩刚接构成的桥，可以使桥的断面减小，使造型既有力度又有简练挺拔的轻快感，当桥墩设计成外倾的八字形立柱时，清晰地表明力

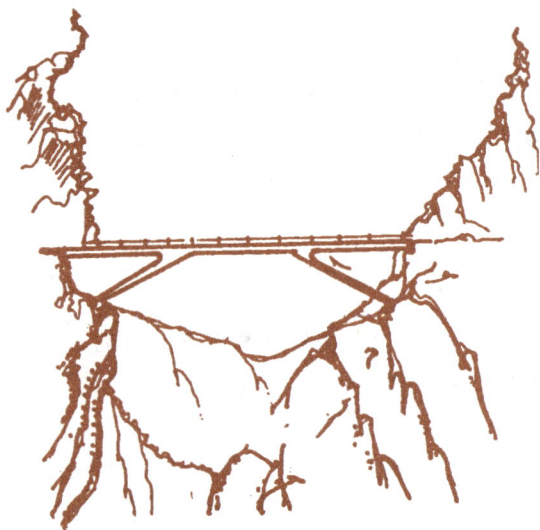

图 4.6.6   钢构（架）桥

从梁转移到柱的传递路线，尤其当桥立于风景区两山峰之间，下为深谷或立交的道路，则更充分显示其雄踞屹立的形象，见图 4.6.6。

斜拉桥   是用斜拉索将长长的水平横梁悬拉在塔柱或塔门上的组合体系结构。斜拉索常用平行的钢丝缆索或放射式的钢索构成，更便于悬臂施工，当桥面上缆索锚固的间距减小到 6～12m 时，梁的弯矩值变得很小，梁的截面就更纤细，具有了极其纤柔的长细比，其如竖琴弦丝的缆索，在斜拉桥整体造型上极富魅力，见图 4.6.7。斜拉桥的刚度比吊桥大，这可调整拉索间距与索力，以使设计合理与经济。

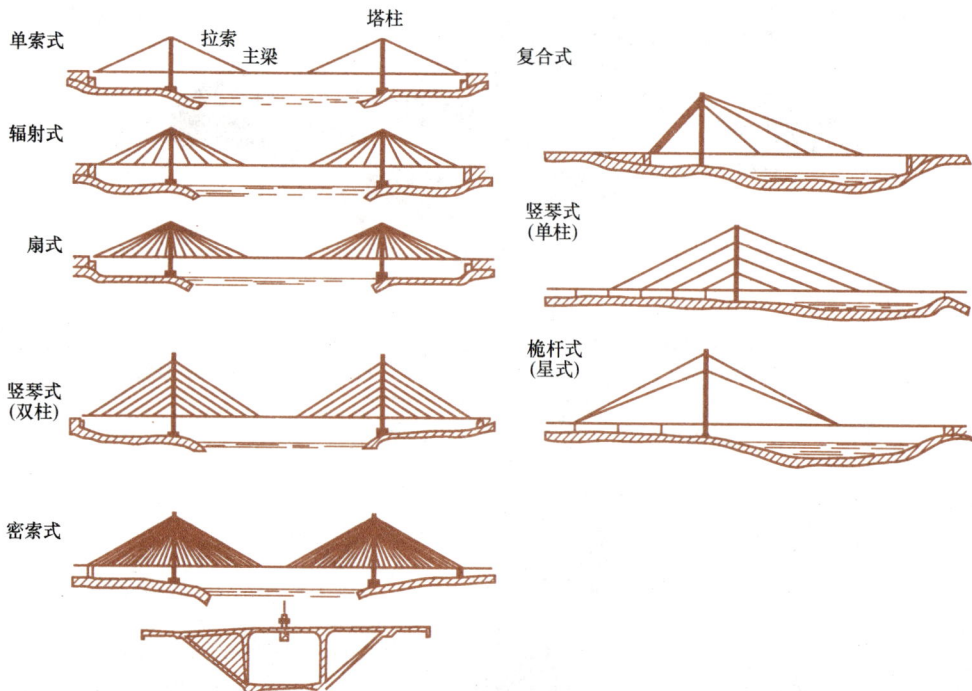

图 4.6.7   斜拉桥

吊桥　又称悬索桥，由受拉的悬索作为承重结构的桥，其中一根主缆索，在桥面的荷载作用下，构成了赏心悦目的抛物线形（塔柱支承，索端锚固）。吊桥由悬索（主索、边索和锚索）、桥塔、吊杆加劲梁和桥面系锚锭所组成。吊桥跨越能力大，尤适用在 V 形山谷风景区中架桥，见图 4.6.8。

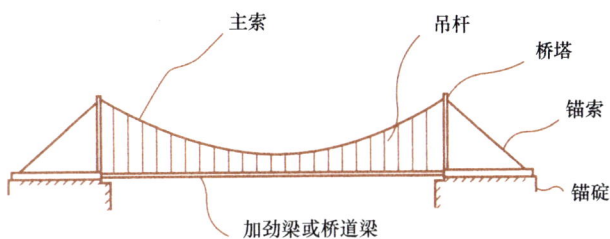

图 4.6.8　吊桥

栈桥　在风景区水边或悬崖处，临水或架空悬吊的桥，受力方式多为一端悬空，另一端插入山体固定，成悬臂梁，或两端支承，悬挂于空中或凌空于水面，形成一条式的长桥。有时还可带有休息或眺望的加宽平台，亦有在临水处兼作钓鱼台的，见图 4.6.9。

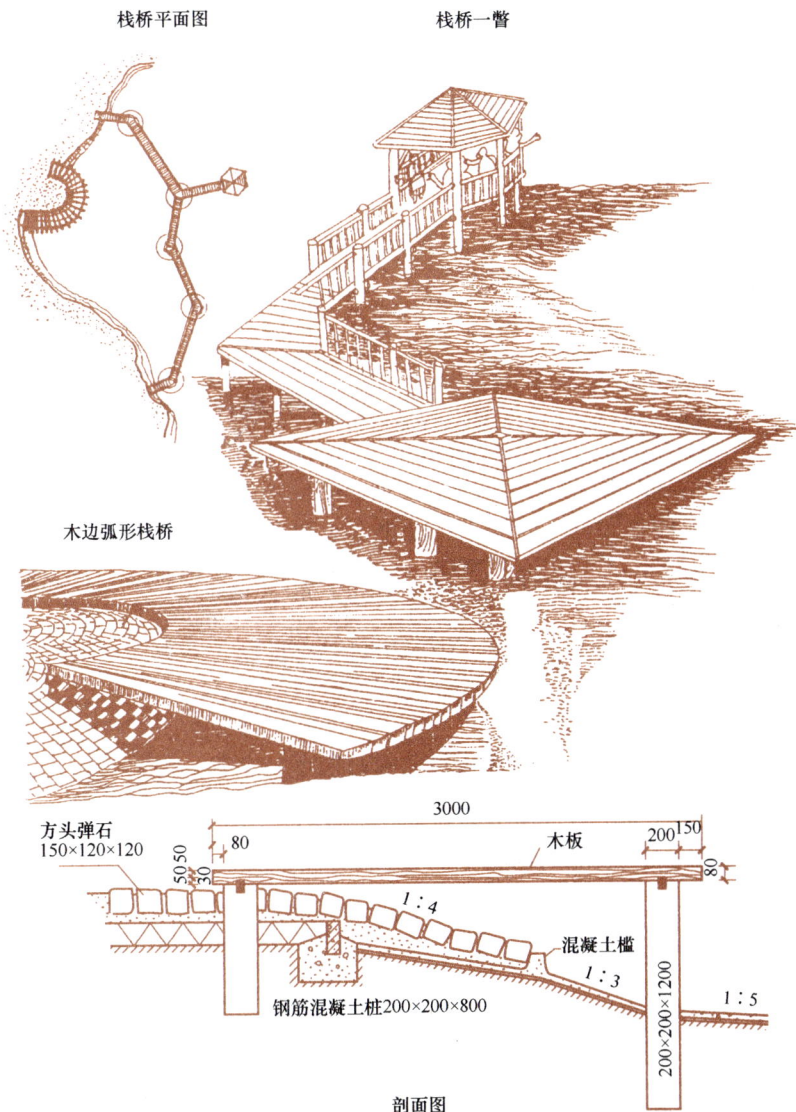

图 4.6.9　栈桥

浮桥　利用木排或铁筒或船只，排列于水面作为浮动的桥墩使用，为了防止水流的冲移，可在水面下系索以固定这浮动桥墩的位置，见图 4.6.10。

图 4.6.10　浮桥

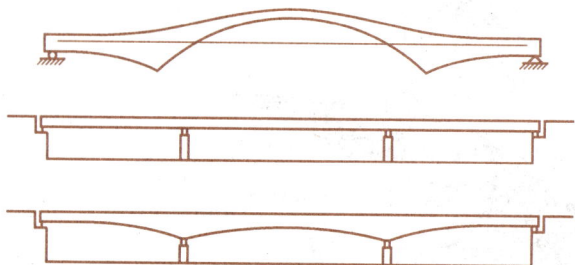

图 4.6.11　连续梁桥

连续梁桥　在水面较大处，用连续梁桥可作较大的跨越，借此减少跨中弯矩，节省工程投资，属超静定结构，见图 4.6.11。

4.6.3　实践知识：建立园桥图片库

园桥图片库的建立除了现场拍照或网络搜索所收集的实景图片以外，要建立真正完整丰富的资料库，还需加强对各类园桥的设计图类的收集，主要是 CAD 设计及施工图的形式，包括平面布置图、平面设计图、立面图、剖面图、细部详图等。因此学生在课外学习中应多关注和浏览专业网站，注重素材积累，并能及时了解园桥造景的最新的施工技术及规范。并多进入一些施工现场，观摩学习园桥的具体施工方法和造景应用。

巩固训练 ☞

园桥图片收集与展示

1. 实训目的要求

1.1　掌握园桥景观素材收集的方法和渠道。

1.2　熟知园桥景观素材归类整理的方法。

1.3　培养细心观察、不断积累的专业习惯。

2. 使用材料工具准备

2.1　数码相机。

2.2　电脑。

2.3　网络。

3. 方法步骤

3.1　学生对周边绿地进行现场调查，并拍照记录。

3.2　学生查阅相关网站，搜索园桥的实景图片。

3.3　学生对所收集的园桥图片按照不同的分类方法进行归类整理，建立图片资料库。

3.4　教师指导学生就园桥图片收集过程及成果进行展示汇报。

4. 作业

学生应个人独立完成调查环节的图片收集，也可相互间对照补充资料库（注：学生校外调查时应注意交通和人身安全）。

5. 考核评估

5.1　图片数量及丰富性（30%）。

5.2　图片代表性及新颖性（30%）。

5.3　图片归类准确性及完整性（40%）。

任务 4.7　圬工石桥

任务分析：掌握圬工石桥的常见类型与相关构造，并能进行简易石拱桥的施工。

技能：掌握石拱桥的结构特征，具备小型或简易石拱桥的施工技能。

方法：教师讲授或现场教学、学生观摩并实践操作。

态度：认知石拱桥施工必须科学、规范、严谨、细致，施工质量应安全稳固，符合设计要求及施工质量标准。

4.7.1　工作任务：简易石拱桥施工

【案例】图 4.7.1（a）～（d）所示为一小型石拱桥的施工图，根据施工图的设计要求，并按照园桥的施工流程及质量标准完成该园桥的施工。

1. 任务分析

要完成该石拱桥的施工，首先应该识读、分析图纸，明确桥的形式、桥的平立面尺寸、材料种类及尺寸、结构做法等相关内容。通过对图 4.7.1 的分析可知，该桥全长 12400mm（主体结构长 5800mm）、宽 4000mm。桥墩采用 C20 混凝土和砖作基础，C20 混凝土基础层截面尺寸 1200mm×1200mm，砖砌基础层下截面尺寸 1000mm×1000mm，上截面尺寸 800mm×800mm。桥跨的净矢高为 1000mm。桥面栏杆柱高 1000mm，砖砌结构外用 20mm 厚花岗岩蘑菇石贴面。石栏板高 700mm、厚 180mm。分析好了该桥的结构、材料尺寸和结构做法等设计要求后，再按照园桥的施工程序逐步施工。

园桥的施工程序大致如下：

准备工作　➡　定位放线　➡　基坑的开挖　➡　基础施工　➡　墩、台施工　➡　梁（拱）施工　➡　桥面系统施工

2. 实践操作

操作步骤如下：

准备工作　研究施工图纸和现场核对，准备好施工材料，并进行施工现场的清理。

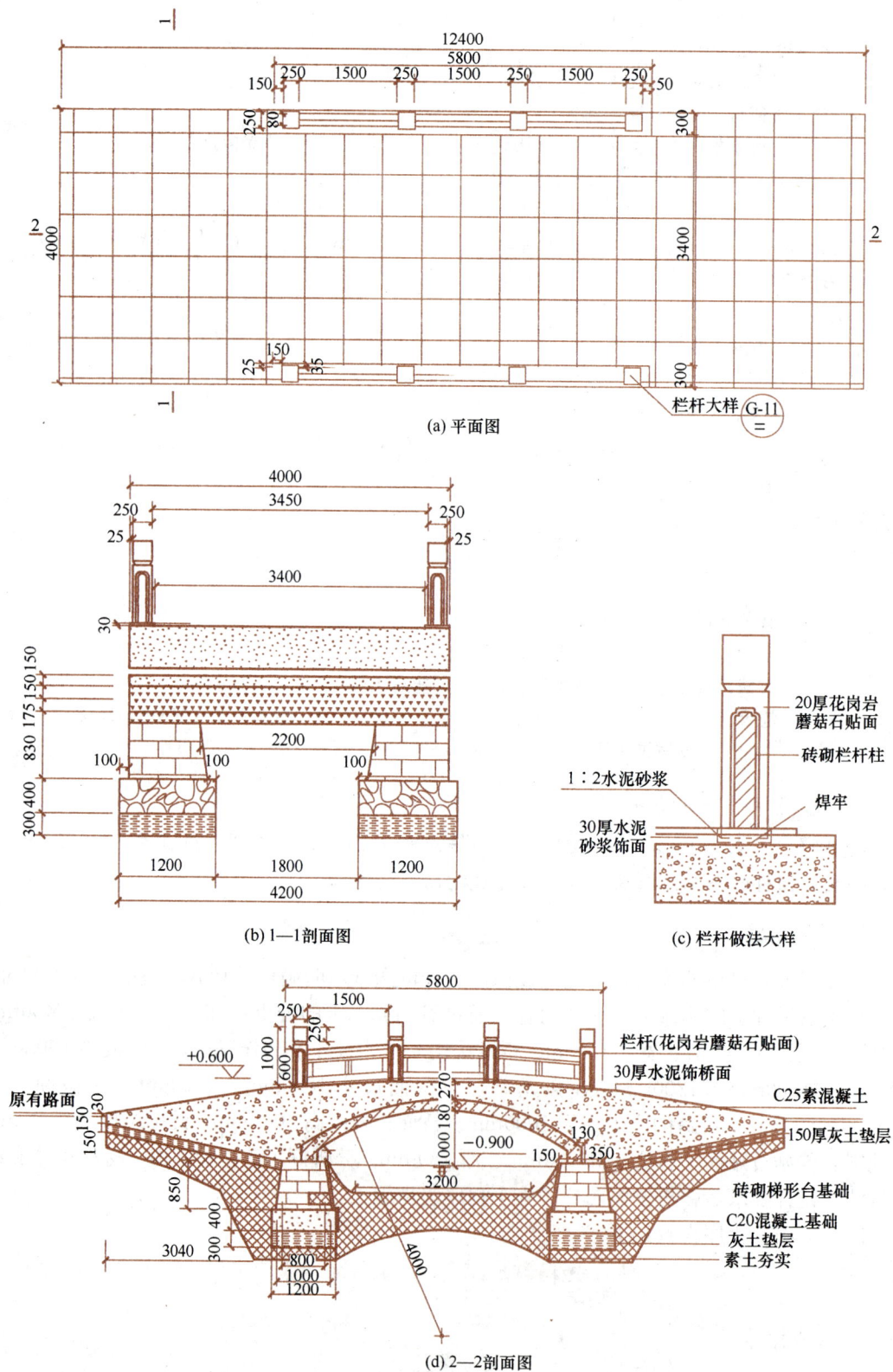

(a) 平面图

(b) 1—1剖面图

(c) 栏杆做法大样

(d) 2—2剖面图

图 4.7.1　石拱桥

定位放线　根据施工图纸放出基础平面，根据土质、开挖深度、确定的边坡以及施工方式确定坑底工作面，从而放出开挖线。

基坑的开挖　该桥体量较小，故可用工程量不大的无水基坑，人力开挖，应避免超挖。基坑顶面应设置防止地面水流入基坑的拦水和排水设施（围堰、沟道），在坑内基础范围内设置排水沟和集水井，以人工或机械抽水降低地下水。为了减轻基坑坡壁顶面静荷载，沿基坑顶面周围至少在 1m 范围内不得堆置土方、物料。在基坑的底部，为了施工方便应留有一定宽度的工作面，其宽度因情况而定。当坑壁土质不易稳定，并有地下水影响时可采用坑壁有支撑的基坑。基础挖至设计标高时应及时进行检验，检查基坑开挖标高、尺寸是否满足设计规定要求，符合后方可进行基础施工。

基础施工　该桥基础下层采用混凝土、上层采用砖砌。混凝土基础施工可用木模或钢模拼装成环型基础模板，四周支撑于土壁上，安装好模板后，浇注混凝土。混凝土层上用方砖砌成梯形台，梯形台下截面尺寸 1000mm×1000mm，上截面尺寸 800mm×800mm。方砖砌筑时应上下错缝，结合层一般用 M5 水泥砂浆，灰缝厚度一般为 20~30mm。

拱施工　按照设计要求，用 C25 混凝土浇注桥拱。

桥面施工　桥面 30mm 厚 1：2 水泥砂浆饰面，栏杆柱高度 1000mm，柱间距 1500mm，柱采用砖砌、花岗岩蘑菇石贴面，柱间用石栏板连接，栏板高度 600mm。

4.7.2　理论知识：圬工石桥的常见类型

圬工桥是以砖、石、混凝土、圬工材料作为主要建造材料的桥梁。当建造材料以石料为主时，则称之圬工石桥。其取材方便且价格低廉，较钢筋混凝土结构节约水泥和钢材，且一般不用模板，故可节省木材。另外，其具有良好的耐久性，维修养护工作量小，抗冲击能力强，振动小。但也具有自重大，强度低，截面尺寸大，砌筑工作繁重，费工费时的缺点。

1. 石板桥

风景园林中常用石板桥宽度在 0.7~1.5m 之间，以 1m 左右居多，长度 1~3m 不等，石料不加修琢，仿真自然，也不加或至多单侧设栏杆。石板桥的石板厚度宜 200~220mm，需加以验算以策安全（图 4.7.2）。

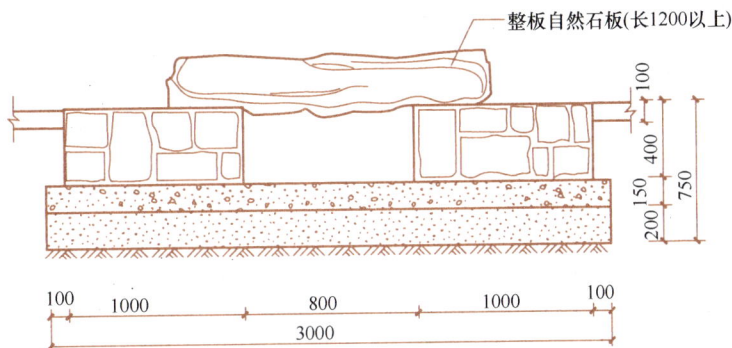

图 4.7.2　小石板桥立面图

若游客流量较大，则并列加拼一块石板以拓宽，宽度则在 1.5~2.5m 之间，甚至更大可至 3～4m，为安全起见一般都加设石栏杆，但不宜过高，在 450～650mm 即可。桥的石板还可交叉放置，产生交错叠落的视觉美感，见图 4.7.3。

图 4.7.3 交叉石板平桥

2. 石梁桥

石梁桥一般用在跨径较大之处，石板的厚度≥250mm，桥的上部结构有石梁、石梁和铺石板、梁板结合三种。石梁桥形式广泛被采用于园林，一则因就地取材，施工方便；二则与环境协调，体量小巧，视线通达，还能随设计者的匠心八转九曲，引人入胜。在石材缺乏的地区，则代以预制空心板或钢筋混凝土板，更为便利，略加整修辅以石料贴面就与自然环境十分协调了。故此往往为园林设计者优先采用。在有些庭园和场合，也可采用钢筋混凝土小梁，上铺放石板组合成石板梁桥。桥墩台亦可做成仿树干、仿树桩式的，更有野趣。

3. 石拱桥

拱桥是在竖直平面内以拱作为上部结构主要承重构件的桥梁。造型优美，曲线圆润，富有动态感。拱形有半圆、多边形、圆弧、椭圆、抛物线、蛋形、马蹄形和尖拱形，孔数上有单孔与多孔，多孔以奇数为多，偶数较少。单拱的如北京颐和园玉带桥，拱券呈抛物线形，桥身用汉白玉，桥形如垂虹卧波。多孔拱桥适于跨度较大的宽广水面，常见的多为三、五、七孔，著名的颐和园十七孔桥，长约 150m、宽约 6.6m，连接南湖岛，丰富了昆明湖的层次，成为万寿山的对景。

拱桥在竖向荷载作用下，支承处不仅产生竖向反力，而且同时还产生水平推力。正因为这个水平推力的存在，拱的弯矩将远比相同跨径梁的弯矩为小。从而使得整个拱各个部件主要在受压状态下工作。这就能充分利用抗压性能好而抗拉差的圬工材料（石料、砖、混凝土块）来建筑拱桥，如图 4.7.4 所示。在园林建筑工程中更因其优美的造型而受欢迎。主要缺点是自重大并有水平推力，对地基条件要求甚高，施工劳动强度大。

（1）拱桥构造与组成（图 4.7.5）

上部结构 拱圈、桥面（车行道、人行道、栏杆）、拱腹填料。

图 4.7.4　石拱桥

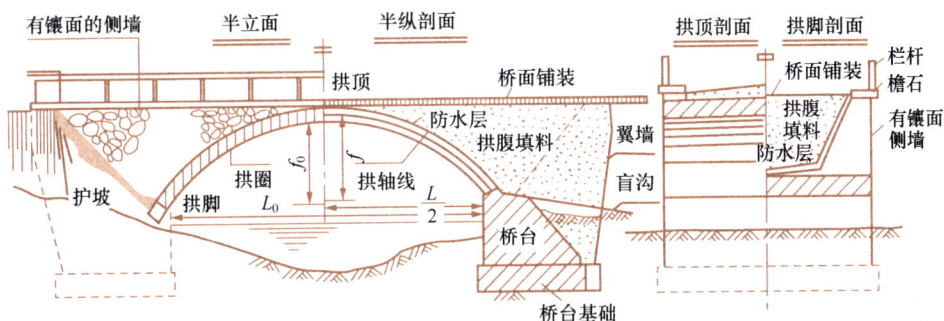

图 4.7.5　拱桥构造与组成

下部结构　桥墩、桥台及护坡、基础及桩。

（2）拱桥相关名词解释

拱顶　拱圈的跨中顶部截面。

拱脚（起拱面）　拱圈与墩台联结处的幅向截面。

拱轴线　拱圈各幅向截面（或换算截面）的中心连线。

拱背　拱圈的上曲面。

拱腹　拱圈的下曲面。

起拱线　起拱面与拱腹相交的直线。

净跨径（L_0）　在同一拱圈中，两起拱线间的水平距离。

净矢高（f_0）　拱顶下缘至两起拱线连线间的垂直距离。

计算跨径（L）　拱轴线与两拱脚交点之间的水平距离。

计算矢高（f）　自然轴线的拱顶至上述计算跨径间的垂直距离。

矢跨比　矢高与跨径之比，即 f/L。

陡拱　$f/L \geqslant 1/5$ 之拱。

坦拱　$f/L < 1/5$ 之拱。

（3）古石拱桥

修建古石拱桥，在园林中很普遍。由于我国石料来源丰富，就地取材方便，加之又比竹木桥经久耐用，自然又古朴，因而受欢迎。现园林桥多用石料，统称石桥，以石砌筑拱券成桥，故称石拱桥。古石拱桥的结构见图 4.7.6，拱券石的连接方式见图 4.7.7。

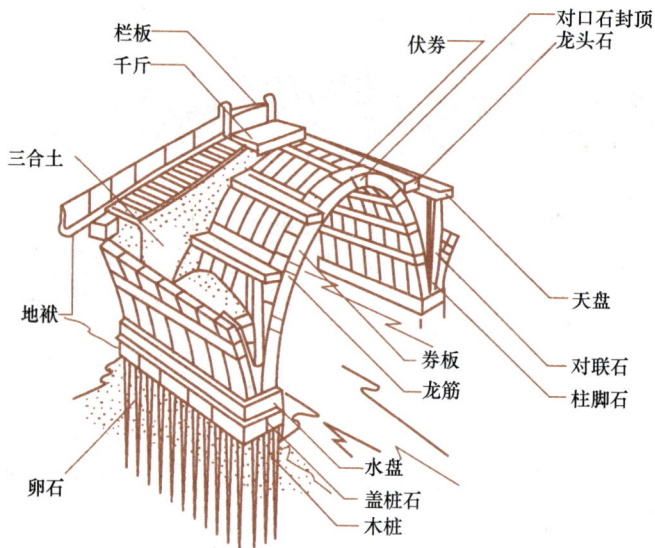

图 4.7.6 古石拱桥的结构

4.7.3 实践知识：石拱桥施工

1. 石拱桥施工要点

（1）起拱

砌筑拱圈的拱架手起拱 16～30mm。拱架可用钢筋混凝土预制梁加砖法圈或木拱架。

（2）合拢

施工时拱石以两端拱脚开始砌筑，向拱顶中央合拢。当拱桥干砌时，多铰拱要经过压拱和无铰拱要经过尖拱、压拱等步骤。现时则多为现场采砌，保证了拱石间有良好的结合，一般拱圈合拢后隔三昼夜开始砌筑拱上建筑，砌筑顺序应自拱脚对称地向拱顶进行。合拢后应使拱石间灰缝砂浆有足够的硬结时间以达规定的强度。然后开始填筑拱背上的建筑。

园林石拱桥可用木楔卸落拱架，拱架必须在拱上结构全部完成才可拆卸。开山所得粗加工的石料用之于桥，还需加工石面，《清官式石桥做法》中有下列几种专称，沿用于桥梁施工用语中：做糙——糙面，不加工；做细——细面，分一道二道光等；占斧——用斧剁；扁

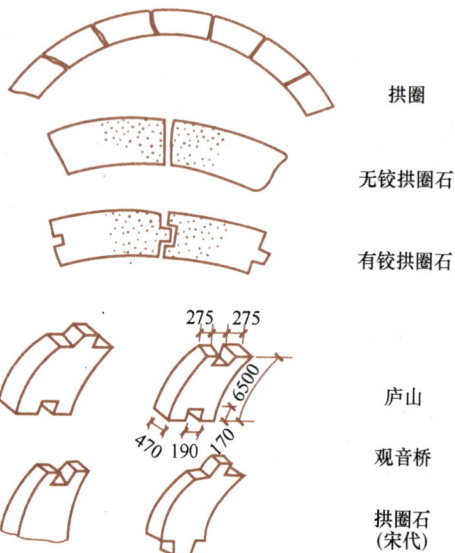

图 4.7.7 拱券石的连接方式

光——打磨；打瓦陇——打条纹面；锯齿阴阳榫——锯齿形榫卯；落槽——刻凿各种榫卯接口或铁锭的石槽；做盒子——在石面雕刻封闭式方框线脚。

（3）桥台、桥墩及基础

石拱桥，由于上部结构荷载较大和水平推力的作用，其墩台的圬工体积较大，对地基要求也较高，因此除对本身例行强度计算外，还应验算地基承载力及其稳定性（倾覆和滑移）。计算原理与挡土墙相似。

桥台、桥墩的基础底必须埋置在冰冻线以下 300mm。同时基础应放置在清除淤泥和浮土后的老土（硬土）上。同时必须在挖去河泥的最低点以下 500mm 处，以防止挖河泥影响和使地基承载力得到充分保证，否则就须使用桩基。

桥墩与桥台的主要区别，在于前者在水中而后者与岸衔接，传递桥的推力到岸。桥梁外形的整体造型，应含墩台形式的选择；其不但受制于结构要求，在园桥设计之中更要结合环境艺术美学，协调处理。桥台构造，通常采用的几种类型，即拱座式、U 型、轻型、箱式。

（4）变形缝（含伸缩缝）

圆拱桥在边墙两端设置变形缝各一道，缝宽 15～20mm。缝内用浸过沥青的毛毡或甘蔗板等来填塞，并在缝隙上加做防水层，以防雨水浸入或异物阻塞。

（5）防水层

在桥面石下铺设防水层，要求完全不透水和具有弹性，以便桥结构变形时不致破坏防水层，防水层采用沥青和石棉沥青（七级石棉 30%，60 号石油沥青 70%）各一层作底，上铺沥青麻布一层，再在其上敷石棉沥青和纯沥青各一道。

（6）栏杆

栏杆是古石桥的特征之一，其又有宋式与清式做法之分。宋式于每两栏板间并不一定都设栏杆柱，栏板直通到桥沿地栿两端用栏杆柱收梢。清式则每两栏板之间必设置栏杆柱，地栿通长，栏杆柱和栏杆板均放在地栿之上。栏杆柱间距 1200～1500mm。

栏杆柱古时截面多用八角形，现时则用长方或方形居多。栏杆柱本身又分为柱头、柱身两部分。柱头可用狮子莲座等装饰，清式的柱头则用高起栏板的柱形，上饰有云纹、龙、凤等。

在栏杆收头处，紧接安上抱鼓石（几层卷瓣莲草紧卷之圆形鼓状物）。抱鼓石结尾处放置仰天石，桥面结束处两端接仰天石之后，横向用通长石条——"牙子石"约束桥面，再沿牙子石平行铺砌横石——"如意石"一道，全部完成。

2. 拱圈石的砌置方式

石拱桥在结构上分成多铰与无铰拱形式，如图 4.7.8 和图 4.7.9 所示。实际上多铰拱一经砌成加荷载后在力学计算上可纳入无铰型的范畴。拱桥主要受力构件是拱圈，拱圈由细料石榫卯拼接构成。为使拱圈石在外荷载作用下共同工作，这就不单取决于榫卯方式，还有赖于拱圈石的砌置方式。

（1）无铰拱的砌置方式

并列砌置　将若干独立拱圈依次并列，逐一砌筑合拢的砌置法。一圈合拢，即能单独受力，并有助于毗邻拱圈的施工。

优点：

1）简练安全，省工料，便于维护，只要搭起宽度 0.5～0.6m 的脚手架，便能施工。

2）即使拱圈有一道或几道损坏倒坍，也不会影响全桥。

3）对桥基的多种沉稳有较大的适应性。

缺点：各拱圈之间的横间联系较差。

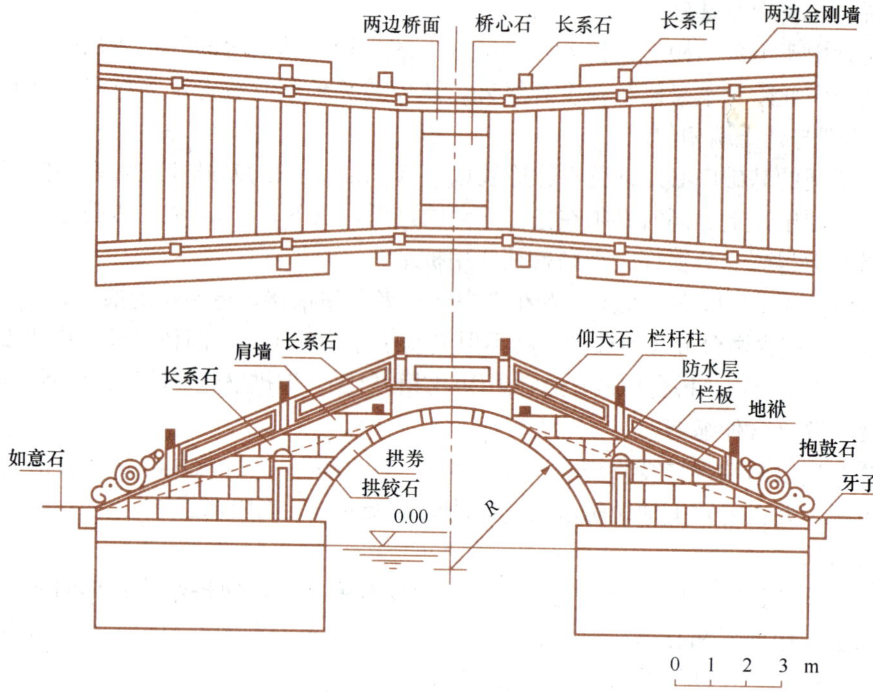

图 4.7.8　多铰拱

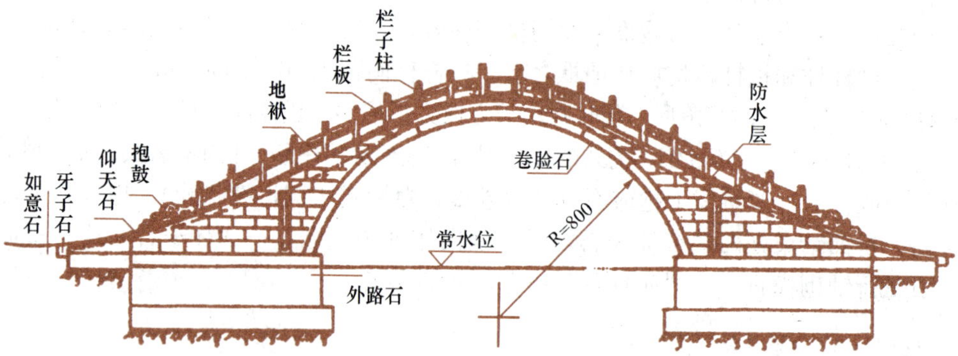

图 4.7.9　无铰拱

横联砌置　指拱圈在横向交错排列的砌筑，圈石横向联系紧密，从而使全桥拱石整体工作性大大加强。由于园桥建筑立面处理和用料上的需要，横联拱圈又发展增加出镶边和框式两种。目前园林工程中无铰拱通常采用拱圈石镶边横联砌置法，即在拱圈的两侧最外圈各用高级石料（如大理石、汉白玉精琢的花岗石等）镶嵌砌成一独立拱圈（又称卷脸石），宽度≥400mm，厚度≥300mm，长度≥600mm。内圈之拱石采用横联纵列错缝平砌，拱石间紧密层叠砌置。

北京颐和园的玉带桥，即为镶边横联砌置，在拱圈两外侧各用高级汉白玉石镶箍成拱圈，全桥整体性好。框式横联拱圈吸取了镶边横联拱圈的优点，又避免了前者边圈单独受力与中间诸拱无联系的缺点，使得拱桥外圈材料与加工可高级些，而内圈可降低些，也不影响拱桥相连成整体。共同的缺点是：施工时需要满堂脚手架。

乱石（卵石）砌置　完全用不规则的乱石（花岗石、黄石）或卵砾石干砌的拱桥，是中国石拱桥中大胆杰出之作，江南尤多，跨径多在 6～7m。截面多为变截面的圆弧拱。施工多用满堂脚手架或堆土成胎模，桥建成，挖去桥孔径内的胎模土即成。目前有些地方由于施工质量水平所限，乱石拱底层也灌入少量砂浆，以求稳当。

（2）多铰拱的砌置方式

有长铰石　每节拱圈石的两端接头用可转动的铰来联系。具体做法是将宽 600～700mm、厚 300～400mm，每节长大致为 1m 左右的内弯的拱板石（即拱圈石）上下两端琢成榫头，上端嵌入长铰石之卯眼（300～400mm）中，下端嵌入台石卯眼中。靠近拱脚处的拱板石较长些，顶部则短些。

无长铰石　即拱板石两端直接琢制卯接以代替有长铰石时的榫头。榫头要紧密吻合，联合面必须严紧合缝，外表看起来不知其中有榫卯。

多铰拱的砌置，不论有无长铰石，实际上都应使拱背以上的拱上建筑与拱圈一起成整体工作。对园林拱桥来说，此类拱桥，设计基本上都采用无铰拱设计方法，而不论有无拱铰。

在多铰拱圈砌筑完成之后，在拱背肩墙两端各筑有间壁一道，即在桥台上垒砌一条长石作为间壁基石，再于基石之上竖立一排长石板，下端插入基石，上端嵌入长条石底面的卯槽中。间壁和拱顶之间另用长条石一对（长条石截面尺寸：300～400mm 长方或正方形），叠置平放于联系肩墙之上。长条石两端各露出 250～400mm 于肩墙之外，端部琢花纹，回填三合土（碎石、泥砂、石灰土）。最后在其上铺砌桥面石板、栏杆柱、栏板石、抱鼓石等。

巩固训练 ☞

简易石板桥施工

1. 实训目的要求

1.1　掌握石板桥的结构特点。

1.2　熟知石板桥的施工方法和步骤。

1.3　了解石板桥的施工要点。

2. 使用材料工具准备

2.1　石板桥结构材料，600mm×200mm×1000mm 青石板四块、块石若干、水泥砂浆等。

2.2　石板桥施工实训场地或施工现场。

2.3　施工手套，安全护套、袖等。

3. 方法步骤

3.1　教师讲解石板桥施工方法及要点，布置施工任务及要求。石板桥施工图如图 4.7.10 所示。

3.2　学生认真读图，了解本次施工任务中的石板桥规格等相关施工尺寸和要求。

3.3　按设计要求进行石板桥施工，大致流程如下：

3.3.1　安放块石墩。在浅水位置，水体驳岸处及水面中心位置安放好块石，为保证块石稳固，应用水泥砂浆将其和水体底部连接固定。

3.3.2　安放条石。将块石墩上表面凿平整或用水泥砂浆找平，再将条石搬放至块石墩上，之间用水泥砂浆连接。条石安放必须平整，条石间留缝 100mm。

3.3.3　检查确定各石材安放平整连接牢固，完成石板桥施工。

注：施工过程应注意安全，以免石块砸伤人。

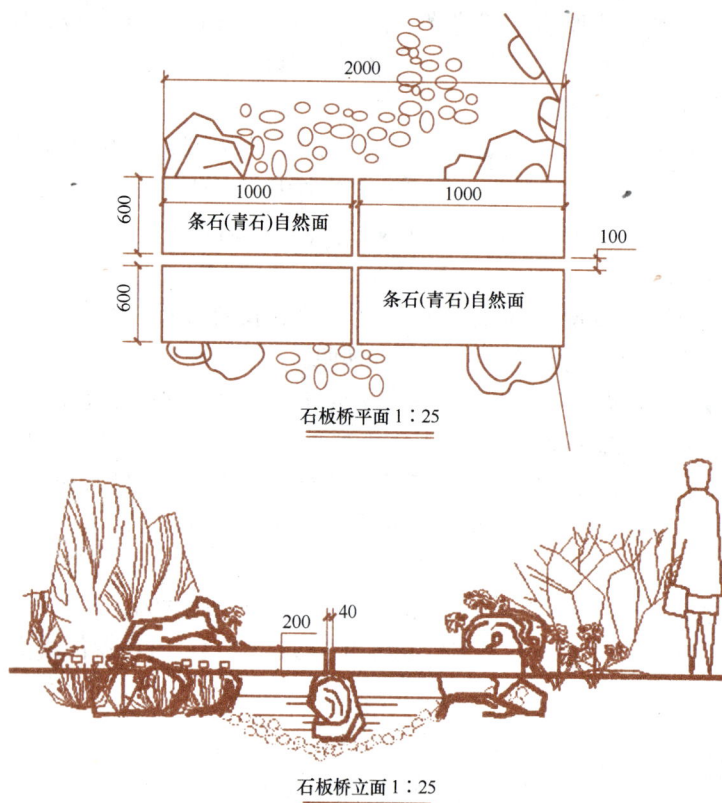

石板桥平面 1 : 25

石板桥立面 1 : 25

图 4.7.10　石板桥施工图

4. 作业

由于场地、材料等条件的限制，本实训任务采用学生分组合作的形式。按图施工图纸，每组负责完成一个施工步骤、其他组观摩该组施工操作，待整个施工任务完成，学生再分组讨论总结木桥施工的要点和关键（注：学生必须注意施工安全和施工规范）。

5. 考核评估

5.1　块石墩安放的是否位置正确、牢固（30%）。

5.2　条石的安放是否位置准确、平整（30%）。

5.3　石块间是否连接牢固、稳定（40%）。

任务 4.8　竹木桥

任务分析：掌握竹木桥的特点，并能完成简易木桥的施工。

技能：掌握木桥施工技术要点，具备小型木桥施工技能。

方法：教师讲授、现场教学，学生观摩及实践训练。

态度：认知景观工程施工应严格按图施工、按规范操作，工程质量应美观、安全并符合相关质量标准。

4.8.1　工作任务：简易木桥施工

【案例】　图4.8.1和图4.8.2所示为某绿地水体景观上的木桥施工图，按照施工设计图完成该木桥的施工。

1. 任务分析

要完成该木桥的施工，首先应该读读、分析图纸，明确桥的形式、桥的平立面尺寸、材料种类及尺寸、结构作法等相关内容。通过对图4.8.1的分析可知，本座桥的结构简洁、

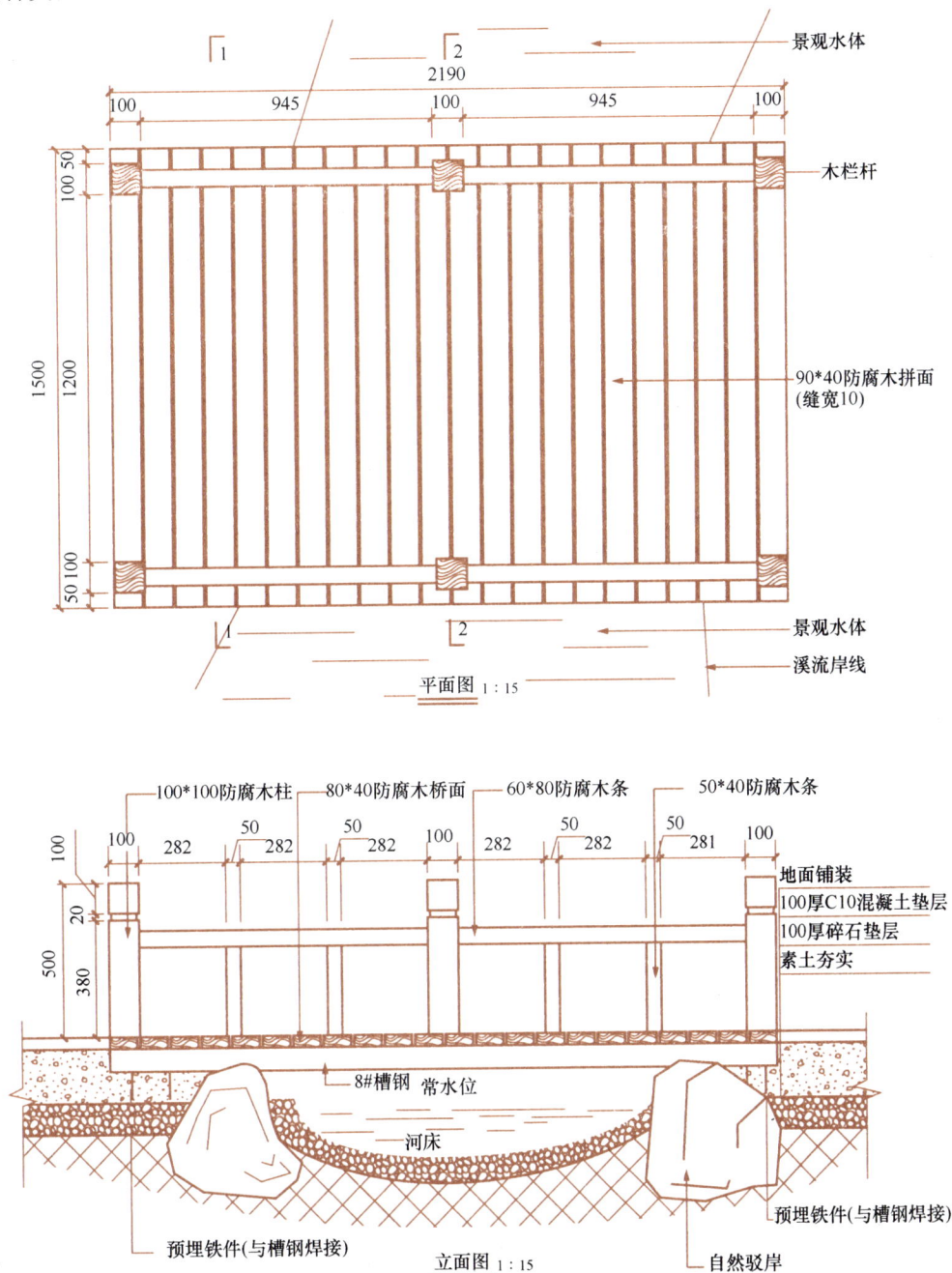

图4.8.1　木桥施工图1

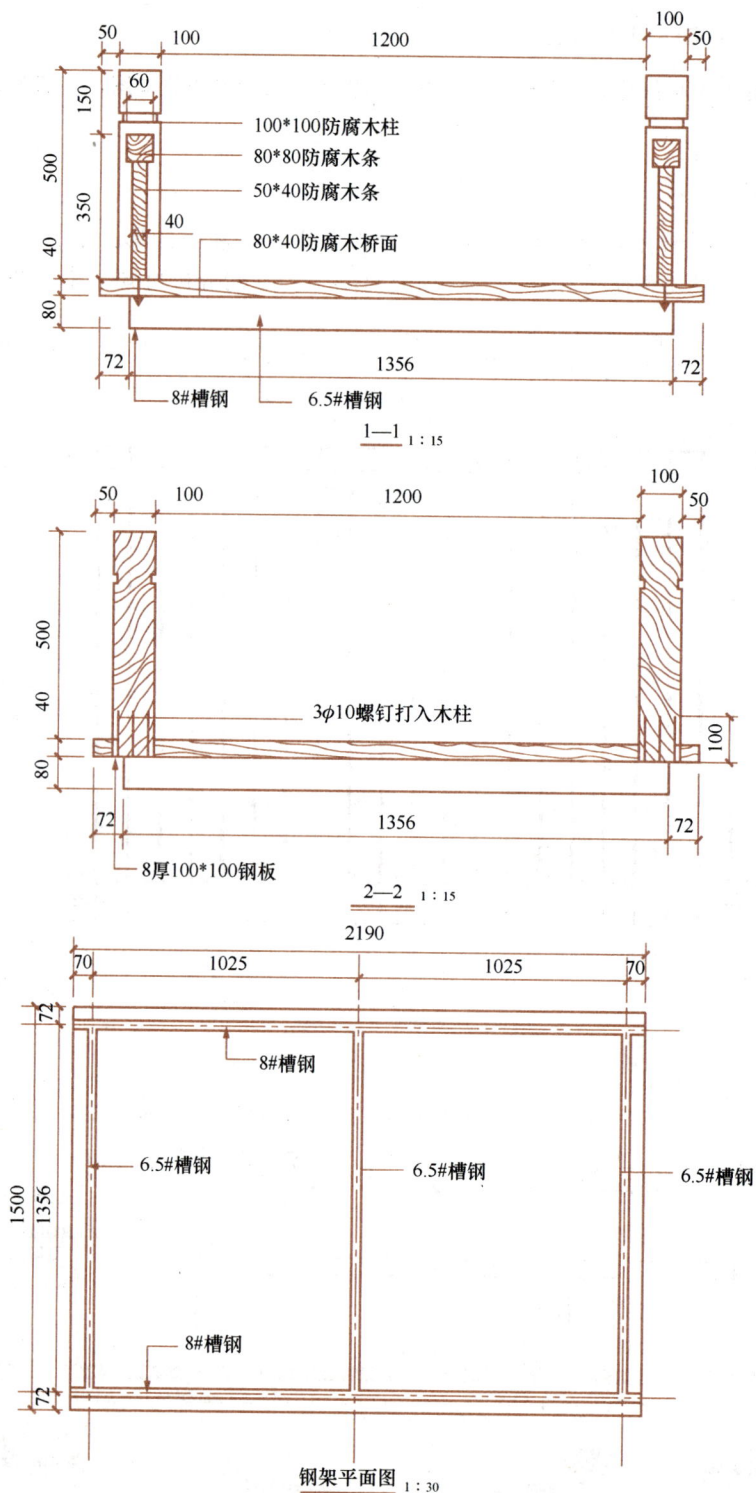

50 100 1200 100 50

60

150

100*100防腐木柱

500

80*80防腐木条

350

50*40防腐木条

40

80*40防腐木桥面

40

80

72 1356 72

8#槽钢 6.5#槽钢

1—1 1:15

50 100 1200 100 50

500

40

3φ10螺钉打入木柱

100

80

72 1356 72

8厚100*100钢板

2—2 1:15

2190

70 1025 1025 70

72

8#槽钢

1500

1356

6.5#槽钢 6.5#槽钢 6.5#槽钢

8#槽钢

72

钢架平面图 1:30

图 4.8.2 木桥施工图 2

质朴，外形轻巧、美观，为绿地小型水面上常用的一类景观园桥。桥长 2190mm、桥宽 1500mm，小桥贴水横跨在溪面上，桥下基础采用混凝土内预埋铁件，铁件上焊接日字型槽钢骨架当卧梁，桥面用 1500mm×90mm×40mm 防腐木条拼面，木条之间设置缝宽 10mm。桥面两侧设置木栏杆，栏杆柱采用 100mm×100mm×500mm 的防腐木，柱间距 945mm，每两根栏杆柱之间等间距设置两根 50mm×40mm×290mm 防腐木条，栏杆扶手采用 60mm×60mm×945mm 的防腐木条，扶手顶面高度为 350mm。分析好了该桥的结构、材料尺寸和结构做法等设计要求后，再按照园桥的施工工艺逐步施工。

2. 实践操作

操作步骤如下：

施工准备　施工前认真熟悉施工图及相关的规范、规定。依据施工图要求清算各种构件的材料、规格、数量，并逐项核实。

基础施工　在 100mm 厚碎石垫层之上浇注 100mm 厚 C10 混凝土垫层，预埋铁件。

钢架卧梁施工　钢架卧梁施工要求见图 4.8.1 和图 4.8.2 钢架平面图，采用与预埋件焊接而成的槽钢构成，横向设置两根长 2050mm、间距为 1356mm 的 8♯ 槽钢，其规格为 80mm×40mm×4.5mm，纵向设置三根长 1356mm、间距为 1025mm 的 6♯ 槽钢，其规格为 65mm×36mm×4.4mm。槽钢焊接构成"日"字型。

桥面施工　桥面用 1500mm×90mm×40mm 防腐木条拼面，木条间留 10mm 缝宽，木条两端用螺丝钉与槽钢紧固。

栏杆施工　先将 100mm×100mm×500mm 的栏杆柱立在图示位置，再用 3ϕ10 钢钉从槽钢打入木柱。每两根栏杆柱间按图示位置竖放两根 50mm×40mm×290mm 的木条，再用螺丝钉与槽钢紧固。在木条的顶面高度位置横放 60mm×60mm×945mm 的防腐木条作为栏杆扶手，木条与其他木条、栏杆柱连接的部位都用螺丝钉进行紧固。

检查各施工环节及各部件连接情况，确认紧固、稳定后完成木桥的整体施工。

4.8.2　理论知识：竹木桥

竹木桥是以天然的竹子或木材作为主要建造材料的桥梁。由于竹子、木材分布较广，取材容易，而且采伐加工不需要复杂工具，所以竹木桥是较早出现的桥梁形式。

1. 竹桥

竹桥是一种竹结构桥梁，材料选用竹材，艺术性较强，给人以高雅古典的感受。竹桥种类很多，有梁桥的平直、索桥的凌空、浮桥的韵味、拱桥的优美。在一些农家乐或旅游地区修建竹桥，增加了农家乐和旅游地区的自然美，带给游客清爽幽静的感觉，让人流连忘返。走在小巧的竹桥上，看着潺潺的流水，感受一下古人的优雅，宁静。竹桥主要采用竹子构成，也有辅以木材的。竹桥一般承重力不行，只适于人行，而不可以承受机动车的重量。在南方，竹桥横跨于小溪上，颇有些"小桥流水人家"的意味。

2. 木桥

（1）木桥的特点

木桥具有重量轻、强度较高、加工及各部分连接的构造简单等优点。但其也有易燃、易腐蚀、承载力和耐久性易受木材的各向异性及天然缺陷影响等缺点。作为半永久性的木桥，须做防腐处理。木桥在我国沿用已久，风景区位于盛产竹材或木材的地区亦因其取材方便而又与环境能自然协调，为设计者乐用。同时木桥本身具有易腐损不耐久的缺点。

木桥的构件主要以承压和抗剪传力，其受拉接头，则由螺栓抗剪和栓孔承压传递拉力，并以螺栓、夹板、穿钉、扒钉等铁件固定构件的相互位置。从构造上可分上下两部分，上部为梁、板、栏杆；下部为桥墩与桥台。木桥大致可分为简式的和较复杂的组合式两种。简式木桥即将木梁直接搁放在两边岸上，下垫枕木卧梁（或钢筋混凝土制）。卧梁用螺栓与木梁连接，木梁上钉半圆木做面板（或用自然树桩也可）两旁再用树桩构成栏杆，如图4.8.3所示。组合式风景木桥多为游客人行桥，其结构主要包括桥台、桥墩、桥面。

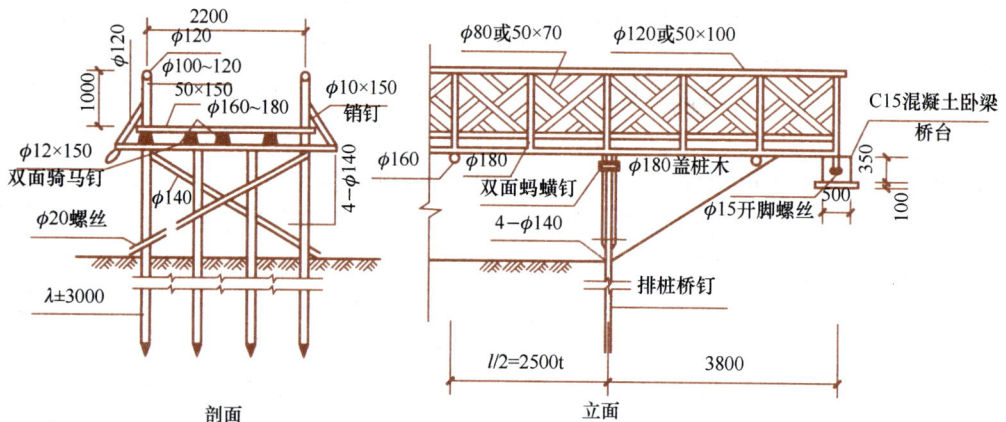

图4.8.3 普通园林木桥

（2）木桥的设计

① 桥台设计

在较平坦的岸坡可用混凝土卧梁，在其中预埋螺栓，以便与大梁连接，若在岸坡较陡处应改设木桩桥台，木桩可用ϕ120mm杉木，入土≥3m，@500～600mm。木桩上要加盖桩木，其直径为ϕ180～200mm。两端应伸出700mm，以便安装栏杆。同时在排桩背后要设挡土板，板厚50mm，入土1m。两边各伸出1～1.5m作为翼墙。

② 桥墩设计

桥墩可用排桩，桩之中距@500～700mm，桩径为ϕ140mm，入土深3～4m。排桩上部用ϕ180之盖桩木，两边用斜撑木，双面螺丝固定。斜撑木一般可用对开之ϕ140mm圆木或80mm×150mm之方木。同时在盖桩木上需加铺油毛毡。

③ 桥面设计

桥面设计包括梁和桥面板的设计。木梁断面尺寸要视载重量和跨度而定。一般游客人行木桥当跨度为5m时，木梁中距500～600mm，其圆木则可采用ϕ180mm或方木150mm×250mm。当跨度≤3.5m，则其圆木可采用ϕ160mm或方木80mm×250mm即可。若设有车行道，则木梁截面应按计算加大，计算结果。在实践中常采用方木材料，其截面$b \times h =$200mm×300mm，@400～500mm。人行桥面板，一般采用板厚50mm；而车行桥面板则厚度h>70～80mm，其宽度为150～200mm，板与板之间需设置隔离缝，缝宽20mm。关于需通过计算才能确定木桥材料的截面，可参阅有关结构基本构件计算原理。木桥设计图可参考图4.8.4和图4.8.5。

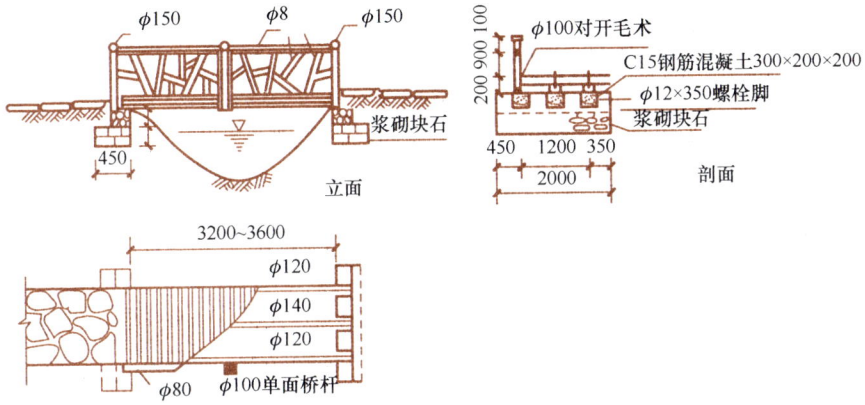

图 4.8.4 单跨简单园林木桥

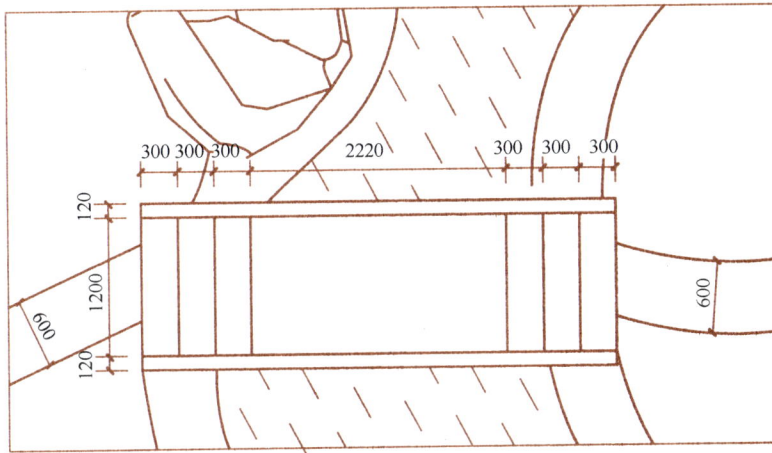

小桥平面详图

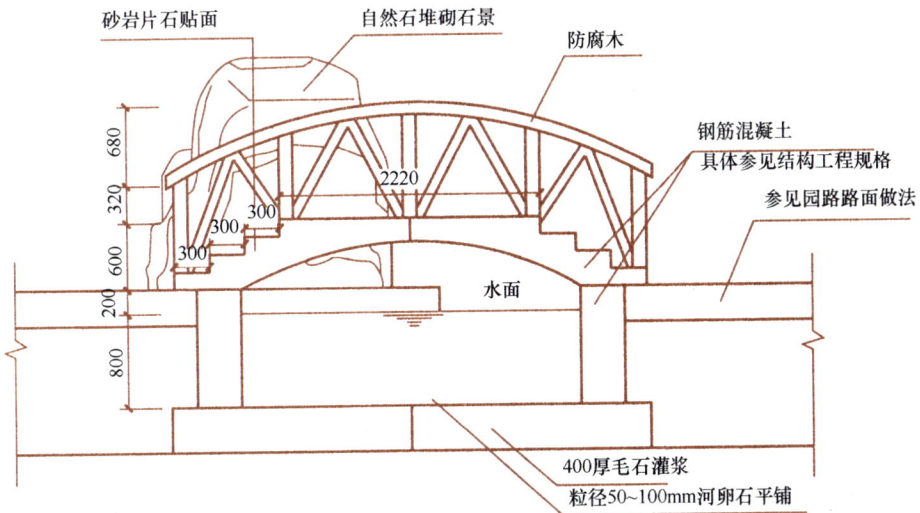

小桥立面/剖面详图

图 4.8.5 单孔木构小桥平立剖面图

4.8.3 实践知识：木桥的施工要点

1. 施工准备

施工前认真熟悉施工图及相关的规范、规定。依据施工图要求计算出各种木构件的材料、规格、数量，并逐项核实。

2. 木结构施工工艺

（1）木料准备

木材品种、材质、规格、数量必须与施工图要求一致。木板材、木方材不允许有腐朽、虫蛀现象，在连接的受剪面上不允许有裂纹，木节不能过于集中，且不允许有活木节。原木或方木含水率不应大于 25%，木材结构含水率不应大于 18%。防腐、防虫、防火处理按设计要求施工。

（2）木构件加工制作

各种木构件按施工图要求下料加工，根据不同加工精度留足加工余量。加工后的木构件及时核对规格和数量，分类堆放整齐。对易变形的硬杂木，堆放时适当采取防变形措施。采用钢材连接件的材质、型号、规格和连接的方法、方式等必须与施工图相符。连接的钢构件应作防锈处理。

（3）木构件组装

1）结构构件质量必须符合设计要求，堆放或运输中无损坏或变形。

2）木结构的支座、支撑、连接等构件必须符合设计要求和施工规范的规定，连接必须牢固，无松动。

3）按设计要求或施工规范作防腐处理。连接体应为不锈钢或镀锌铁件。

4）架和梁、柱安装的允许偏差见表 4.8.1。

表 4.8.1 架和梁、柱安装的允许偏差

序号	项目	允许偏差/mm	检验方法
1	结构中心线距离	±20	钢尺量
2	垂直度 $H/200$（H 为构件高）	不大于 15	吊线量
3	支座轴线对支撑面中心位移	10	尺量
4	支座标高	±5	水准测量

（4）木结构涂饰

1）清除木材面毛刺、污物，用纱布打磨光滑。

2）打底层腻子，干后纱布打磨光滑。

3）按设计要求刷底漆、面漆及层次逐层施工。

4）混色漆严禁脱皮、漏刷、反锈、透底、流坠、皱皮。表面光亮、光滑、线条平直。

5）清漆严禁脱皮、漏刷、斑迹、透底、流坠、皱皮。表面光亮、光滑、线条平直。

6）桐油应用干净布浸油后挤干，揉涂在干燥的木材面上。严禁漏涂、脱皮、起皱、斑迹、透底、流坠。表面光亮、光滑、线条平直。

7）木桥面烫蜡、擦软蜡工程，所使用蜡的品种、质量必须符合设计要求，严禁在施工过程中烫坏地板和损坏板面。

巩固训练 ☞

简易木桥施工

1. 实训目的要求

1.1 掌握木桥的结构特点。

1.2 熟知木桥的施工方法和步骤。

1.3 了解木桥的施工要点。

2. 使用材料工具准备

2.1 木桥结构材料，包括 200mm×60mm×1500mm 木枋、200mm×200mm×2500mm 杉木横梁、150mm×150mm×500mm 木柱、100mm×100mm×395mm 的方木条、150mm×60mm×2500 mm 方木条、钢钉、螺丝钉等。

2.2 木桥施工实训场地或施工现场。

2.3 施工手套，安全护套、袖等。

3. 方法步骤

3.1 教师讲解木桥施工方法及要点，布置施工任务及要求。木桥施工图见图4.8.6。

3.2 学生认真读图，了解本次施工任务中的木桥规格等相关施工尺寸和要求。

3.3 按设计要求进行木桥施工，大致流程如下：

3.3.1 安放桥梁。在水体相应的位置安放杉木梁，梁的距离为1000mm。为保证木梁平整稳固，可在梁与水岸连接位置适量浇注混凝土并预埋铁件，使梁与预埋铁件通过钢钉固定。

3.3.2 铺设桥面。在梁上密铺 200mm×60mm×1500mm 的木枋，必须保证铺装面平整，梁、枋之间用螺丝钉连接保证木枋稳固。

3.3.3 安装栏杆柱。按施工图所示位置安装 150mm×150mm×500mm 的栏杆柱，用螺丝钉连接固定。每两根栏杆柱间加装一根 100mm×100mm×395mm 的方木条。

3.3.4 安装栏杆扶手。在离桥面395mm高的位置安装 150mm×60mm×2500 mm 方木条作为栏杆扶手，安装时使木条与栏杆柱连接紧实、稳固。

3.3.5 检查、紧固各组件，完成木桥施工。

4. 作业

由于场地、材料等条件的限制，本实训任务采用学生分组合作的形式。按图施工图纸，每组负责完成一个施工步骤、其他组观摩该组施工操作，待整个施工任务完成，学生再分组讨论总结木桥施工的要点和关键（注：学生必须注意施工安全和施工规范）。

5. 考核评估

5.1 桥梁施工是否稳固（30%）。

5.2 桥面施工是否平整、稳固（40%）。

5.3 栏杆、扶手施工是否准确、稳固（30%）。

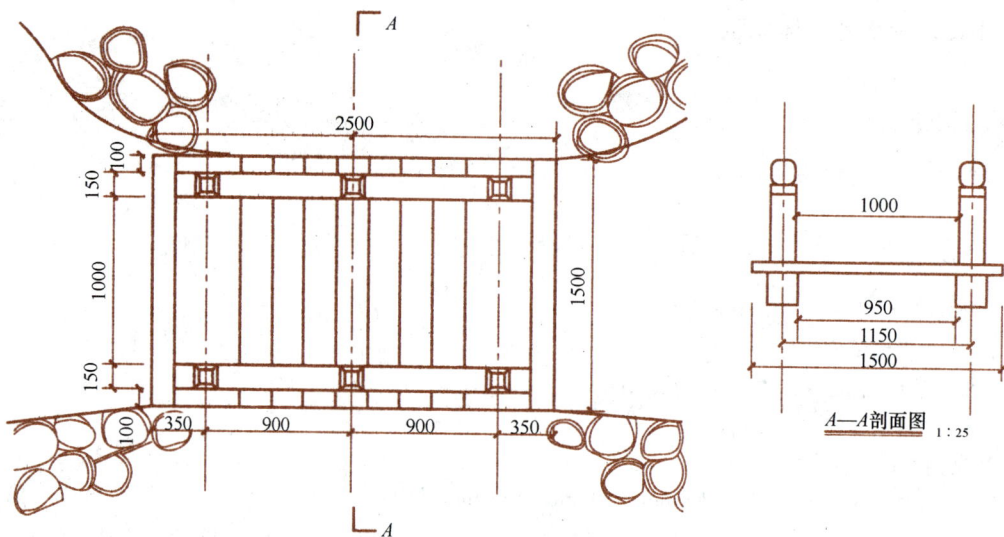

木桥平面图 1∶25

A—A剖面图 1∶25

150×150木柱头
150×60方木条
150×150木柱
200×60×1500木枋
200×200杉木横梁

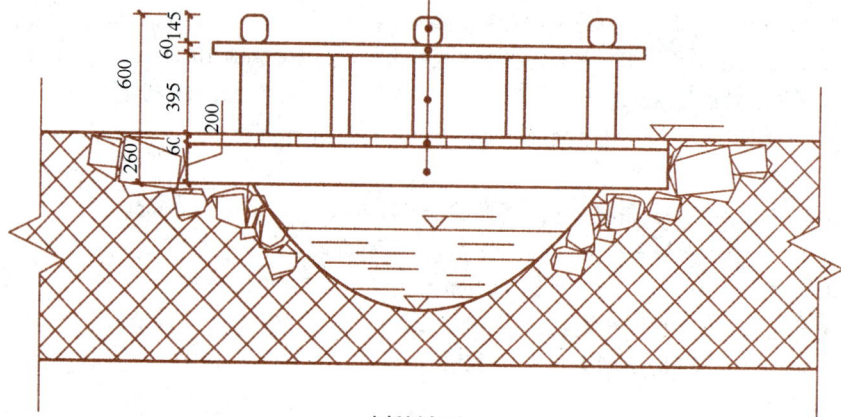

木桥侧立面 1∶25

图 4.8.6 木桥施工图

相关链接

1. 中国园林网 http://gc. yuanlin. com/
2. 筑龙网 http://bbs. zhulong. com/
3. 定鼎网 http://www. ddove. com/

思考与练习

1. 园路按面层材料分为哪几种类型？
2. 园路的平面线型有哪几种类型？
3. 请画出园路的典型面层结构图。
4. 园路块料路面主要有哪些面层铺装材料？
5. 简述园路施工工艺流程。
6. 园桥按材料分为哪些类型？
7. 石拱桥的施工要点有哪些？
8. 木桥的施工要点有哪些？

项目 5

假山工程实务

教学目标 ☞

1. 掌握土、石假山堆叠技术。
2. 掌握景石布置技法。
3. 掌握钢筋混凝土塑山、塑石工艺。

技能要求 ☞

1. 能理解和识别假山设计施工图。
2. 能按相应所用的假山石材的特性、工程技术规定有效地组织山石造景。
3. 能按有关规定，科学地组织置石工程或小型假山工程的施工与管理。
4. 能指导完成钢筋混凝土塑石工程。

任务 *5.1*　山石堆叠

任务分析：学习并掌握园林假山堆叠工程的施工步骤、方法、过程。

技能：理解园林给水工程的施工技术及步骤，学生能够独立安排一场假山工程的施工过程设计。

方法：采用教师讲授，学生模拟的方法。

出于安全角度考虑，可结合图纸灵活选用合适比例，以泡沫或其他轻质材料替代真山石进行操作施工。

态度：认知施工技术是需要严格谨慎及需要保证安全的，不仅施工过程需要安全，施工工程也需要安全稳固。

5.1.1　工作任务：园林假山堆叠

【案例】　以实地假山场景为例，结合多媒体资料，分组讨论假山堆叠的施工技法并演绎施工过程。

1. 任务分析

拿到案例后首先分析图纸，我们需要了解下假山的基本构成，详见黄石假山施工设计图（图 5.1.1）。假山的结构大体上有 4 个部分。

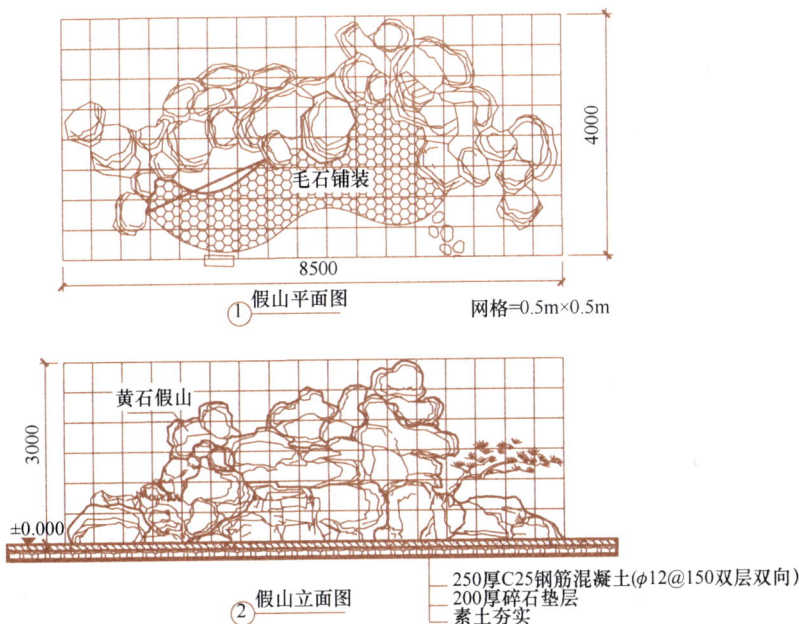

① 假山平面图　　网格＝0.5m×0.5m

② 假山立面图

　　250厚C25钢筋混凝土(ϕ12@150双层双向)
　　200厚碎石垫层
　　素土夯实

说明：

1. 本假山采用天然黄石砌筑，造型应做到气宏而势整，景致四面各异，左右相错。具体形态可以由专业施工人员根据现场状况进行优化调整。
2. 假山各向均需根据造景要求，适当预留绿化种植槽，做到大小不一、高低错落、避免雷同。
3. 假山混凝土基础做法由专业施工单位提供或认可。

图 5.1.1　黄石假山设计施工图

1）基础起到支撑和稳固假山整体的作用，所以通常选用抗压强度大、耐水性能好、施工简便的钢筋混凝土基础或浆砌毛石基础，松软土地区有可使用桩基础或块石基础。

2）山脚是山体的起始部分，假山的空间变化大都立足于此。

3）山腰即山脚以上，顶层以下的中间部分。这部分的体量最大、用料最广泛，是观赏的主要部位。往往单元组合复杂、结构变化多端，以营造各种景观形态。当然，山腰还是上部收顶部分的存在载体，起着承受荷载、艺术造型导向的作用。

4）山顶是假山最顶层的山石，是假山立面上最突出、最集中视线的部位。因而从结构上考虑，收顶的山石要求体量大，以便紧凑收压做顶。从形体造型上看，山顶属具有点景的作用，故顶层应使用特征显著的山石。

2. 实践操作

操作步骤如下：

熟悉设计图样 通过设计交底和阅读设计图样，了解设计规定和相应的要求，深刻领会设计意图，理清施工中的重点和难点。

清理施工场地 踏勘施工现场，了解假山建设区域的实际情况，清除和处理有碍施工的垃圾、杂物和设施。

确定施工方案 根据设计要求和现场情况，按照工期的规定，确定假山的施工工艺方案。

定位放线 定位是指按设计要求，将所设计的假山在建造现场确定其位置。定位的方法一般为，将假山平面的纵横中心线、纵横方向的边端线、主要部位控制线的两端，设置龙门板或埋置木桩，以此控制假山的平面位置和水平高度。龙门板或控制木桩的设置，应在不影响堆土和基础施工的范围内。

放线是指在定位的基础上，按设计的规定和土方施工的要求，用白色灰料在现有地面上作出挖土的范围控制线，这项工作又称为基础土方挖掘放线。所作出的白色灰线图形应该为封闭式的图形。

有时，为了便于放线和放样，先在设计平面圈上按一定的比例尺寸，依工程的大小或工程的平面布置复杂程度，采用 2m×2m、5m×5m 或 10m×10m 的尺寸画出方格网，之后以其所示方格网作为定位和放线的控制体系，进行方格网的定位放线。

基础施工 园林假山的基础通常埋置深度不大，土方挖掘施工的基本要求可参照土方工程中的有关内容。一般来说，当挖土深度已达到设计要求而未到达老土层时，应请有关部门或有关人员验证后继续开挖，挖掘至老土层方可。

选用混凝土基础时应当注意，陆地上混凝土标号不得低于 C15，水中不得低于 C20。施工中可不设浇筑模板，依据坑或槽的壁直接控制基础的外形。

处于水中的假山常采用桩基础，木桩顶面的直径为 100～150mm，并从梢部向下根部向上打设，平面布置呈梅花形，桩边至桩边的距离约为 200mm。若桩的长度无设计规定，通常应超过 1000mm 且常年处于水湿环境中。

山脚堆叠 假山山脚是直径落在基础实体之上的山体底层，它的施工分为拉底、起脚和以后的做脚。具体要求可参见假山堆叠施工技术部分。

假山主体部分堆叠 假山的主体部分是假山的底脚至顶层之间的山石组成部分。这部分体量最大、观赏部位最多，用材广泛、结构变化多端、单元组合性好，这些特点在主体部分的堆叠施工中较为突出。

堆叠施工中，应对每块石料的特点及特性有所了解，观察其形状、大小、重量、纹理、脉络、色泽等，并熟记在心。在堆叠时，根据设计意图先想像着进行组合拼叠，然后在施工时发挥灵活机动性，发挥每块石材的固有特性，进行合理的石材块料组合，形成设计所要求的山体。具体要求及方法可参见假山堆叠施工技术部分。

假山收顶 从结构上讲，收顶的石材要求体量大，轮廓与体形合乎设计所规定的类型。

收顶往往是在逐渐合凑的主体部位山石顶面上加以重力方式的扣压，使各层次的重力分层均匀传递至基础。所以往往用一块收顶的石料同时扣压下面几块山石。顶部的施工是直接影响到设计效果好坏的一个重要因素。

5.1.2 理论知识：山石堆叠

1. 山石材料种类介绍（图 5.1.2）

（1）湖石类

太湖石 真正的太湖石原产在苏州太湖洞庭西山，其中消夏湾一带出产的太湖石品质最优良。这种山石质坚而脆，由于风浪或地下水的溶蚀作用，其纹理纵横、脉络显隐，石面上遍多坳坎，称为"弹子窝"，扣之有微声。还很自然地形成沟、缝、穴、洞，有时窝洞相套，玲珑剔透，犹如天然的雕塑品。因此，常选其中形体险怪、嵌空穿眼者作为特置石峰。太湖石大多是从整体岩层中选择采出来的，其靠山面必有人工采凿的痕迹。

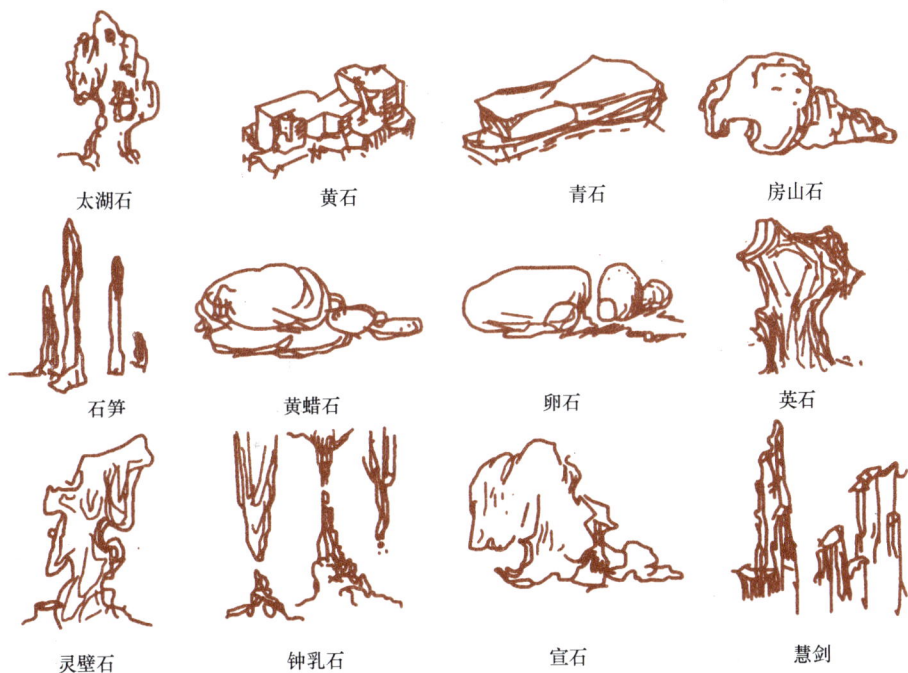

图 5.1.2 假山石料示例

此石水中和土中皆有所产，产于水中的太湖石色泽为浅灰中露白色，比较丰润、光洁，也有青灰色的，具有较大的皱纹而少有很细的皱褶。产于土中的湖石于灰色中带青灰色，外观比较枯涩而少有光泽，遍多细纹，好像大象的皮肤一样。这类湖石分布很广，如北京、济南、桂林一带都有所产，也有称为"象皮青"的。北海琼华岛之南山和东山北部可以见到这种石头，外形富于变化，青灰中有时还夹有细的白纹。

和太湖石相近的还有宜兴石（即宜兴张公洞、善卷洞一带山中）、南京附近的龙潭石和青龙山石。济南一带则有一种少洞穴、多竖纹、形体顽劣的湖石称为"仲宫石"，如趵突泉、黑虎泉都用这种山岩掇山，其色似象皮青而细纹不多，形象雄浑。

房山石　产于北京房山大灰厂一带山上，也是石灰岩，但为红色山土所渍。新开采的房山石呈土红色、橘红色或更淡一些的土黄色，日久以后表面带些灰黑色。质地不如南方的太湖石那样脆，有一定的韧性。这种山石也具有太湖心的涡、沟、环、洞的变化，因此也有人称它们为北太湖石。它的特征除了颜色和太湖石有明显区别以外，容重比太湖石大，叩之无共鸣声，多密集的小孔穴而少有大洞。因此外观比较沉实、浑厚、雄壮，这和太湖石外观轻巧、清秀、玲珑是有明显差别的。和这种山石比较接近的还有镇江所产的砚山石。形态颇多变化而色泽淡黄清润，叩之微有声。也有灰褐色的，石多穿眼相通。

英石　岭南园林中有用这种山石掇山，也常见于几案石品，原产广东省英德县一带。英石质坚而特别脆，用手指弹叩有较响的共鸣声。外观呈淡青灰色，有的间有白脉笼络。这种山石多为中、小形体，很少见有很大块的。现存广州市西关逢源大街 8 号名为"风云际会"的假山完全用英石掇成，别具风味。

英石又可分白英、灰英和黑英三种，一般所见似灰英居多，白英和黑英均甚罕见，所以多用作特置或散点。

灵璧石　原产安徽省灵璧县，石产土中，带泥渍，须刮洗方显本色。其石中灰色而甚为清润，质地亦脆，用手弹亦有共鸣声。石面有拗坎的变化，石形也千变万化，但其眼少有蜿蜒回折之势，须借人工以全其美、这种山石可掇山石小品，更多的情况是作为盆景石玩。

宣石　产于安徽省宁国县，因含大量白色显晶质石英故有如积雪覆于灰色石面。因赤土积渍，故又带些赤黄色，非刷净不见其质，所以愈旧愈白。由于它有积雪一般的外貌，扬州个园用它作为冬山的材料，效果显著。

（2）黄石

是一种橙黄颜色的细砂岩，其石形体顽劣、见棱见角，节理面近乎垂直、雄浑沉实。与湖石相比它又别是一番景象，平正大方、立体感强，块钝而棱锐，具有强烈的光影效果。黄石产地很多，苏州、常州、镇江等地皆有所产，以常熟虞山的自然景观为著名。明代所建上海豫园的大假山、苏州耦园的假山和扬州个园的秋山均为黄石掇成的佳品。

（3）青石

这种山石在北京运用较多，是一种青灰色的细砂岩，青石的节理面不像黄石那样规整，不仅有相互垂直的纹理，也有交叉互织的刹纹，就形体面言多呈片状，故又有"青云片"之称。

北京西郊洪山口一带均有所产，北京圆明园"武陵春色"的桃花洞、北海的濠濮涧和颐和园后湖某些局部都用这种青石为山。

（4）石笋

石笋即外形修长如竹笋的一类山石的总称，石皆卧于山土中，采出后直立地面，这类山石产地颇广、园林中常作独立小景布置，如个园的春山等。常见石笋又可分为以下 4 种：

白果笋　它是在青灰色的细砂岩中沉积了一些卵石，犹如银杏所产的白果嵌在石中，因以为名。北方则称白果笋为"子母石"或"子母剑"，"剑"喻其形，"子"即卵石，"母"

是细砂母岩。有些假山师傅把大而圆的头向上的称为"虎头笋"，而上面尖而小的称"凤头笋"。这种山石在我国各园林中均有所见。

　　乌炭笋　顾名思义，这是一种乌黑色的石笋，比煤炭的颜色稍浅而无甚光泽。如用浅色景物作背景，这种石笋的轮廓就更清新。

　　慧剑　这是北京假山师傅的习称，所指是一种净面青灰色或灰青色的石笋。北京颐和园前山东腰有高数丈的大石笋就是这种"慧剑"。

　　钟乳石笋　即将石灰岩经熔融形成的钟乳石倒置，或用石笋正放用以点缀景色。

　　(5) 其他石品

　　诸如木化石、松皮石、石珊瑚、黄蜡石和石蛋等。

　　木化石古老朴质，常作特置或对置。

　　松皮石是一种暗土红的石质中杂有石灰岩的交织细片，石灰石部分经长期熔融或人工处理以后脱落成空块洞，外观像松树皮突出斑驳一般。

　　石蛋即产于海边、江边或旧河床的大卵石，有砂岩及各种质地的，岭南园林中运用比较广泛，如广州市动物园的猴山、广州烈士陵园等均大量采用。

　　黄蜡石色黄，表面光洁若有蜡质感，外形如卵石，多块料而少有长条形。

　　总之，我国山石的资源是极其丰富的。我们掇假山要因地制宜，不要沽名钓誉地去追求名石，应该"是石堪堆"。这不仅是为了节省人力、物力，同时也有助于发挥不同的地方特色。承德避暑山庄选用塞外山石为山，别具一格。

　　2. 山石拼叠的基本原则

　　拼叠石山即叠石造山，无论其规模大小，都是由一块块形态、大小各异的山石拼叠而成的。所谓拼是山石水平相靠，所谓叠是山石上下相摞。拼叠石山的基本原则如下：

　　同质　同质指山石拼叠组合时，其品种、质地要一致，若叠石造山将黄石、湖石混在一起拼叠，由于石料的质地不同，石性各异，违反了自然山川岩石构成的规律，强行将其组合，必然难以兼容，不伦不类，从而失去整体感。

　　同色　即使山石品种、质地相同其色泽亦有差异。如湖石就有灰黑色、灰白色、褐黄色和青色之别，黄石也有深黄、淡黄、晴红、灰白等色泽变化。所以除质地相同外，也要力求色泽上的一致或协调，这样才不失其自然风格。

　　接形　根据山石外形特征，将其互相拼叠组合，在保证预期变化的基础而又浑然一体，这就叫做"接形"。

　　接形山石的拼叠面力求形状相侧，拼叠面如凸凹不平，应以垫刹石为主，其次才用铁锤击打吻合。石形互接，特别讲究顺势，如向左，则先用石造出左势；如向右，则用石造成右势，欲向高处先出高势，欲向低处先出低势。

　　合纹　形是指山石的外轮廓，纹是指山石表面的纹理脉络。当山石拼叠时，合纹就不仅是指山石原有的纹理脉络的衔接，而且还包括外轮廓的接缝处理。也就是说，当石料处于单独状态时，外形的变化是外轮廓；当石与石相互拼叠时，山石间的石缝就变成了山石的内在纹理脉络。所以，在山石拼叠技法中，以石形代石纹的手法就叫做"合纹"。

　　3. 山石的采运

　　山石的开采和运输因山石种类和施工条件而有所不同，对干成块半埋在山上中的山石采用掘取的方法，这样可以保持山石的完整性又不致太费工力。济南市附近所产的一种灰色湖石都浅埋于土中，有的甚至是天然裸露的单体山石，稍加开掘即可得。但如果是整体的岩系就不可能挖掘取出，有经验的假山师傅只需用手或铁器轻击山石，便可从声音大致判断山石埋的深浅，以便决定取舍。

对于整体的湖石，特别是形态奇特的山石，最好用凿取的方法开采，把它从整体中分离出来。开凿时力求缩小分离的剖面以减少人工凿的痕迹。湖石质地清脆，开凿时要避免因过大的震动而损伤非开凿部分的石体。湖石开采以后，对其中玲玎嵌空易于损坏的好材料应用木板或其他材料作保护性的包装，以保证在运输途中不致损坏。

对于黄石、青石一类带棱角的山石材料，采用爆破的方法不仅可以提高工效，同时还可以得到合乎理想的石形。根据假山师傅介绍，一般凿眼，上孔直径为5cm。孔深25cm，如果下孔直径放大一些使爆孔呈瓶形则爆破效力要增大 0.5～1 倍，一般炸成 0.5～1t 一块，少量可更大一些。炸得太碎则破坏了山石的观赏价值，也给施工带来很多困难。

5.1.3　实践知识：假山堆叠施工技术

（1）放线及基础施工

1）定位放线。

图纸审阅　首先要仔细阅读领会假山工程设计图纸和有关资料，并将假山工程设计图的意图看懂摸透，掌握山体形式和基础的结构，以便正确放样。

其次，为了便于放样，要在平面图上按一定的比例尺寸，依工程大小或平面布置复杂程度，采用 2m×2m、5m×5m 或 10m×10m 的尺寸画出方格网，以其方格与山脚轮廓线的交点作为地面放样的依据，为实际放样做好准备。

实地放样　在设计图方格网上，选择一个与地面有参照的可靠固定点，作为放样定位点，然后以此点为基点，按实际尺寸在地面上画出方格网；并对应图纸上的方格和山脚轮廓线的位置，放出地面上的相应白灰轮廓线。

为了便于基础和土方的施工，应在不影响堆土和施工的范围内，选择便于检查基础尺寸的有关部位，如假山平面的纵横中心线、纵横方向的边端线、主要部位的控制线等位置的而端，设置龙门桩或埋地木桩，以供挖土或施工时的放样白线被挖掉后，作为测量尺寸或再次放样的基本依据点。

2）立基。

假山如果能坐落在天然岩基上当然是最理想的，否则都需要做基础。作法如下：

桩基础　桩基适用于水中的假山或山石驳岸，虽然是古老的基础作法，但至今仍有实用价值。

木桩多选用较为平直而又耐水湿的柏木桩或杉木桩，木桩顶面的直径约在 10～15cm。

平画布置按梅花形排列即"梅花桩"，桩边至桩边的距离约为 20cm，其宽度视假山底脚的宽度而定；如做驳岸少则三排、多则五排；大面积的假山即在基础范围内均匀分布。

柱的长度或足以打到硬层，称为"支撑桩"；或用其挤实土壤，称为"摩擦桩"，桩长一般有一米多。

桩木顶端露出湖底十几厘米至几十厘米，其间用块石嵌紧，再用花岗石压顶；条石上面才是自然形态的山石，即"大块满盖桩顶"的做法。

条石应置予低水位线以下，自然山石的下部亦在水位线下；这样不仅为了美观，也可减少桩木腐烂。

混凝土基础 近代的假山多采用浆砌块石或混凝土基础，这类基础耐压强度大，施工速度较快。在基土坚实的情况下可利用素土槽灌溉。混凝土的厚度，陆地上约 10～20cm，水中基础约为 50cm，高大的假山酌情增加厚度。陆地上选用不低于 C15 的混凝土，水泥、砂和卵石配合质量比 1∶2∶4 至 1∶2∶6。水中假山基采用 C15 水泥砂浆砌块石，或 C20 的素混凝土作基础为妥。

3）基础施工。

基础的施工应根据设计要求进行，假山基础有浅基础、深基础、桩基础等。

浅基础的施工 浅基础一般是在原地面上经夯实后而砌筑的基础。施工程序为：原土夯实→铺筑垫层→砌筑基础。

此种基础应事先将地面进行平整，清除高垄，填平凹坑，然后进行夯实，再铺筑垫层和基础、基础结构按设计要求严把质量关。

深基础的施工 深基础的施工程序为：挖土→夯实整平→铺筑垫层→砌筑基础。

深基础是将基础理入地面以下的基础，应按基础尺寸进行挖土，严格掌握挖土深度和宽度，一般假山基础的挖土深度为 50～80cm，基础宽度多为山脚线向外 50cm。土方挖完后夯实整平，然后按设计铺筑垫层和砌筑基础。

桩基础 桩基础的施工程序为：打桩→整理桩头→填塞桩间垫层→浇筑桩顶盖板。

桩基础多为短木桩或混凝土桩打入土中而成，在桩打好后，应将打毛的桩头锯掉，再按设计要求，铺筑桩子之间的空隙垫层并夯实，然后浇筑混凝土桩顶盖板或浆砌块石盖板。

（2）假山山脚施工

假山山脚是直接落在基础之上的山体底层，它的施工分为：拉底、起脚和做脚。

1）拉底。

拉底就是在基础上铺置最底层的自然山石，因为这层山石大部分在地面以下，只有小部分露出地面以上，并不需要形态特别好的山石。但它是受压最大的自然山石层，要求有足够的强度，因此宜选用顽劣的大石拉底。古代匠师把"拉底"看作叠山之本，因为假山空间的变化都立足于这一层。如果底层未打破整形的格局，则中层叠石亦难于变化。底石的材料要求大块、坚实、耐压，不允许用风化过度的山石拉底。

拉底的方式 拉底的方式有满拉底和线拉底两种。

满拉底就是将山脚线范围之内用山石满铺一层。这种方式适用于规模较小、山底面积不大的假山，或者有震动破坏的地区。

线拉底就是按山脚线的周边铺砌山石，而内空部分用乱石、碎砖、泥土等填补筑实。这种方式适用于底面积较大的大型假山。

拉底的技术要点 底脚石应选择石质坚硬、不易风化的山石。

每块山脚石必须垫平垫实，用水泥砂浆将底脚空隙灌实，不得有丝毫摇动感。各山石之间要紧密啮合，互相连接形成整体，以承托上面山体的荷载分布。拉底的边缘要错落变化，避免做成平直和浑圆形状的脚线。

2）起脚。

拉底之后，开始砌筑假山山体的首层山石层叫"起脚"。

起脚时，定点、摆线要准确。先选到山脚突出点的山石，并将其沿着山脚线先砌筑上，待多数主要的凸出点山石都砌筑好了，再选择和砌筑平直线、凹进线处所用的山石。**这样，**既保证了山脚线按照设计而成弯曲转折状，避免山脚平直的毛病，又使山脚突出部位具有最佳的形状和最好的皴纹，增加了山脚部分的景观效果。

起脚的技术要求 起脚石应选择憨厚实在、质地坚硬的山石。筑时先砌筑山脚线突出部位的山石，再砌筑凹进部位的山石，最后砌筑连接部位的山石。

假山的起脚宜小不宜大、宜收不宜放。即起脚线一定要控制在山脚线的范围以内，宁可向内收进一点，而不要向外扩出去。因起脚过大会影响砌筑山体的造型，形成臃肿、呆笨的体态。

起脚石全部摆砌完成后，应将其空隙用碎砖石填实灌浆，或填筑泥土打实，或浇注混凝土筑平。起脚石应选择大小相间、形态不同、高低不等的料石，使其犬牙交错，相互首尾连接。

3）做脚。

上述拉底是做山脚的轮廓. 起脚是做山脚的骨干，而做脚是对山脚的装饰，即用山石装点山脚的造型称为"做脚"、山脚造型一般是在假山山体的山势大体完成之后所进行的一种装饰，其形式有点脚法、连脚法、块面法等。

点脚法 即在山脚边线上，用山石每隔不同的距离作墩点，用片块状山石盖于其上，做成透空小洞穴 [图5.1.3 (a)]。这种做法多用于空透型假山的山脚。

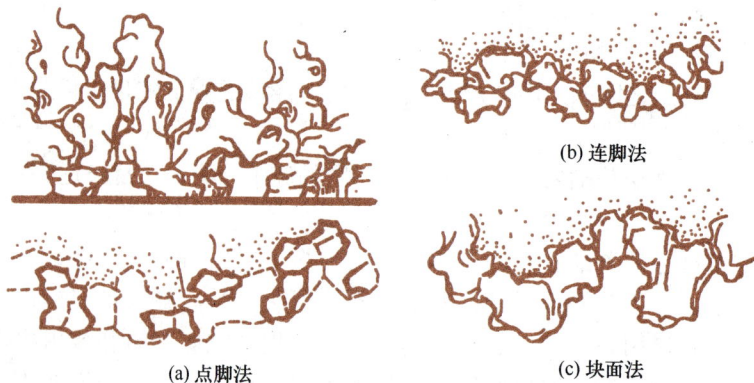

(b) 连脚法

(a) 点脚法

(c) 块面法

图5.1.3 做脚的三种方法

连脚法 即按山脚边线连续摆砌弯弯曲曲、高低起伏的山脚石，形成整体的连线山脚线 [图5.1.3 (b)]。这种做法各种山形都可采用。

块面法 即用大块面的山石，连线摆砌成大凸大凹的山脚线，使凸出凹进部分的整体感都很强 [图5.1.3 (c)]。这种做法多用于造型雄伟的大型山体。

（3）山石堆叠的基本形式及施工要领

假山山体的施工，主要是通过吊装、堆叠、砌筑操作，完成假山的造型。由于假山可以采用不同的结构形式，因此在山体施工中叶就相应要采用不同的堆叠方法（图5.1.4和图5.1.5）。

安（图5.1.4） 放置一块山石叫做"安"，特别强调这块山石放下去要安稳、其中又分单安、双安和三安。双安掐在两块不相连的山石上安安一块山石，下断下连，构成洞、岫等变化。三安则是于三石上安一石，使之形成一体。苏州某些假山师傅把三安当作布局、取势和构图的要领，说三安是把山的组合划分为主、次、配三个部分，每座山及其局部亦可依次三分，一直可以分割到单块的石头。认为这样既可着眼于远观的总体效果，又注意到每个局部的近看效果，使之具有典型的自然变化。

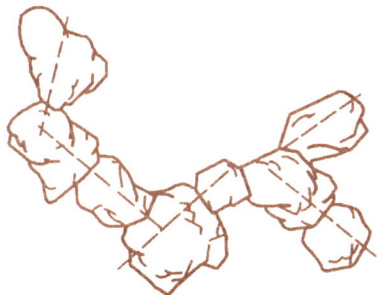

图 5.1.4　安——安放布局平面宜成八字

图 5.1.5　连——左右相靠

连　（图 5.1.5）山石之间水平向衔接称为"连"。它要求从假山的空间形象和组合单元来安排，要"知上连下"，从而产生前后左右参差错落的变化，同时又要符合皱纹分布的规律。

接　（图 5.1.6）山石之间竖向衔接称为"接"。它既要善于利用天然山石的茬口，又要善于补救茬口不够吻合的所在。最好是上下茬间互啮，同时不因相接而破坏了石的美感。接石要根据山体部位的主次依继结合，一般情况下是竖纹和竖纹相接、横纹和横纹相接。但有时也可以以竖纹接横纹，形成相互间既有统一又有对比衬托的效果。

斗　（图 5.1.7）置石成向上拱状，两端架于二石之间，腾空而起称为"斗"。若自然岩石之环洞或下层崩落形成的孔洞。

图 5.1.6　接——上下相拼

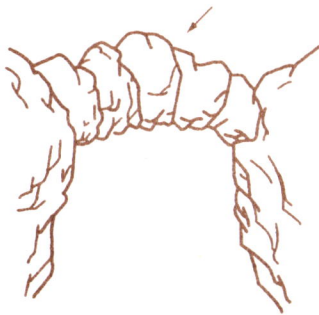

图 5.1.7　斗——斗石成拱

挎　（图 5.1.8）如山石某一侧面过于平滞，可以旁钩挂一石以全其美，称为"挎"。挎石可利用茬口啮压或上层镇压来稳定，必要时加钢丝绕定，钢丝要藏在石的凹纹中或用其他方法加以掩饰。

拼　（图 5.1.9）在比较大的空间里，因石材太小，单独安置会感到零碎时，可以将数块以至数十块山石拼成一整块山石的形象，这种作法称为"拼"。例如在缺少完整石村的地方需要特置峰石，也可以采用拼峰的办法。

图 5.1.8　挎——斜撑成拱

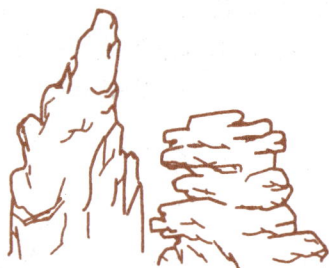

图 5.1.9　拼竖或横向、多石拼贴

　　悬　（图 5.1.10）在下层山石内倾环拱形成的竖向洞口下，插进一块上大下小的长条形的山石。由于上端被洞口扣住，下端便可倒悬当空。这种结体方法称为"悬"，多用于湖石类的山石模仿自然钟乳石的景观。黄石和青石也有"悬"的做法，但在选材和做法上区别于湖石。它们所模拟的对象是竖纹分布的岩层，经风化后部分沿解理面脱落所剩下的倒悬石体。

　　剑　（图 5.1.11）以竖长形象取胜的山石直立如剑的做法，峭拔挺立、有刺破青天之势，多用于各种石笋或其他竖长的山石，这种结体方法称为"剑"。立"剑"可以造成雄伟昂然的景象，也可以做成小巧秀丽的景象，因境出景，因石制宜。作为特置的剑石，其地下部分必须有足够的长度以保证稳定。一般石笋或立剑都宜自成独立的画面，不宜混杂于他种山石之中，否则很不自然。就造型而言，立剑要避免"排如炉烛花瓶，列似刀山剑树"，假山师傅立剑最忌"山、川、小"，即石形象这几个字那样对称排列就不会有好效果。

图 5.1.10　悬——悬臂

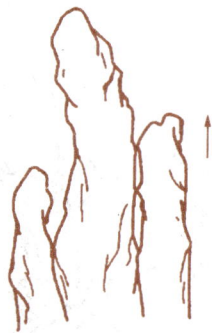

图 5.1.11　剑——矗立如剑指向天

　　卡　（图 5.1.12）下层由两块山石对峙形成上大下小的楔口，再于楔口中插入上大下小的山石，这样便正好卡于楔口中而自稳。这种结体方法称为"卡"。承德避暑山庄烟雨楼侧的峭壁山，以"卡"做成峭壁山顶，结构稳定、外观自然。

　　垂　（图 5.1.13）从一块山石顶面偏侧部位的企口处，用另一山石倒垂下来的做法称"垂"。"悬"和"垂"很容易混淆，但它们在结构上受力的关系是不同的。

　　挑　（图 5.1.14）又称"出挑"，即上石借下石支承而挑伸于下石之外侧，并用数倍重力镇压于石山内侧的做法。假山中之环、岫、洞、飞梁，特别是悬崖都基于这种结体的形式。

图 5.1.12　卡——两峰相峙，中间夹块

图 5.1.13　垂——垂直向下成悬垂

挑石每层约出挑相当于山石本身质量 1/3 的长度。从现存园林作品中来看，出挑最长的约有 2m 多。"挑"的要点是求浑厚而忌单薄，要挑出一个面来才显得自然。因此，要避免成直线地向一个方向挑。在平衡质量时应把前悬山石上面站人的荷重也估计进去，使之"其状可骇"而又"万无一失"。

戗　（图 5.1.15）或称撑，即用斜撑的力量来稳固山石的做法。要选取合适的支撑点，使加撑后在外观上形成脉络相连的整体。扬州个园的夏山洞中，作"撑"以加固洞柱并有余脉之势，不但统一地解决了结构和景观的问题，而且利用支撑山石组成的透洞采光，很合乎自然之理。

图 5.1.14　挑——悬作伸臂状

图 5.1.15　戗——斜向撑石成洞壁

（4）收顶

即处理假山最顶层的山石。从结构上讲，收顶的山石要求体量大的，以便合凑收压。从外观上看，顶层的体量虽不如中层大，但有画龙点睛的作用。因此要选用轮廓和体态都富有特征的山石。收顶一般分峰、峦和平顶三种类型。峰又可分为剑立式（上小下大，竖直而立、挺拔高耸）、斧立式（上大下小、形如斧头侧立、稳重而又有险意）、流云式（横向挑伸，形如奇云横空、参差高低）、斜劈式（势如倾斜山岩，斜插如削、有明显的动势）、悬垂式（用于某些洞顶，犹如钟乳倒悬、滋润欲滴、以奇制胜）。其他如莲花式、笔架式、剪刀式等，不胜枚举。所有这些收顶的方式都在自然地貌中有本可寻的。

收顶往柱是在逐渐合凑的中层山石顶面加以重力的镇压，使重力均匀地分层传递下去。往往用一块收顶的山石同时镇压下面几块山石。如果收顶面积大而石材不够整时，就要采取"拼凑"的手法，并用小石镶缝使成一体。

（5）山石固定措施

1）平稳设施和填充设施。

为了安置底面不平整山石，在找平石之上面以后，于底下不平处垫以一至数块控制平

稳和传递重力的垫片，北方假山师傅称这种垫片为"刹"（图 5.1.16），江南假山师傅称为重力石。山石施工术语有"见缝打刹"之说，"刹"要选用坚实的山石，在施工前就打成不同大小的斧头形捶片以备随时选用。这块石头虽小，却承担了平衡和传递重力的重任，在结构上很重要。打"刹"也是衡量技艺水平的标志之一，一定要找准位置，尽可能用数量最少的"刹"而求得稳定。打"刹"后用手推试一下是否稳定，至于两石之间不着力的空隙也要适当地用块石填充。假山外围每做好一层，最好即用块石和灰浆填充其中，这称为"填肚"。填肚凝固后便形成一个整体。

2）铁活加固设施。

铁活加固设施必须是在山石本身重点稳定的前提下用以加固，常用熟铁或钢筋制成。铁活要求用而不露，因此不易发现。古典园林中常用的有以下几种。

银锭扣 （图 5.1.17）为生铁铸成，有大、中、小三种规格，主要用以加固山石间的水平联系。先将石头水平向接缝作为中心线，再按银锭扣大小划线凿槽打下去。古典石作中有"见缝打卡"的说法，其上再接山石就不外露了。

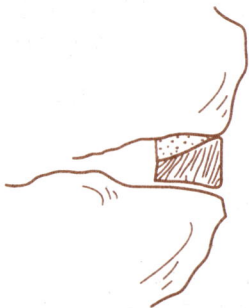

图 5.1.16 从刹石的反口
用小号嵌子嵌足砂浆

图 5.1.17 银锭扣

铁爬钉 （图 5.1.18）或称"扶铜子"，用熟铁制成，用以加固山石水平向及竖向的衔接。南京明代瞻园北山之山洞中尚可发现用小型铁耙钉作水平向加固的结构；北京圆明园西北角之"紫碧山房"假山坍倒后，山石上可见约 10cm 长、6cm 宽、5cm 厚的石槽，槽中都有铁锈痕迹，也似同一类作法；北京乾隆花园内所见铁爬钉尺寸较大，长约 80cm、宽 10cm、厚 7cm，两端各打入石内 9cm。也有向假山外侧插下弯头而以铁耙钉内侧平压于石下的做法，避暑山庄则在烟雨楼峭壁上有用于竖向联系的做法。

铁扁担 （图 5.1.19）多用于加固山洞，作为石梁下面的垫梁。铁扁担之两端成直角上翘，翘头略高于所支承石梁两端。北海静心斋沁泉廊东北，有石象征"蛇"出挑悬岩，选用了长约 2m、宽 16cm、厚 6cm 的铁扁担镶嵌于山石底部。

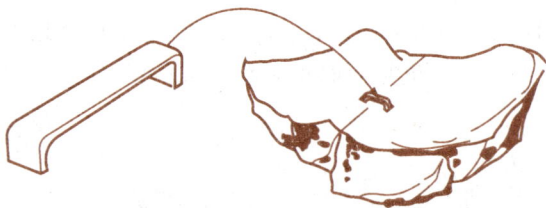

图 5.1.18 铁爬钉

图 5.1.19 铁扁担

马蹄形吊架和叉形吊架　马蹄形吊架（图 5.1.20）和叉形吊架（图 5.1.21）常见于江南一带。扬州清代宅园"寄啸山庄"的假山洞底，由于用花岗石做石梁只能解决结构问题，外观极不自然。用这种吊架从条石上挂下来，架上再安放山石便可包在条石外面，便接近自然山石的外貌。

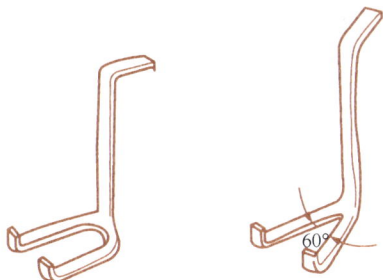

<table>
<tr><td>图 5.1.20　马蹄形吊架和叉形吊架</td><td>图 5.1.21　山石的捆扎与支撑</td></tr>
</table>

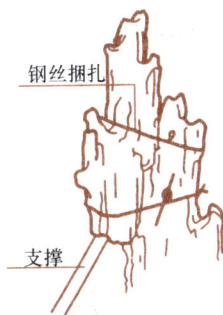

3）勾缝与胶接。

掇山之事虽在汉代已有明文记载，但宋代以前假山的胶结材料已经难于考证。在没有发明石灰以前，只可能是干砌或用素泥浆砌。从宋代李诫撰《营造法式》中可以看到用灰浆泥假山、并用粗墨调色勾缝的记载。因为当时风行太湖石。宜用色泽相近的灰白色灰浆勾缝。从一些假山师傅拆迁明、清的假山来看，勾缝的做法尚有桐油石灰（或加纸筋）、石灰纸筋、明矾石灰、糯米浆拌石灰等多种，湖石勾缝再加青煤，黄石勾缝后刷铁屑盐卤等，使之与石色相协调。

油灰勾缝与水灰浆勾缝相比较，前者造价高、凝固慢，但粘结性特强，凝固后很结实；后者则造价低、凝固比油灰快，但不及油灰耐久。糯米浆或明矾汁拌石灰的硬度都很大，拆石头时只能用钢凿一块块地凿下来。但它们的造价都太高。

现代掇山，广泛使用 1∶1 水泥砂浆，勾缝用"柳叶抹"。有勾明缝和暗缝两种作法、一般是水平缝都勾明缝，在需要时将竖缝勾成暗缝。即在结构上结成一体，而外观上若有自然山石缝隙。勾缝务必不要过宽，最好不要超过 2cm。如缝过宽，可用随形之石块填缝后再勾浆。

（6）假山施工的工具及机械

叠石造山作为一门传统的技艺，施工方法已从人抬肩扛的手工操作逐渐增加了机械施工的比重，不仅减轻了劳动强度，还可提高施工质量，加快工程进度。

绳索　绳索是绑扎石料的工具，也是假山施工中的基本工具，常用黄麻绳和棕绳，因其质地柔软，便于打结与解扣，可使用次数较多，并具有防滑作用。为了解扣方便，绳索必需打成活结，并保证起吊就位后能顺利将绳索抽出，避免被山石卡压。捆绑山石时，应选择石块的重心位置或稍上处，以使起吊平稳。绳索打结必需牢固，以防因滑落造成事故（图 5.1.22）。

杠棒　杠棒是抬运石料的原始工具，因其简单灵活，在机械化程度不高的施工现场仍有应用。杠棒材料在南方多用毛竹，长度为 1.8m 左右。严禁使用朽材，以免发生事故。

撬棍　（图 5.1.23）撬棍是用来撬拨移动山石的手工工具，常用六角韧制作，长为上 1.0～1.6m，两端锻打成楔形，便于插入石下。

石料到工地后应分块平放在地面上以供"相石"之需。山石小搬运时可用粗绳结套，

图 5.1.22　元宝扣

图 5.1.23　走石

如一般常用的"元宝扣"使用方便。结活扣而靠山石自重将绳紧压,绳之长度可以调整。山石基本到位后因"找面"而最后定位移为"走石",走石用铁手撬棍操作可前、后、左、右转动山石至理想位置。

榔头、铁锤　榔头用于击开大块石料,常用质量为 18 磅。铁锤用于修劈凿击山石,可取石片用于塞垫,常用质量为 5 磅。

抹子　石块间的缝口需要嵌缝时,一般用小抹子将水泥砂浆嵌抹在缝隙处,因其小巧灵活,俗称柳叶抹。

刷子　对于嵌好的灰缝,在外观上为了使之与山石协调,除了在水泥砂浆中加入颜色外,还可用刷子刷去砂浆的毛渍处。一般用毛刷(油漆用)蘸水,待水泥初凝后进行刷洗。也可用竹刷进行扫刷,除去水泥光面,显得柔和自然。

脚手架　对于大型假山,为了便于施工,一般需搭设脚手架并铺设跳板。脚手架的材料与做法同建筑施工。

汽车起重机　汽车起重机是一种自行式全回转、起重机构安装在通用或特制汽车底盘上的起重机。尤其是全液压传动伸缩臂式起重机,能无级变速,操纵轻便灵活,安全可靠。

(7) 假山洞结构及防渗要领

假山洞结构　在叠石造山中,洞为取阴部分。所谓"别有洞天"、"洞天福地"、"曲径通幽"、"无山不洞、无洞不齐"等,对于创造幽静和深远的境界是十分重要的。山洞是山体造型的主要形式,根据根据受力不同,假山洞的结构形式主要有以下几种(图 5.1.24)。

梁柱式:一般假山洞的结构为梁柱式,由柱和墙两部分组成。柱承受力而墙承受的荷载不大,因此洞墙部分可用作开辟采光和通风的自然窗门。从平面上看,柱是点,同侧柱点的自然连线即洞壁,壁线之间的通道即是洞。有不少梁柱式假山洞都采用花岗岩条石为梁,或间有"铁扁担"加固。这样虽然满足了结构上的要求,但洞顶外观极自然,洞顶和洞室不能融为一体。即便加以装饰,也难求全。圆明园和乾隆花园中有不少假山洞都以自然山石为梁,外观就稍好一些。

挑梁式(或称叠涩式):假山洞的另一结构形式为"挑梁式",或称"叠涩式",即石柱

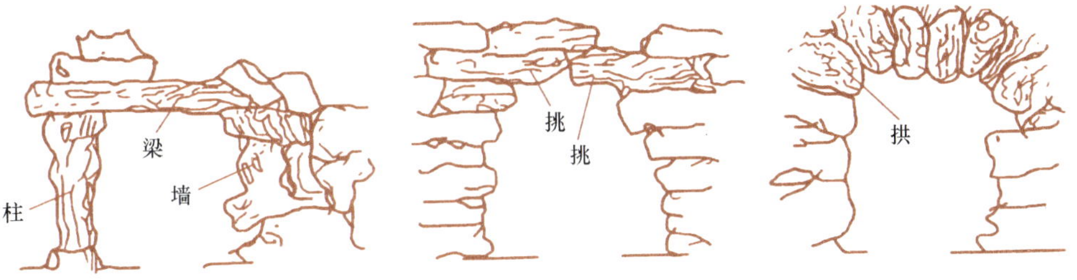

(a) 梁柱式   (b) 挑梁式   (c) 券拱式

图 5.1.24 山洞的结构形式图

渐起渐向山洞内侧挑伸，至洞顶用巨石压合。如圆明园武陵春色之桃花洞属于这一类结构，这是吸取桥梁中之叠涩"或称悬臂桥"的做法。圆明园武陵春色之桃花洞，巧妙地于假山洞上结土为山，既保证了结构上"镇压"挑梁的需要，又形成假山跨溪、溪穿石洞的奇观。

券拱式：清代出现了由戈裕良创造的券拱式的假山洞结构，其承重是逐渐沿券成环拱挤压传递，顶、壁一气，整体感强，因此不会出现梁柱式石梁压裂、压断的危险。现存苏州环秀山庄之太湖石假山出自戈氏之手，其中山洞无论大小均采用券拱式结构，戈氏此举实为假山洞结构之革新。

另外，假山洞的结构也有互通之处，形成复合式结构。北京乾隆花园的假山洞在梁柱式的基础上，选拱形山石为梁，局部采用挑梁式等。一般来说，黄石、青石等成墩状的山石宜采用梁柱式结构；天然的黄石山洞也是沿其相互垂直的节理面崩落、坍陷而成；湖石类的山石宜采用券拱式结构；具有长条而成薄片状的山石当以挑梁式结构为宜。

防渗要领 山水石景的结构要领是防渗漏。北方有打两步灰上以为预防的做法，而石之理法即"凡处块石，俱将四边或三边压掇。若压两边，恐石平中有损。如压一边，即鳞稍有丝缝，水不能注。虽做灰坚固，亦不能止，理当斟酌"。

巩固训练 ☞

假山模型制作（图 5.1.1）

1. 实训目的

通过假山模型制作，熟悉模型制作过程和假山模型制作的基本方法，进一步理解和掌握假山堆掇的技术方法和技术要求。

2. 使用材料工具准备

2.1 材料：泡沫塑料板。

2.2 工具：记号笔、裁纸刀、大白纸、烙铁、颜料、排刷、毛笔、黏合剂等。

3. 制作步骤

3.1 熟悉设计图纸：图纸包括平面设计图、立面设计图、侧面设计图、洞穴和收顶大样图等。

3.2 绘剖面图，根据以上图纸和泡沫塑料板的厚度，绘制假山分层水平剖面图。

3.3 绘大样图，按照 1:50 的比例放大平面图。

3.4 放样：从假山底部开始，依次在不同泡沫塑料板的上下表面用记号笔按假山上下水平剖面图画出假山水平剖面轮廓线。并在每一块泡沫塑料板上依次按顺序做好标记。

3.5　裁剪：用裁纸刀沿泡沫塑料板上下面的画线进行裁剪。

3.6　粘贴：在假山底层平面图上按从下向上的顺序将裁剪下来的泡沫塑料板依次用黏合剂进行粘贴。

3.7　修饰：用烙铁对粘贴后的模型按结构设计要求进行表面和内部修饰。以进一步表现出山石纹理、山谷、山峰、山脚、悬崖、峭壁、深峡、幽洞、怪石等。

3.8　上色：按假山设计石料色泽配制颜料，用排笔和毛笔进行着色。

3.9　装饰：按假山设计要求，在假山模型上添加植物、亭、台、廊、轩、山路等配景模型。

3.10　清理场地、归还工具。

4. 作用要求

每人独立进行假山设计和模型制作，绘制 1：50 或 1：100 的假山平、立面图，并附设计说明；制作 1：50 假山模型一份。

5. 考核评估

5.1　定位放线是否正确（20%）。

5.2　块石的堆叠是契合、是否安全牢固（60%）。

5.3　外立面是否平整美观（20%）。

任务 5.2　叠石小品工程

任务分析：学习掌握园林置石小品工程的施工步骤、方法、过程。

技能：理解园林给水工程的施工技术及步骤，学生能够独立安排一场置石工程的施工过程设计。

方法：采用教师讲授，学生模拟的方法。

态度：认知施工技术是需要严格谨慎及需要保证安全的，不仅施工过程需要安全，施工工程也需要安全稳固。

5.2.1　工作任务：置石小品

【案例】　以实地假山场景为例，结合多媒体资料，分组讨论景石安置的施工技法并演绎施工过程。

1. 任务分析

接受案例后首先分析图纸。置石所用的石材较少，结构比较简单，施工方便，布景灵活。然而，置石因其具有以少胜多、以简胜繁的特点，这就要求造景的目的性明确、格局严谨、手法简练。

2. 实践操作

操作步骤如下：

熟悉设计图样　通过设计交底和阅读设计图样，了解设计规定和相应的要求，深刻领会设计意图，理清施工中的重点和难点。

清理施工场地　踏勘施工现场，了解假山建设区域的实际情况，清除和处理有碍施工的垃圾、杂物和设施。

确定施工方案   根据设计要求和现场情况，按照工期的规定，确定置石的施工方案。

相石   置石小品工程中往往使用几块，甚至单块山石进行组景，而山石的质地已天然生成，故必须通过相石，即将石材放平后，仔细观看它的形态特点、纹理的走势，根据设计的立意要求，构思山石的设置状态，决定山石的景观朝向。有时，相石时还应测试山石的外形与相应的尺寸大小，考虑安装起重的方法。

把握安置地点与朝向   由于置石的体形一般小，受景观视线的限制较为严格，所以要严格控制安装的地面位置和水平标高，并且确保山石的最佳观赏面朝向主要观赏视线。

采用合理的搬运与吊装措施   对于单块体形巨大或形状复杂的山石，在运输与安装施工中，应采取相应的措施，防止出现损坏山石或安全事故现象的出现，避免采用随意滚动石料作为搬运的方法，避免直接将吊钩插入山石孔洞中起吊之类的做法。

做好山石的底部固定措施   应该按设计要求或根据施工规范的要求，做好山石底部的固定技术措施，或做相应的基础、或确保埋入深度、或做窝脚，确保山石的安置稳定性，防止出现倾斜或侧塌现象。

适时进行基座施工   有的石景小品配置基座，应根据山石与基座的构造情况，适时进行基座的施工。常见的施工程序为：先安装山石，然后进行基座的施工。在基座的施工中应采用合理的措施保护好已经安装的山石。

5.2.2   理论知识：置石小品

园林工程中除了经常使用的叠石假山和塑山之外，还经常使用一些山石进行零散布置成独立的或附属的各种造景，通常称置石或石景，这里统称为叠石小品。其特点在于：以少胜多、以简胜繁，量少质高、篇幅不大。随着现代园林的发展，人们对石的热爱却有增无减少。

置石的数量虽少，质量要求却高，要求造景的目的性更加明确，实质有独到之处感人之情（图 5.2.1）。

图 5.2.1   置石小品的几种形式

特置　（图 5.2.2 和图 5.2.3）特置是指将体量较大、形态奇特、具有较高观赏价值的山石单独布置成景的一种置石方式，亦称单点、孤置山石、孤赏山石，也有称作峰石的，但特置的山石不一定都呈立峰的形式。特置山石大多由单块山石布置成为独立性的石景，常用作入门的障景和对景，或置于廊间、亭侧、天井中间、漏窗后面、水边、路口或园路转折之处。特置山石也可以和壁山、花台、岛屿、驳岸等结合布置。现代园林中的特置多结合花台、水池或草坪、花架来布置。特置好比单字书法或特写镜头，本身应具有比较完整的构图关系，古典园林中的特置山石常镌刻题咏和命名。

特置山石布置的要点在于相石立意，山石体量与环境应协调，可前置框景、背景衬托和利用植物弥补山石的缺陷等（图 5.2.4 和图 5.2.5）。

特置山石的安置可采用整形的基座，也可以坐落在自然的山石上面，这种自然的基座称为磐（图 5.2.6）。

图 5.2.2　绉云峰

图 5.2.3　飞鹏展翅

图 5.2.4　整形基座上的特置图

图 5.2.5　自然基座上的特置图

特置山石在工程结构方面要求稳定和耐久，其关键是掌握山石的重心线以保持山石的平衡。传统做法是用石榫头定位，石榫头必须在重心线上，其直径宜大不宜小。榫肩宽 3cm 左右，样头长度根据山石体量大小而定，一般从十几厘米到二十几厘米。榫眼的直径应大于棒头的直径，榫眼的深度略大于棒头的长度，这样可以保证榫肩与基磐接触可靠稳固。吊装山石前须在榫眼中浇入少量黏合材料，待石掉头插入时，黏合材料便可自然充满空隙。在养护期间，应加强管理，禁止游人靠近，以免发生危险。

特置山石还可以结合台景布置. 台景也是一种传统的布置手法，其做法为，用石料或其他建筑材料做成整形的台，内盛土壤，底部有排水设施，然后在台上布置山石和植物，仿作大盆景布置。

对置 （图5.2.7）对置是指将两个石景布置在相互呼应的对称位置上，即沿建筑、道路或园林中轴线两侧作对称位置的山石布置，以对环境起到配景作用。这两个石景的体量、形态可以是对称的，也可以不对称但却是均衡的，根据环境需要而定。一般常用在庭院门前两侧、园林主景两侧、重要路口两侧等处。在材料困难的地方亦可用小石拼成特置峰石。

散置 （图5.2.8）散置是仿照山野岩石自然分布之状而施行点置的一种手法，即所谓"攒三聚五"、"散漫理之"的做法，亦称"散点"。这类置石对石材的要求相对地比特置要低一些，但要组合得好。因为散置并非胡乱随意点摆，而是断续相连的群体、散置山石要有疏有密、远近结合、彼此呼应，切不可众石纷杂、零乱无章。

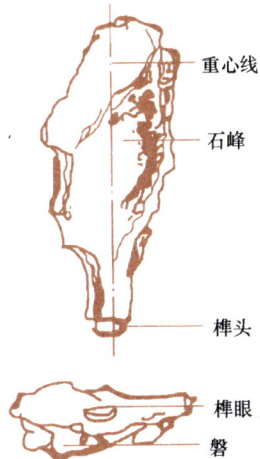
图5.2.6 特置山石的传统做法

图5.2.7 对置图

图5.2.8 散置山石

群置 群置是指运用数块山石互相搭配点置，组成一个群体，也有称"聚点"、"大散点"，它在用法和要点方而基本上同散点是相同的。这类置石的材料要求可低于特置，但要组合有致。

群置的关键手法在于"活"字，布置时要主从有别，宾主分明（图5.2.9和图5.2.10）。

群置山石还常与植物相结合，配置得体，则树石掩映，妙趣横生（图5.2.11）。

图5.2.9 三块山石相配

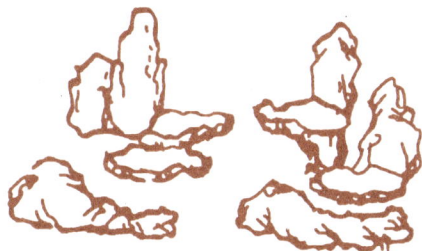
图5.2.10 五块山石相配

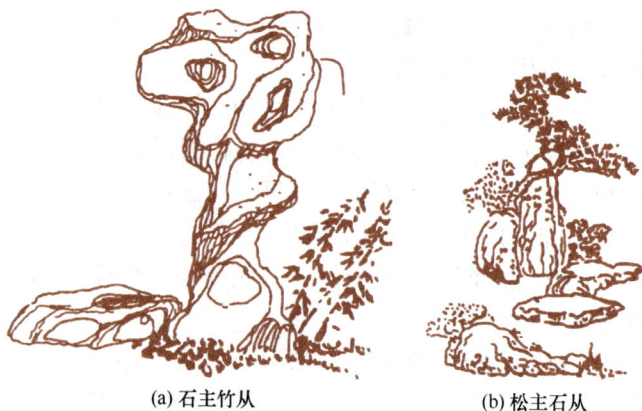

(a) 石主竹从　　　　　　　　(b) 松主石从

图 5.2.11　树石相配

巩固训练 ☞

置石摆放（图 5.2.12）

1. 实训目的

学会置石摆放的基本程序、方法，为进一步学习和操作叠石小品打下基础。

2. 使用材料工具准备

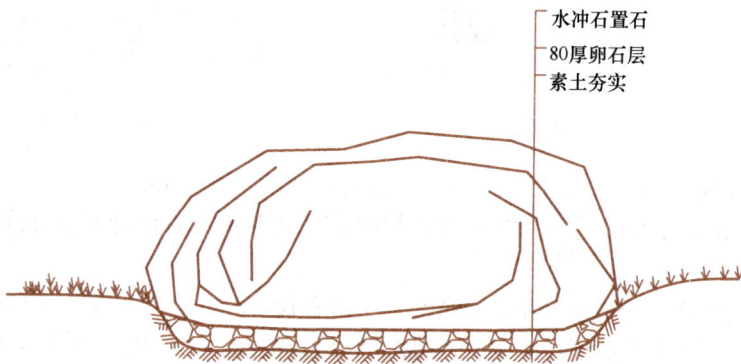

水冲石置石
80厚卵石层
素土夯实

图 5.2.12　置石施工图

2.1　材料：小尺寸山石若干、碎石、混凝土。

2.2　工具：绳索、抬杆、撬棍。

3. 操作步骤

3.1　熟悉设计图纸，领会设计意图。

3.2　相石：遴选合适石材，确定观赏面。根据设计立意要求，选择理朝向，并严格控制安装的地面位置和水平标高。

3.3　基础：因该景观石宽度大于高度呈卧姿，可先在放置点依山石体量进行基础挖掘，填入碎石垫层，确保安全稳固。

3.4　搬运：可利用撬棍进行走石，不断调整姿态，直到符合设计要求。注意不得损坏主要观赏面。

3.5　收拾工具，打扫场地。

4. 要求

分组进行实训，并对实训成果进行品评，说出优缺点并提出改进措施。

5. 考核评估

5.1　施工过程是否落实了安全措施（20%）。

5.2　山石间的组合、山石与环境的组合是否协调（30%）。

5.3　主要观赏面是否得到保护（20%）。

5.4　基座加固措施是否到位（30%）。

任务 5.3　人工塑造山石

任务分析：学习掌握人工塑山工程的施工步骤、方法、过程。

技能：理解园林给水工程的施工技术及步骤，学生能够独立安排一场置石工程的施工过程设计。

方法：采用教师讲授，学生模拟的方法。

态度：认知施工技术是需要严格谨慎及需要保证安全的，不仅施工过程需要安全，施工工程也需要安全稳固。

5.3.1　工作任务：人工塑造山石

【案例】　以实地假山场景为例，结合多媒体资料，分组讨论人工塑山的施工技法并演绎施工过程。

1. 任务分析

接受案例后首先分析图纸（图 5.3.1）。由于水泥制作件的可塑性强，所以塑山较多采用水泥砂浆和水泥混凝土。塑山的山体较大，常采用砖结构、钢筋混凝土结构、钢结构作为山体的骨架基架体系，以支承整个山体的荷载。基架的大小、用料、形式均由设计而定。

塑石的基本要求为像石。所以，施工者应对设计所规定使用的山石的色泽、形态、纹理结构等特征有深刻的了解，可以通过参观实物、查阅资料，获得较为全面而有规律性的认识。

2. 实践操作

操作步骤如下：

熟悉设计图样　通过设计交底和阅读设计图样，了解设计规定和相应的要求，深刻领会设计意图，理清施工中的重点和难点。

清理施工场地　踏勘施工现场，了解假山建设区域的实际情况，清除和处理有碍施工的垃圾、杂物和设施。

确定施工方案　根据设计要求和现场情况，按照工期的规定，确定人工塑造山石的施

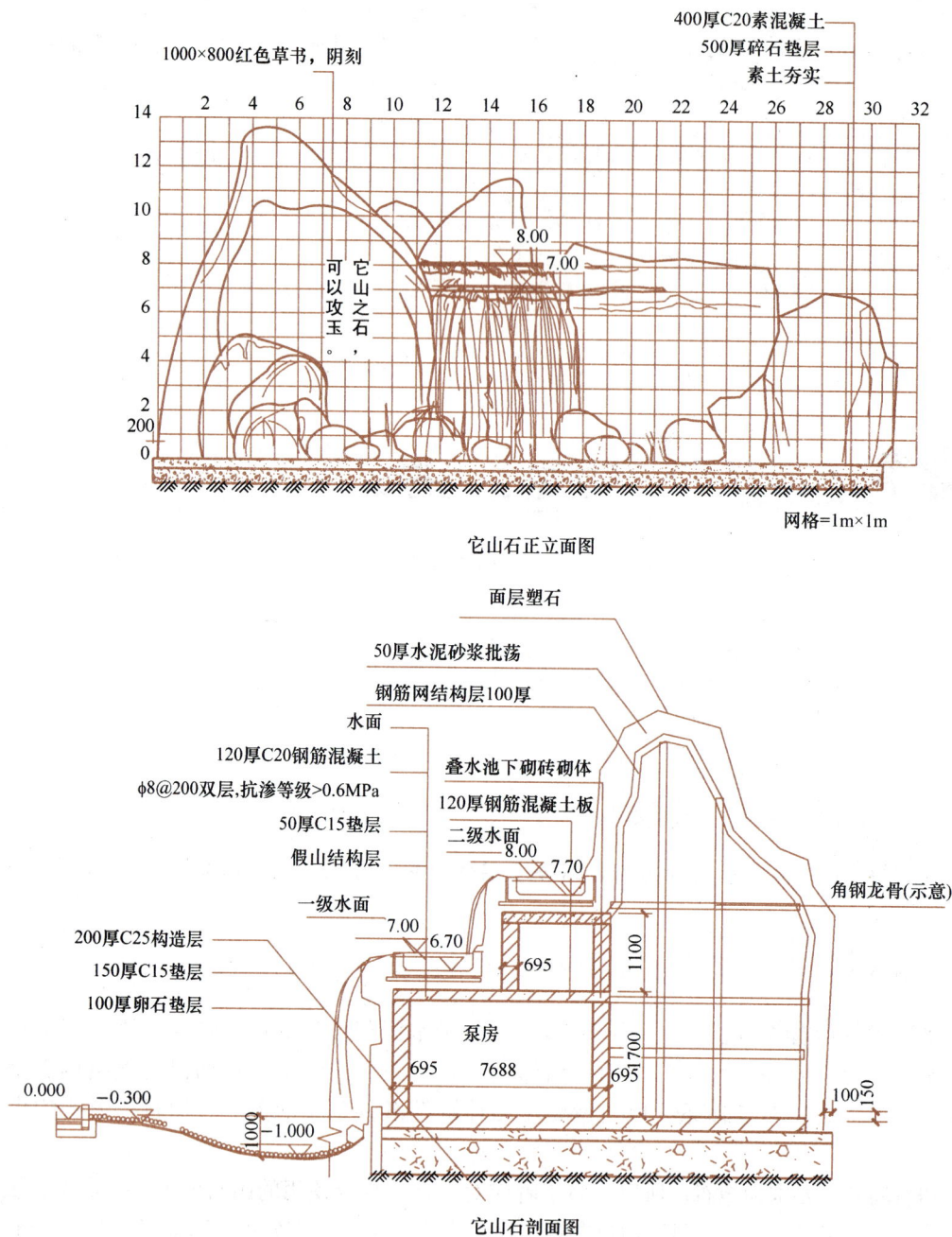

图 5.3.1　塑石假山施工图

工方案。

塑山工序：

塑石工序：

5.3.2　理论知识：人工塑造山石

园林塑山即是指采用石灰、砖、水泥等非石材料经人工塑造的假山。塑山包括塑山和塑石两类。园林塑山在岭南园林中出现较早，如岭南四大名园（佛山梁园、顺德清晖园、番禺余荫山房、东莞可园）中都不乏灰塑假山的身影。经过不断的发展与创新，塑山已作为一种专门的假山工艺在园林中得到广泛运用，不仅遍及广东，而且也在全国各地开花结果。

广东园林在传统灰塑山石和假山的基础上运用现代材料创造了塑山工艺，塑山可省采石、运石之工，造型不受石材限制且具有施工期短和见效快的优点。

1. 塑山的特点和分类

塑山在园林中得以广泛运用，与其取材方便、造型灵活、施工快捷、外形逼真的特点是密不可分的。当然，由于塑山所用的材料毕竟不是自然山石，因而在神韵上还是不及石质假山，同时使用期限较短，需要经常维护。

园林塑山根据其骨架材料的不同，可分为以下两种。

砖骨架塑山　以砖作为塑山的骨架，适用于小型塑山及塑石。

钢骨架塑山　以钢材作为塑山的骨架，适用于大型假山。

2. 塑山环节及工艺流程

（1）塑山的4个环节

基架设置　可根据石形和其他条件分别采用砖基架或钢筋混凝土基架。坐落在地面的塑山要有相应的地基处理，坐落在室内的塑山则必须根据楼板的构造和荷载条件作结构设计，包括地梁和钢材梁、柱和支撑设计。基架将自然山形概括为内接的几何形体的桁架，并遍涂防锈漆两遍。

铺设钢丝网　砖基架可设或不设钢丝网，一般型体广大者都必须设钢丝网。钢丝网要选易于挂泥的材料、若为钢基架则还宜先做分块钢架附在形体简单的基架上，变几何形体为凸凹的自然外形，其上再挂钢丝网。钢丝网根据设计模型用木槌和其他工具成型。

挂水泥砂浆以成石脉与皴纹　水泥砂浆中可加纤维性附加了以增加表面抗拉的力量，减少裂缝。

上色　根据石色要求刷或喷洒非水溶性颜色（如丙烯颜料）。

（2）塑山的施工工艺流程

砖骨架塑山　砖骨架塑山的工艺流程是：

放线 → 土方开挖 → 浇混凝土垫层 → 砖骨架 → 打底 → 造型 → 面层批荡及修饰 → 成活

钢骨架塑山　钢骨架塑山的工艺流程是：

放线 → 土方开挖 → 浇混凝土垫层 → 焊接钢骨架 → 做分块钢架、铺设钢丝网 → 双面混凝土打底 → 造型 → 面层批荡及修饰 → 成活

另外，对于大型置石及假山，还需做钢筋混凝土基础并搭设脚手架。

3. 塑山过程中应注意的问题

(1) 铺设钢丝网

钢丝网在塑山中主要起成形及挂泥的作用。砖骨架一般不设钢丝网，但型体广大者亦需铺设，钢骨架必需铺设钢丝网。铺设之前，先做分块钢架附在形体简单的钢骨架上，变几何形体为凹凸的自然外形，再挂钢丝网。钢丝网根据设计造型用木锤及其他工具成型。

(2) 打底及造型

塑山骨架完成后，若为砖骨架，一般以 M7.5 混合砂浆打底，并在其上进行山石皴纹造型；若为钢骨架，则应先抹白水泥麻刀灰 2 遍，再堆抹 C20 豆石混凝土（坍落度为 0～2），然后于其上进行山石皴纹造型。

(3) 面层批荡及上色修饰

先循成型的山石皴纹抹 1∶2.5 水泥砂浆找平层，然后用石色水泥浆进行面层批荡，抹光修饰成型。

石色水泥浆的配制方法主要有以下两种。

1) 采用彩色水泥直接配制而成如塑黄石假山时采用黄色水泥，塑红石假山则用红色水泥、此法简便易行，但色调过于呆板和生硬，且颜色种类有限。

2) 在自水泥中掺加色料此法可配成各种石色，且色调较为自然逼真，但技术要求较高，操作亦较为繁琐。色浆配合比见表 5.3.1。

4. 塑山新工艺

为了克服钢、砖骨架塑山存在着的施工技术难度大、皴纹很难逼真、材料自重大、易裂和褪色等缺陷，国内外园林科研工作者近年来探索出一种新型的塑山材料——玻璃纤维强化水泥（简称 GRC）。并在工程中进行了实践，均取得了较好的效果。

表 5.3.1　色浆配合比（kg）

用量 仿色	材料						
	白水泥	普通水泥	氧化铁黄	氧化铁红	硫酸钡	107 胶水	墨汁
黄石	100		5	0.5		适量	适量
红色山石	100		1	5		适量	适量
通用石色	70	30				适量	适量
白色山石	100				5	适量	

注：以上配色方法，各地可因地制宜选用。

GRC 材料用于塑山的优点主要表现在以下几个方面。

1) 用 GRC 造假山假石，石的造型、皴纹逼真，具岩石坚硬润泽的质感。

2) 用 GRC 造假山假石，材料自身重量轻，强度高，抗老化且耐水湿，易进行工厂化生产，施工方法简便、快捷、造价低，可在室内外及屋顶花园等处广泛使用。

3) GRC 假山造型设计、施工工艺较好，与植物、水景等配合，可使景观更富于变化和表现力。

4）GRC造假山可利用计算机进行辅助设计，结束过去假山工程无法做到的石块定位设计的历史，使假山不仅在制作技术，而且在设计手段上取得了新突破。

GRC塑山的工艺流程由生产流程和安装流程组成（见图5.3.2、图5.3.3）。

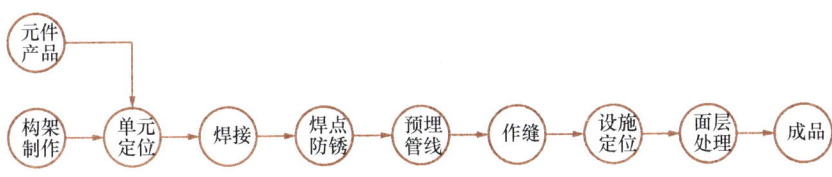

图5.3.2 生产流程

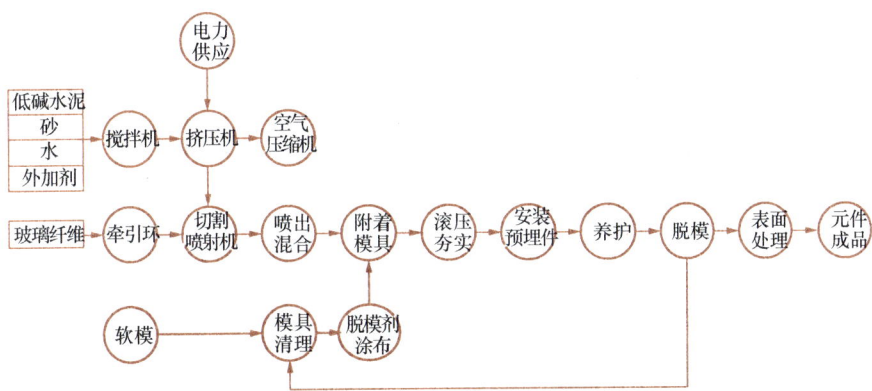

图5.3.3 安装流程

巩固训练 ☞

塑 石 制 作

1. 实训目的

学会钢骨架塑石制作的基本程序、方法，为进一步学习和制作人工塑山打下基础。

2. 使用材料工具准备

2.1 材料：φ10钢筋、铁丝网、细铁丝。普通水泥、107胶水、防锈漆、粗砂、氧化铁红等。

2.2 工具：铁锹、老虎钳、抹子、毛刷、水桶、水舀、木槌、砂板等。

3. 制作步骤

3.1 扎制骨架：按照设计的岩石形状和大小，用φ10的钢筋编扎山石的模胚形状作为塑石骨架，钢筋的交叉点用细铁丝扎紧，不松动。

3.2 铺设铁丝网：用铁丝网铺设在钢筋骨架外面，并用细铁丝紧紧地扎牢，根据设计造型要求用木槌敲打造型。

3.3 涂漆：在钢骨架内、外表面进行涂刷防锈漆2遍。

3.4 水泥抹面：在防锈漆晾干后。用粗砂配制1:2或1:2.5的水泥砂浆，从钢筋骨架的内外两面进行抹面，抹2～3遍，使塑石的石面壳体总厚度达到4～6cm。

3.5 面层造型：用木制砂板做抹面工具将石面抹成稍稍粗糙的磨砂表面，然后塑造石面的皴纹、裂缝、棱角等。

3.6 上色修饰：用氧化铁红 20～40g 加水泥 500g 再加适量 107 胶水调制紫砂色水泥浆，用毛刷对塑石表面进行涂抹上色。

3.7 放置在通风、阴凉的地方晾干待用。

3.8 收拾工具，打扫场地。

4. 要求

分组进行实训，并对实训成果进行品评，说出优缺点并提出改进措施。

5. 考核评估

5.1 塑石造型是否美观，比例是否协调（40%）。

5.2 饰面颜色是否真实、着色是否牢固（30%）。

5.3 石面皴纹是否自然（30%）。

相关链接

1. 潘富荣，王振超，胡继光. 园林工程施工 [M]. 北京：机械工业出版社，2009.

2. 郭丽峰. 园林工程施工便携手册 [M]. 北京：中国电力出版社，2006.

3. 中国园林网 http://www.yuanlin.com/

4. 筑龙网 http://www.zhulong.com/

思考与练习

1. 列举常用假山石材的类别与特点。

2. 说明石假山的基本特点。

3. 列举假山主体部分堆叠技法。

4. 简述石假山基础施工的基本要求。

5. 简述石假山山洞的防水施工要领。

6. 简述人工塑山的主要工序。

项目 **6**

栽植工程

教学目标 ☞

1. 苗木植栽技法。
2. 大树移植技法。
3. 节日花卉布置。
4. 屋顶防水层处理。

技能要求 ☞

1. 乔灌木栽植程序。
2. 大树移植方法及成活率保证。
3. 花坛图案放样栽植及养护。

任务 *6.1* 乔灌木栽植

任务分析：学习行道树苗的栽植技术。
技能：理解基本苗木的移植技术及步骤，学生能够独立完成移栽设计。
方法：采用教师讲授，学生模拟的方法；可附加实践操作。
态度：认知施工技术是需要严格谨慎及需要保证安全的，不仅施工过程需要安全，施工工程也需要安全。

6.1.1 工作任务：行道树栽植

【案例】 现有居住小区主干道完工道路一条，需要栽植行道树，间隔 6m 一株，要求主干高度不低于 2.5m。按设计行道树苗木品种及规格为：无患子，胸径 8~10cm（离地1.2m 处），主干通直，无分支主干至少 2.5m 以上，树形完整，均匀；树木健康，无病虫害。

1. 任务分析

需要思考施工中会碰到哪些问题，以及如何解决。

2. 实践操作

按照正规的施工流程，包含 9 点：

移植期的选择 浙江地区属于东南沿海气候，入冬相对较晚，加之无患子类植物抽叶较晚，一般要 3 月底。所以一般选择早春 2~3 月进行苗木移植，此时树木正处于休眠的状态，树木的体液尚未流动，形成层尚未活跃，可使断根伤口的破坏降低；且即将苏醒，有利于新根的生长及伤口的复原。

整理种植场地

确定种植点 通常是在道路施工完毕后才进行行道树施工，所以在道路施工中通常定植点已经确定，树池已经修好。

栽植穴的挖掘 道路施工中会有些许施工杂物存在于树池当中，在挖掘种植穴时，还要排除砖块石块等杂物。

掘苗 无患子虽然是落叶乔木，但仍需要带土球移植。一般情况下，除了极易成活的杨柳类苗木可以裸根移植外，大部分植物，尤其是南方植物，都需要带土球移植，因为无患子类植物喜温暖，多在长江以南地区生长，一年中就主要依靠春芽来抽枝，所以裸根移栽，毛细根全部破坏，根系无法工作，导致大量出芽后植株缺水死亡。

包装与假植 包装方法详见理论知识。如果苗木集中运来而无法及时栽植，需要假植。

苗木种植前修剪 首先疏枝，保留分布均匀的几个大枝后去除细弱或多重分蘖枝，以保持树形为重点。其次疏芽，修剪时如果无患子没有发芽，则主要去除顶端壮芽；如果已经发芽，则打顶去头，保留部分枝叶。

需要注意的是：苗木如果有造型要求，修剪需谨慎，需要按照设计要求来修剪。不能盲目重栽剪，从而影响了树形。除了特殊的要求外，一般推荐以疏枝为主。重修剪对于生长慢的树木来说是极不适宜的，树木需要许多年才能修补树形至自然形态，而且断口过大，会使木质部受损或树皮增生及局部分蘖枝过多等因素，影响美观度。

定植 均匀的种植与树池中央。填土要分层夯实，多多营造土壤毛细管，增加根际水分状况。苗木包装带如果是可迅速降解材料，如草绳，解开即可；如果是非降解类材料，如大棚薄膜，需要全部取出。

栽后养护 一般苗木栽植后，至少需要栽植方（乙方）保活和养护一年，此时才可以（第三方）验收。在验收前苗木的死亡或破损都由栽植方自己承担调换，所以栽植方需要重视栽后养护。

栽后养护主要包含以下几个方面。

1）浇水，尤其是头三水，详见理论知识说明。

2）支柱，推荐采用三角撑，比较稳固，因为浙江地区多风多雨，树木容易倒伏。

3）防晒网，有些植株长势弱，需要搭建防晒网来减少夏季的烈日。

4）复修剪，有些植物发芽能力强，需要多次修剪，以达到地上地下的水分平衡。

5）注意病虫害。

6.1.2 理论知识：乔灌木栽植

植物景观是园林和城市景观的主题部分。乔灌木的栽植工程则是园林绿化最基本、最重要的工程。在实施树木栽植之前，要先整理绿化现场。去除场地上的废弃杂物和建筑垃圾，换来肥沃的栽植土壤，并把土面整平耙细。随后，进行栽植工作。下面就按照施工流程分别介绍。

1. 移植期的选择

移植期是指栽植树木的时间。树木是有生命的机体，在一般情况下，夏季树木生命活动最旺盛，冬天其生命活动最微弱或近乎休眠状态，可见，树木的种植是有季节性的。移植多选择树木生命活动最微弱的时候进行移植，也有因特殊需要进行非植树季节栽植树木的情况，但需经特殊处理。

（1）移植月的确定

华北地区大部分落叶树和常绿树在 3 月上中旬至 4 月中下旬种植。常绿树、竹类和草皮等，在 7 月中旬左右进行雨季栽植。秋季落叶后可选择耐寒、耐旱的树种，用大规格苗木进行栽植。这样可以减轻春季植树的工作量。一般常绿树、果树不宜秋天栽植。

华东地区落叶树的种植，一般在 2 月中旬至 3 月下旬，在 11 月上旬至 12 月中下旬也可以。早春开花的树木，应在 11 月至 12 月种植。常绿阔叶树以 3 月下旬最宜，6～7 月、9～10 月进行种植也可以。香樟、柑橘等以春季种植为好。针叶树春、秋都可以栽种，但以秋季为好。竹子一般在 9～10 月栽植为好。

东北和西北北部严寒地区，在秋季树木落叶后，地上封冻前种植成活率高。也可以冬季采用带冻土移植大树，其成活率也很高。

（2）移植日的确定

通常移植的具体日的环境条件对移植的成活率有相当的影响。因此要选择比较合适的日期来移植和栽植。

对温度的要求 植物的自然分布和气温有密切的关系，不同的地区就应选用能适应该区域条件的树种。并且栽植当日平均温度等于或略低于树木生物学最低温度时，栽植成活率高。

对光的要求　一般光合作用的速度，随着光的强度的增加而加强在光线强的情况下，光合作用强，植物生命特征表现强；反之，光合作用减弱，植物生命特征表现弱，故在阴天或遮光的条件下，对提高种植成活率有利。

2. 整理种植场地

（1）清理障碍物

在施工场地上，凡对施工有碍的一切障碍物如堆放的杂物、违章建筑、坟堆、砖石块等要清理干净。一般情况下已有树木凡能保留的尽可能保留。

（2）整理现场

根据设计图纸的要求，将绿化地段与其他用地界限区划开来，整理出预定的地形，使其与周围汇水趋向一致。整理工作一般应在栽植前3个月以上的时期内进行。

1）对于8°以下的平缓耕地或半荒地，应保证植物种植必需的最低土层厚度要求（表6.1.1）。通常翻耕30～50cm深度，以利蓄水保墒。并视土壤情况，合理施肥以改变土壤肥性。平地整地要有一定倾斜度，以利排除过多的雨水。

表 6.1.1　绿地植物种植必需的最低土层厚度

植被类型	草木花卉	草坪绿地	小灌木	大灌木	浅根乔木	深根乔木
土层厚度/cm	30	30	45	60	90	150

2）对工程场地宜先清除杂物、垃圾，随后换土。种植地的土壤含有建筑废土及其他有害成分，如强酸性土、强碱土、盐碱土、黏重土、沙土等，均应根据设计规定，采用客土或改良土壤的技术措施。

3）对低洼水湿地区，应先挖排水沟降低地下水位防止返碱。通常在种植前一年，每隔20m左右就挖出一条深1.5～2.0m的排水沟，并将掘起来的表土翻至一侧培成坡台，经过一个生长季，土壤受雨水的冲洗，盐碱减少，杂草腐烂了，土质疏松，不干不湿，即可在坡台上种树。

4）对新堆土山的整地，应经过一个雨季使其自然沉降，才能进行整地植树。

5）对荒山整地，应先清理地面，刨出枯树根，搬除可以移动的障碍物，在坡度较平缓，土层较厚的情况下，可以采用水平带状整地。

3. 确定种植点

（1）行道树的定点放线

道路两侧成行列式栽植的树木，称行道树。要求栽植位置准确，一般情况下株行距相等。在已有道路旁定点以路牙为依据，然后向路外侧确定出行位，一般与道牙相隔50cm。再按设计要求确定株距，一般每隔10株钉一木桩，然后用绳放线，作为行位控制标记，确定每株树木坑（穴）位置的依据，然后用白灰点标出单株位置。

由于道路绿化与市政、交通、沿途单位、居民等关系密切和规定设计部门配合协商外，在定点后还应请设计人员验点。

（2）自然式定位放线

坐标定点法 根据植物配置的疏密度先按一定的比例在设计图及现场分别打好方格，在图上用尺量出树木在某方格的纵横坐标尺寸，再按此位置用皮尺量在现场相应的方格内。

仪器测放 用经纬仪或小平板仪依据地上原有基点或建筑物、道路将树群或孤植树依照设计图上的位置依次定出每株的位置。

目测法 对于设计图上无固定点的绿化种植，如灌木丛、树群等可用上述两种方法画出树群树丛的栽植范围，其中每株树木的位置和排列可根据设计要求在所定范围内用目测法进行定点，定点时应注意植株的生态要求并注意自然美观。定好点后，多采用白灰打点或打桩，标明树种、栽植数量（灌木丛树群）、坑径。

4. 栽植穴、槽的挖掘

栽植穴、槽的质量，对植株以后的生长有很大的影响。除按设计确定位置外，应根据根系或土球大小、土质情况来确定坑（穴）径大小（一般应比规定的根系或土球直径大20～30cm）；根据树种根系类别，确定坑（穴）的深浅。坑（穴）或沟槽口径应上下一致，以免植树时根系不能舒展或填土不实。栽植穴、槽的规格，可参见表 6.1.2～表 6.1.6。

表 6.1.2 常绿乔木类种植穴规格（cm）

树高	土球直径	种植穴深度	种植穴直径
150	40～50	50～60	80～90
150～250	70～80	80～90	100～110
250～400	80～100	90～110	120～130
400 以上	140 以上	120 以上	180 以上

表 6.1.3 落叶乔木类种植穴规格（cm）

胸径	种植穴深度	种植穴直径	胸径	种植穴深度	种植穴直径
2～3	30～40	5～6	5～6	60～70	80～90
3～4	40～50	6～8	6～8	70～80	90～100
4～5	50～60	8～10	8～10	80～90	100～110

表 6.1.4 花灌木类种植穴规格（cm）

冠径	种植穴深度	种植穴直径
200	70～90	90～110
100	60～70	70～90

表 6.1.5 竹类种植穴规格（cm）

种植穴深度	种植穴直径
盘根或土球深	比盘根或土球大
20～40	40～50

表 6.1.6　绿篱类种植槽规格（cm）

种植方式 苗高	单行（深×宽）	双行（深×宽）
50～80	40×40	40×60
100～120	50×50	50×70
120～150	60×60	60×80

栽植穴的形状应为直筒状，穴底挖平后把底土稍耙细，保持平底状。穴底不能挖成尖底状或锅底状。在新土回填的地面挖穴，穴底要用脚踏实或夯实，以免后来灌水时渗漏太快。在斜坡上挖穴时，应先将坡面铲成平台，然后再挖栽植穴，而穴深则按穴口的下沿计算。

挖穴时挖出的坑土若含碎砖、瓦块、灰团太多，就应另换好土栽树。若土中含有少量碎块，则可除去碎块后再用。如果挖出的土质太差，也要换成客土。

栽植穴挖好之后，一般即可开始种树。但若种植土太瘦，就先要在穴底垫一层基肥。基肥一定要用经过充分腐熟的有机肥，如堆肥、厩肥等。基肥层以上还应当铺一层壤土，厚 5cm 以上。

5. 掘苗

（1）选苗

在掘苗之前，首先要进行选苗，除了根据设计提出对规格和树形的特殊要求外，还要注意选择生长健壮、无病虫害、无机械损伤、树形端正和根系发达的苗木。做行道树种植的苗木分枝点应不低于 2.5m。选苗时还应考虑起苗包装运输的方便，苗木选定后，要挂牌或在根基部位画出明显标记，以免挖错。

（2）掘苗前的准备工作

起苗时间最好是在秋天落叶后或土冻前、解冻后均可，因此时正值苗木休眠期，生理活动微弱，起苗对它们影响不大，起苗时间和栽植时间最好能紧密配合，做到随起随栽。

为了便于挖掘，起苗前 1～3d 可适当浇水使泥土松软，对起裸根苗来说也便于多带宿土，少伤根系。

（3）掘苗规格

掘苗规格主要指根据苗高或苗木胸径确定苗木的根系大小。苗木的根系是苗木的重要器官，受伤的、不完整的根系将影响苗木生长和苗木成活，苗木根系是苗木分级的重要指标。因此，起苗时要保证苗木根系符合有关的规格要求。

（4）掘苗

掘苗时间和栽植时间最好能紧密配合，做到随起随栽。为了挖掘方便，掘苗前 1～3d 可适当浇水使泥土松软，对起裸根苗来说也便于多带宿土，少伤根系。掘苗时，常绿苗应当带有完整的根团土球，土球散落的苗木成活率会降低。土球的大小一般可按树木胸径的 6～10 倍确定。对于特别难成活的树种要考虑加大土球，土球的包装方法，见图 6.1.1。土球高度一般可比宽度少 5～10cm。一般的落叶树苗也多带有土球，但在秋季和早春起苗移栽时，也可裸根起苗。裸根苗木若运输距离比较远，需要在根或者根区填塞湿草，或在其外包裹塑料薄膜保湿，以免根系失水过多，影响栽植成活率。为了减少树苗水分蒸腾，提高移栽成活率，掘苗后、装车前应进行粗略修剪。

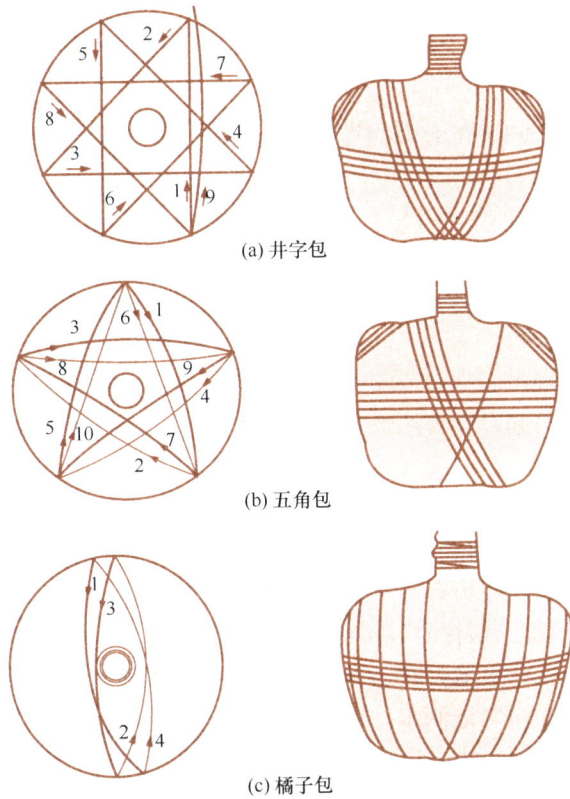

(a) 井字包

(b) 五角包

(c) 橘子包

图 6.1.1 土球包装方法示意图

6. 包装运输与假植

（1）包装

1）苗木在装车前应进行粗略修剪，以便于装车运输和减少树木水分的蒸腾。

2）包装前应先对根系进行处理，一般是先用泥浆或水凝胶等吸水保水物质蘸根，以减少根系失水，然后再包装。泥浆一般是用黏度比较大的土壤，加水调成糊。水凝胶是由吸水极强的高分子树脂加水稀释而成的。

3）包装要在背风庇荫处进行，有条件时可在室内、棚内进行。

4）包装材料可用麻袋、蒲包、稻草包、塑料薄膜、牛皮纸袋、塑膜纸袋等。

5）无论是包裹根系，还是全苗包装，包裹后要将封口扎紧，减少水分蒸发、防止包装材料脱落。将同一品种、相同等级的存放在一起，挂上标签，便于管理和销售。

6）包装的程度视运输距离和存放时间确定。运距短，存放时间短，包装可简便一些；运距长，存放时间长，包装要细致一些。

（2）装运根苗

1）装运乔木时，应将树根朝前，树梢向后，顺序安放。

2）车后厢板，应铺垫草袋、蒲包等物，以防碰伤树根、树干皮。

3）树梢不得拖地，必要时要用绳子围绕吊起，捆绳子的地方也要用蒲包垫上，不要使其勒伤树皮。

4）装车不得超高，压得不要太紧。

5）装完后用苫布将树根盖严、捆好，以防树根失水。

（3）装运带土球苗

1）2m以下的苗木可以立装；2m以上的苗木必须斜放或平放。土球朝前，树梢向后，并用木架将树冠架稳。

2）土球直径大于20cm的苗木只装一层，小土球可以码放2～3层。土球之间必须安放紧密，以防摇晃。

3）土球上不准站人或放置重物。

（4）卸车

苗木在装卸车时应轻吊轻放，不得损伤苗木和造成散球。起吊带土球（台）的小型苗木时，应用绳网兜土球吊起，不得用绳索缚捆根茎起吊。重量超过1t的大型土球，应在土球外部套钢丝缆起吊。

（5）假植

苗木运到现场后应及时栽植。凡是苗木运到后在几天以内不能按时栽种，或栽种苗木有剩余的，都要进行假植。假植有带土球栽植与裸根栽植两种情况。

1）带土球的苗木假植。假植时，可将苗木的树冠捆扎收缩起来，使每一棵树苗都是土球挨土球，树冠靠树冠，密集地挤在一起。然后，在土球层上面盖一层壤土，填满土球间的缝隙，再对树冠及土球均匀地洒水，使其湿透，以后仅保持湿润就可以了；或者，把带着土球的苗木临时性地栽到一块绿化用地上，土球埋入土中1/3～1/2深，株距则视苗木假植时间长短和土球、树冠的大小而定一般土球与土球之间相距15～30cm即可。苗木成行列式栽好后，浇水保持一定湿度即可。

2）裸根苗木假植。裸根苗木必须当天种植。裸根苗木自起苗开始暴露时间不宜超过8小时。当天不能种植的苗木应进行假植。对裸根苗木，一般采取挖沟假植方式，先要在地面挖浅沟，沟深40～60cm。然后将裸根苗木一棵棵靠紧呈30°角斜栽到沟中，使树梢朝向西边或朝向南边。如树梢向西，开沟的方向为东西向；如树梢向南，则沟的方向为南北向。苗木密集斜栽好以后，在裸根上分层覆土，层层压实。以后，经常对枝叶喷水，保持湿润。

不同的苗木假植时，最好按苗木种类、规格分区假植，以方便绿化施工。假植区的土质不宜太泥泞，地面不能积水，在周围边沿地带要挖沟排水。假植区内要留出起运苗木的通道。在太阳特别强烈的日子里，假植苗木上面应该设置遮光网，减弱光照强度。对珍贵树种和非种植季节所需苗木，应在合适的季节起苗，并用容器假植。

7. 苗木种植前的修剪

种植前应进行苗木根系修剪，宜将劈裂根、病虫根、过长根剪除，并对树冠进行修剪，保持地上地下平衡。

乔木类修剪应符合下列规定：

1）具有明显主干的高大落叶乔木应保持原有树形，适当疏枝，对保留的主侧枝应在健壮芽上短截，可剪去枝条1/5～1/3。

2）无明显主干、枝条茂密的落叶乔木，对干径10cm以上树木，可疏枝保持原树形；对干径为5～10cm的苗木，可选留主干上的几个侧枝，保持原有树形进行短截。

3）枝条茂密具圆头型树冠的常绿乔木可适量疏枝。树叶集生树干顶部的苗木可不修剪。具轮生侧枝的常绿乔木用作行道树时，可剪除基部 2～3 层轮生侧枝。

4）常绿针叶树，不宜修剪，只剪除病虫枝、枯死枝、生长衰弱枝、过密的轮生枝和下垂枝。

5）用作行道树的乔木，定干高度宜大于 3m，第一分枝点以下枝条应全部剪除，分枝点以上枝条酌情疏剪或短截，并应保持树冠原型。

6）珍贵树种的树冠宜作少量疏剪。

灌木及藤蔓类修剪应符合下列规定：

1）带土球或湿润地区带宿土裸根苗木及上年花芽分化的开花灌木不宜作修剪，当有枯枝、病虫枝时应予剪除。

2）枝条茂密的大灌木，可适量疏枝。

3）对嫁接灌木，应将接口以下砧木萌生枝条剪除。

4）分枝明显、枝顶着花的小灌木，可适当强剪，促生新枝，更新老枝。

5）用作绿篱的乔灌木，可在种植后按设计要求整形修剪。苗圃培育成型的绿篱，种植后应加以整修。

6）攀缘类和藤蔓性苗木可剪除过长部分。攀缘上架苗木可剪除交错枝、横向生长枝。

苗木修剪质量应符合下列规定：

1）剪口应平滑，不得劈裂。

2）枝条短截时应留外芽，剪口应距留芽位置以上 1cm。

3）修剪直径 2cm 以上大枝及粗根时，截口必须削平并涂防腐剂。

8. 定植

（1）定植的方法

定植应根据树木的习性和当地的气候条件，选择最适宜的时期进行。

1）将苗木的土球或根放入种植穴内，使其居中。

2）再将树干立起扶正，使其保持垂直。

3）然后用分层回填种植土，填土后将树根稍向上提一提，使根群舒展开，每填一层土要用锄把将土压紧实，直到填满穴坑，并使土面能够盖住树木的根茎部位。

4）检查扶正后，把余下的穴土绕根茎一周进行培土，做成环形的拦水围堰。其围堰的直径应略大于种植穴的直径。堰土要拍压紧实，不能松散。

5）种植裸根树木时，将原根际埋下 3～5cm 即可，应将种植穴底填土呈半圆土堆后置入树木，当填土至 1/3 时，应轻提树干使根系舒展，并充分接触土壤，随填土分层踏实。

6）带土球树木必须踏实穴底土层，而后置入种植穴，填土踏实。

7）绿篱成块种植或群植时，应由中心向外顺序退植。坡式种植时应由上向下种植。大型块植或不同彩色丛植时，宜分区分块。

8）假山或岩缝间种植，应在种植土中掺入苔藓、泥炭等保湿透气材料。

9）对排水不良的种植穴，可在穴底铺厚度 10～15cm 砂砾或铺设渗水管、盲沟，以利排水。

10）栽植乔木时，必须定在定植后增加支撑，以防浇水后大风吹倒苗木。

（2）注意事项和要求

1）树身上、下应垂直。行列式栽植由其要注意整齐划一，相差越少越好。

2）栽植深度，裸根乔木苗，应较原根茎土痕深 5～10cm；灌木应与原土痕齐；带土球苗木比土球顶部深 2~3cm。

3）行列式植树，应事先栽好"标杆树"。方法是：每隔 20 株左右，用皮尺量好位置，先栽好一株，然后以这些标杆树为瞄准依据，全面开展栽植工作。

4）灌水堰筑完后，将捆拢树冠的草绳解开取下，使枝条舒展。

（3）技术措施

落叶乔木在非种植季节种植时，应根据不同情况分别采取以下技术措施。

1）苗木必须提前采取疏枝、环状断根或在适宜季节起苗用容器假植等处理。

2）苗木应进行强修剪，剪除部分侧枝，保留的侧枝也应疏剪或短截，并应保留原树冠的 1/3，同时必须加大土球体积。

3）可摘叶的应摘去部分叶片，但不得伤害幼芽。

4）夏季可搭棚遮荫、树冠喷雾、树干保湿，保持空气湿润；冬季应防风防寒。

5）干旱地区或干旱季节，种植裸根树木应采取根部喷布生根激素、增加浇水次数等措施。

9. 栽植后的养护管理

（1）立支柱

较大苗木为了防止被风吹倒，应立支柱支撑，多风地区尤应注意；沿海多台风地区，往往需埋水泥预制柱以固定高大乔木。

双支柱 用两根木棍在树干两侧，垂直钉入土中。支柱顶部捆一横档，先用草绳将树干与横档隔开以防擦伤树皮，然后用绳将树干与横档捆紧。

三脚撑 用三根木杆以 120°均匀抵住树干中部，先用草绳或橡胶皮将树干保护好后与支撑杆固定。

四脚撑 用四根木杆以 90°均匀抵住树干中部，先用草绳或橡胶皮将树干保护好后与支撑杆固定。

行道树立支柱，应注意不影响交通。常用双支柱、三脚撑，如果当地风力很大，可加至四脚撑。

（2）灌水

树木定植后 24h 内必须浇上第一遍水，定植后第一次灌水称为头水。水要浇透，使泥土充分吸收水分，灌头水主要目的是通过灌水将土壤缝隙填实，保证树根与土壤紧密结合以利根系发育，故亦称为压水。水灌完后应作一次检查，由于踩不实树身会倒歪，要注意扶正，树盘被冲坏时要修好。之后应连续灌水，尤其是大苗，在气候干旱时，灌水极为重要，千万不可疏忽。常规做法为定植后必须连续灌 3 次水，之后视情况适时灌水。第一次连续 3 天灌水后，要及时封堰，即将灌足水的树盘撒上细面土封住，称为封堰，以免蒸发和土表开裂透风。树木栽植后的浇水量，参见表 6.1.7。

表 6.1.7 树木栽植后的浇水量

乔木及常绿树胸径/cm	灌木高度/m	绿篱高度/m	树堰直径/cm	浇水量/kg
	1.2~1.5	1~1.2	60	50
	1.5~1.8	1.2~1.5	70	75
3~5	1.8~2	1.5~2	80	100
5~7	2~2.5		90	200
7~10			110	250

（3）扶直封堰

扶直　浇第一遍水渗入后的次日，应检查树苗是否有倒、歪现象，发现后应及时扶直，并用细土将堰内缝隙填严，将苗木固定好。

中耕　水分渗透后，用小锄或铁耙等工具，将土堰内的表土锄松，称"中耕"。中耕可以切断土壤的毛细管，减少水分蒸发，有利保墒。植树后浇三水之间，都应中耕一次。

封堰　浇第三遍水并待水分渗入后，用细土将灌水堰内填平，使封堰土堆稍高于地面。土中如果含有砖石杂质等物，应挑拣出来，以免影响下次开堰。

（4）其他养护管理

1）受伤枝条和栽前修剪不理想的枝条，应进行复剪。

2）对绿篱进行造型修剪。

3）防止病虫害。

4）进行巡查、围护、看管，防止人为破坏。

5）清理场地，做到工完场净，文明施工。

6.1.3　实践知识：乔灌木栽植

1. 开挖树穴

植树挖坑（挖种植穴）的大小应根据栽植树木的品种规格、苗木根系和土球直径、土壤条件等确定。一般种植穴直径应比裸根苗根幅放大 20～30cm，比带土球苗土球直径放大 30～40cm；穴深比裸根深出 20～30cm，比土球高度深出 20cm 左右。

2. 苗木种植土

树木种植地的土壤必须能满足树木正常生长，要求如下：

土层厚度　树木生长必需的最低种植土层厚度应符合规定：小灌木，45cm；大灌木，60cm；浅根乔木，90cm；深根乔木，150cm。

土壤理化性质能满足一般树木正常生长　如果栽植地点的土壤中含有建筑废土以及其他有害成分，或是强酸性土、强碱性土、盐土、盐碱土、重黏土、沙土等，均应根据设计规定，进行换土或采取改良土壤的技术措施后方可栽植。

3. 栽植前的修剪要求

苗木种植前应对根系进行修剪，将劈裂根、病虫根、过长根剪除，并对树冠进行适当修剪，剪除病虫枝、受伤枝、枯死枝、过密枝，以保持地上地下平衡。

1）具有明显主干的高大落叶乔木树种，如栾树、国槐等，应保持原有树形，适当疏枝，对保留的主侧枝可短截，剪去枝条 1/5～1/3。

2）无明显主干、枝条茂密的落叶乔木，如柳树、千头椿等，对胸径 10cm 以上的，可疏枝保持原树形；对胸径 5～10cm 的，可选留主干上的几个侧枝，保持原有树形进行短截。

3）常绿树除剪去病虫枝、枯死枝外，还可将生长衰弱枝、过密的轮生枝、下垂枝剪除。雪松、云杉、白皮松等树种，只能疏枝，疏侧芽，不得短截和疏顶芽。

4）对萌枝强的月季、蔷薇、锦带花等花灌木可短截修剪，对根蘖发达的玫瑰、珍珠梅、连翘等花灌木，应以疏枝为主，短截为辅。所有修剪都要保持剪口平滑，不得劈裂，以利于伤口愈合。修剪直径 2cm 以上大枝及粗根时，截口必须削平并涂防腐剂。

4. 栽植要求

1) 应根据树木习性、当地气候条件等，合理安排组织，选择最适宜时间进行栽植。

2) 植树工程的挖苗、运苗和栽植等各个工序都要紧密衔接。尽量缩短苗木根系的裸露时间，做到随挖苗、随运输、随栽植、随灌水。

3) 树木栽植前应先检查种植穴的大小及深度，对不符合根系要求的种植穴，应及时修整。对排水不良的种植穴，可在穴底铺设 10~15cm 砂砾或铺设渗水管，以利排水。土层干燥的地方应于种植前灌底水浸坑。

4) 栽植的树木应注意观赏面的合理朝向。树皮薄，干外露的孤植树，要保持原来的阴阳面，以免造成日灼伤。

5) 种植裸根树木时，应将种植穴底填土呈半圆土堆，放入树木填土 1/3 时，轻提干使根系舒展，并充分接触土壤，随填土随分层踏实。带土球苗木栽植时，必须踏实穴底土层，才能将树木放入种植穴，填土踏实。

6) 栽植树木不宜过深或过浅，应略浅于或相同于挖苗时树木根茎的土壤线。树干上易生不定根的树种可适当深栽。带土球苗及灌木类一般不宜深栽，黏土地、排水不良地段也不能深栽。

7) 栽植后填土的地面，一般比原地面可低 5cm 左右，易涝或排水不良的黏土地段，以及地下水位较高的地段，植后覆土要高出原地面。

5. 苗木浇灌

1) 树木栽植后应在略大于种植穴直径的周围，筑成高 10~15cm 的灌水土堰，土堰应筑实不得漏水。

2) 树木栽植后，要及时灌透水。新栽植的树木应在当日浇透第一遍水，第二次灌水通常可在第一次灌水后 4~6d 进行，再过 10d 左右可灌第三次水。具体灌水时间可根据树种、气候、土壤水分等实际情况确定，做到补水及时，确保满足树木生长所需的水分条件。

3) 浇水时应防止因水流过急冲刷裸露根系或冲毁围堰，造成跑漏水现象。浇水后出现土壤沉陷，致使树干倾斜时，应及时扶正、培土。

4) 新植常绿树，除地面灌水外，还要经常向树冠喷水，以减少蒸腾。

6. 保护措施

1) 栽植胸径 5cm 以上的乔木、树高超过 2m 的常绿树都应设支架固定。可选用通直的木棍、竹竿作支架。保护架支撑点以树体的 1/3~1/2 处为宜。

2) 保护架应有一定的长度和粗度，确保支撑稳固。

3) 设置保护架时，支架与树干接触部分应加软物垫好，防止磨损树皮。

4) 不能用带有病虫害的木板、木棍等做保护架。

巩固训练 ☞

常绿灌木苗木的栽植

1. 实训的目的要求

1.1 掌握常用灌木的习性。

1.2 熟知常用绿灌木的移栽特点。

1.3 掌握灌木的移栽步骤。

1.4 熟知移栽后的养护要点。

2. 使用的材料工具

2.1 灌木苗木，常用常绿灌木皆可，如黄杨、十大功劳、六月雪、洒金桃叶珊瑚、红叶石楠、正木等，需要带小土球。

2.2 定点放线工具。

2.3 土铲，防护手套、工作鞋若干。

3. 方法步骤

3.1 老师需讲明移栽的要点：

3.1.1 移栽的季节与成活率的关系。

3.1.2 定点放线确定种植点，以及苗木对环境的要求（如八仙花与东瀛珊瑚不可直接种于阳光下，需要上层灌乔木遮阴）。

3.1.3 种植槽的挖掘深度及土质的要求。

3.1.4 苗木的栽植深度、间距、体位。

3.1.5 覆土的压实程度。

3.1.6 不同季节栽植后的浇水、养护。

4. 作业

学生亲自操作苗木的栽植，并挂牌。

5. 考核评估

5.1 栽植过程是否正确（50%）。

5.2 长势或成活率如何（50%）。

任务6.2 大树移植

任务分析：大桂花的移栽。酒店门前需要移植 2 株大规格的桂花来体现酒店的风貌。桂花品种定为金桂，取喜迎金贵之意。

技能：理解基本大树的移植技术及步骤，学生能够独立完成移栽设计。

方法：采用教师讲授，学生模拟的方法。

态度：认知施工技术是需要严格谨慎及需要保证安全的，不仅施工过程需要安全，施工工程也需要安全。

6.2.1 工作任务：大树移植

【案例】 现已选定 2 株大规格金球桂，远看呈半球形，冠径宽达 6m，胸径 15cm。无论外观、花色、香气都属上品。但因其是非苗圃培育，老树的根系已经外展至叶缘线以外。

1. 任务分析

大树移植不同于苗木移植的是：一定要在最小的伤害下，最大程度的保证树木的成活。大树一般无论生长时年还是其特殊的品质都是难得的，甚至是独一无二的，那么大树移植就要确保移植的过程中死亡率降至最低。

桂花属于常绿树种，因此移植中更要使根系的损伤降低，从而保证叶片的需水要求。

2. 实践操作

操作步骤如下：

断根缩坨　先根据树种的习性、年龄和生长情况判断移植成活的难易。一般提前 1～2 个月断根（移植珍贵树种及规格较大的树木时要提前 1～3 年断根），断根后用园林生根粉浸泡 2～3min，立即填土浇水。保证树木在移植时，能够带走大量的吸收根。

修剪　修剪是提高大树移植成活率的关键措施，可以加大根茎比，降低水分蒸腾，使地上、地下水分尽快达到平衡。根据树种的不同分枝习性、萌芽力、成枝力大小，修剪伤口的愈合能力及修剪后的反应不同，采取不同的修剪方式。修剪方式有全苗式、截枝式和截干式 3 种。全苗式主要适用于常绿树种或萌芽力弱的树种（如桂花、广玉兰、棕榈、木棉等），原则上保留原有的枝干树冠，只将徒长枝、交叉枝、病虫枝及过密枝剪去。截枝式主要适用于中央领导枝明显，萌芽力较强的树种（樟树、银杏、柿、细叶榕等）；只保留树冠的一级分枝，将其上部枝条截去。截干式主要适用于中央领导枝弱，生长快、萌芽力、成枝力及愈合力强的树种（悬铃木、合欢、栾树、国槐、元宝枫等）。将整个树冠全部截去，只保留一定高度的树干。注意修剪的刀口要平整，剪口要用创可涂涂抹消毒，以防腐、防干、促进愈合。

春季移植　当土壤开始解冻但树液尚未开始流动时立即进行。春季移植适期较短，应根据苗木发芽的早晚，合理安排移植顺序。落叶树早移，常绿树后移。南方（喜温暖）的树种（如柿树、香樟、乌桕、喜树、枫杨、重阳木等）应在芽开始萌动时移植，才易成活。

带土球树的挖掘　适宜于常绿树种和珍贵树木。带土球挖掘时，土球的直径为根径直径的 8～10 倍。土球高度为其直径的 2/3，应包括大部分的根茎在内。挖树时先将树冠用草绳拢起，在应带土球直径的外侧挖一条操作沟，沟深与土球高度相等。沟壁应垂直，遇到细根用锹斩断，3cm 以上的粗根，应用锯锯断，以免震裂土球。挖至规定深度，用锹将土球表面及周围修平，土球的下部直径一般不应超过土球直径 1/3，使土球形状呈"苹果形"。最后用锹从土球底部斜着向内切断主根，使土球与底分开。

桔式包扎　适用于比较名贵的树木，运输距离远，土质不太坚实的土球。包扎时先将草绳一头系在树干上，呈稍倾斜经土球底沿绕过对面，向上约于球面约一半处经树干折回，顺同一方向按一定间隔（疏密视土质而定）缠绕至满球。然后再绕第二遍，与第一遍的每一道于肩沿处的草绳整齐相压，至满球后系牢。再于内腰绳的稍下部捆十几道外腰绳，而后将内腰绳呈锯齿状穿连绑紧即可。

挖穴　挖栽植穴时，穴的大小应大于根幅直径的 1/2 左右，比根系长度深 1/3 左右，穴的上、下直径要基本一致，切忌挖成锅底形，否则树根不能舒展或土球不能放到穴底使土球与穴底间留有空隙，影响树木成活。

　　换土　如遇建筑垃圾多、土壤酸碱度不适合、土壤过于坚实、土壤含盐量高、土壤被严重污染等原因造成土质不好的栽植点时，应用疏松肥沃的"客土"进行置换后再栽植。

　　浇水　栽后要立即浇 1 次透水配合生根液和根腐灵一起使用，隔 2～3d 后浇第 2 次水，隔 1 周后浇第 3 次水，以后浇水间隔期可适当拉长。对珍贵树种和特大树，应经常向树冠喷抑制蒸腾剂，有效减少水分蒸发，至成活为止。

　　立支柱　栽植后应立即立支柱支撑树木，一般立 3 根，并绑紧。树体不甚高大时，可于下风方向立一根支柱。支柱基部应埋入土中 30～50cm。

　　卷干　对树皮呈青色、树皮光滑或气孔大且多的树种，应在主干高 1.5m 处或与接近主干的主枝部分用草绳紧密缠绕，卷干前先用 1％的硫酸铜溶液涮树干灭菌。既可减少水分蒸发，同时也可预防日灼和冻害。

　　涂白　树木栽植后，石硫合剂或硫悬浮剂，对树干进行涂白。既可反射阳光，减少树干对太阳辐射热的吸收，降低树体昼夜温差，避免树干冻裂，还可杀灭树皮内越冬的害虫。

　　喷洒抗蒸腾防护剂　对于珍贵的树种和常绿树可以用抗蒸腾防护剂喷洒树冠。具体方法是将源动立抑制蒸腾剂，用水稀释 100～150 倍，用高压喷雾器直接喷洒在树冠上，可有效抑制枝、叶表层水分蒸发，提高树木的抗旱能力。

6.2.2　理论知识：大树移植

　　1. 大树的选择

　　根据设计图纸和说明所要求得树种规格、树高、冠幅、胸径、树形（需要注明观赏面和原有朝向）和长势等，到郊区或苗圃进行调查，选树并编号。选择时应注意以下几点：

　　1）要选择接近新栽地生境的树木。野生树木主根发达，长势过旺的，适应能力也差，不易成活。

　　2）不同类别的树木，移植难易不同。一般灌木比乔木移植容易；落叶树比常绿树移植容易；扦插繁殖比播种繁殖移植容易；须根发达的树比直根系（肉根系）的树移植容易；叶型细小比叶少而大的树移植容易；树龄小比树龄大的树移植容易。

　　3）一般慢生树选 20～30 年生；速生树种则选用 10～20 年生，中生树可选 15 年生，果树、花灌木为 5～7 年生，一般乔木树高在 4m 以上，胸径 12～20cm 的树木则最适合。

　　4）应选择生长正常的树木以及没有感染病虫害和未受机械损伤的树木。

　　5）选树时还必须考虑移植地点的自然条件和施工条件，移植地的地形应平坦或坡度不大，过陡的山坡，根系分布不正，不仅操作困难且容易伤根，不易起出完整的土球，因而应选择便于挖掘处的树木，最好使起用工具能到达树旁。

　　2. 大树移植的时间

　　如果挖出的大树带有较大的土球，在移植过程中严格执行操作规程，移植后又注意养护，那么，在任何时间都可以进行大树移植。但在实际中，最佳移植时间是早春，因为这时树液开始流动并开始生长、发芽，挖掘是损伤的树根容易愈合和再生，移植后经过从早春到晚秋的正常生长，树木移植的受伤的部分已复原，给树木顺利越冬创造了有利条件。

　　在春季树木开始发芽而树叶还没全部长成以前，树木的蒸腾还未达到最旺盛的时期，此时带土球移植，缩短土球暴露的时间，栽后加强养护也能确保大树的存活。

盛夏季节，由于树木的蒸腾量大，此时移植对大树成活不利，在必要时可加大土球，加强修剪、遮荫、尽量减少树木的蒸腾量，也可成活，但费用较高。

在北方的雨季和南方的梅雨季，由于空气的湿度较大，因而有利于移植，可带土球移植一些针叶树种。

深秋及冬季，从树木开始落叶到气温不低于－15℃这段时间，也可移植大树，这个期间，树木虽处于休眠状态，但地下部分尚未完全停止活动，故移植时被切断的根系能在这段时间内进行愈合，给来年春季发芽生长创造良好的条件，但在严寒的北方，必须对移植到树木进行土面保护，才能达到这一目的。南方地区尤其在一些气温不太低、温度较大的地区一年四季可移植，落叶树还可裸根移植。

3. 大树预掘的方法

为了保证树木移植后能很好的成活，可在移植前采取一些措施，促进树木的须根生长，这样也可以为施工提供方便条件，常用以下方法：

（1）多次移植

在专门培养大树的苗圃中多采用多次移植法，速生树种的苗木可以在头几年每隔 1～2 年移植一次，待胸径达 6cm 以上时，可每隔 3～4 年再移植一次。而慢生树待胸径达 3cm 以上时，每隔 3～4 年移一次，长到 6cm 以上时，每隔 5～8 年移植一次，这样树苗经过多次移植，大部分的须根都聚生在一定的范围，因而再移植时可缩小土球的尺寸和减少对根部的损伤。

（2）预先断根法（回根法）

适用于一些野生大树或一些具有观赏价值的树木的移植，一般是在移植前 3 年的春季或秋季，以树干为中心，2.5～3 倍胸径为半径或以较小于移植土球尺寸为半径画一个圆或方形，再在相对的两面向外挖 30～40cm 宽的沟（其深度则视根系分布而定，一般为 50～80），对较粗的根应用锋利的锯或剪，齐平内壁切断，然后用沃土（最好是砂壤土或壤土）填平，分层踩实，定期浇水，这样便会在沟中长出许多须根。到第二年的春季或秋季再以同样的方法挖掘另外相对的两面，到第三年时，在四周沟中均长满了须根，这时便可移走（图 6.2.1）。挖掘是应从沟到外缘开挖，断根的时间可按各地气候条件有所不同。

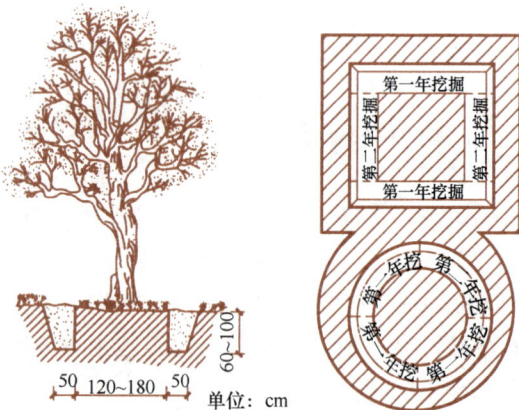

图 6.2.1　大树分期断根挖掘法示意

（3）根部环状剥皮法

同上法挖沟，但不切断大根，而采取环状剥皮的方法，剥皮的宽度为 10～15cm，这样也促进须根的生长，这种方法由于大根未断，树身稳固，可不加支柱，适合有大风天气的地区。

4. 大树移植的包装方法

当前常用的大树移植挖掘和包装方法主要有以下几种。

（1）软材包装移植法

适用于挖掘圆形土球，树木胸径为 10～15cm 或稍大一些的常绿乔木，土球直径和高度应根据树木胸径的大小来确定，参见表 6.2.1。

表 6.2.1　土球规格

树木胸径/cm	土 球 规 格		
	土球直径/cm	土球高度/cm	留底直径
10～12	胸径 8～10 倍	60～70	土球直径的 1/3
13～15	胸径 7～10 倍	70～80	

（2）木箱包装移植法

适应于挖掘方形土台，树木的胸径为 15～25cm 的常绿乔木，土台的规格一般按树木的胸径的 7～10 倍选取，可参见表 6.2.2。大树箱板式包装和吊运见图 6.2.2。

表 6.2.2　土台规格

树木胸径/cm	15～18	18～24	25～27	28～30
木箱规格/m（上边长×高）	1.5×0.6	1.8×0.70	2.0×0.70	2.2×0.80

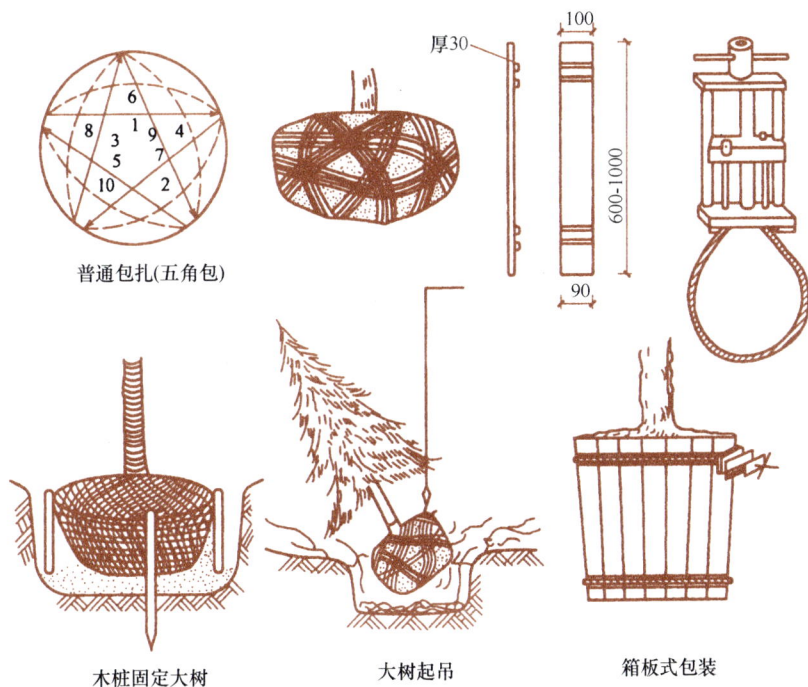

图 6.2.2　大树箱板式包装和吊运

（3）移树机移植法

在国内、外生产出专门移植大树的移植机，适宜移植胸径为 25cm 以下的乔木。

（4）冻土移植法

在我国北方寒冷地区较多采用，一般地区大树移植时，必须按树木的胸径的 6～8 倍挖掘土球或方形土台装箱。高寒地区可挖掘冻土移植。

5. 大树的吊运

大树的吊运工作也是大树移植中重要环节之一。吊运的成功与否，直接影响到树木的成活、施工的质量以及树形的美观等。

（1）起重机吊运法

目前我国常用的是汽车起重机，其优点是机动灵活，行动方便，装车简捷。

木箱包装吊运时，用两根 7.5～10mm 的钢索将木箱两头围起，钢索放在距木板顶端 20～39cm 的地方（约为木板长度的 1/5），把 4 个绳头结在一起，挂在起重机的吊钩上，并在吊钩于树干之间系一根绳索，树木不致被拉倒，还要在树干上系 1～2 根绳索，以便在启动时用人力来控制树木的位置，以便于不损伤树冠，有利于起重机工作。在树干上束绳索处，必须垫上柔软材料，以免损伤树皮。

吊运软材料包装的树木时，为了防止钢索损坏包装的材料，最好用粗麻绳，因为钢丝绳容易勒坏土球。先将双股绳的一头留出 1m 多长结固定，再将双股绳分开，捆在土球的由上向下 3/5 的位置上绑紧，然后将大绳的两头扣在吊钩上，在绳与土球接触处用木块垫起，轻轻起吊后，再用股绳套在树干下部，扣在吊钩上即可起吊。这些工作做好后，再开动起重机就将树木吊起装车。

系 1～2 根绳索，以便在启动时用人力来控制树木的位置，以便于不损伤树冠，有利于起重机工作。在树干上束绳索处，必须垫上柔软材料，以免损伤树皮。

（2）滑车吊运法

在树旁用杉篙搭一木架（杉篙的粗细根据所起运树木的大小而定），把滑车挂在架顶，利用滑车将树木吊起后，立即在穴面铺上两条 50～60cm 宽的木板，其厚度根据汽车和树木的重量及坑的大小来决定。

（3）运输

树木装进汽车时，使树冠向着汽车尾部，土块靠近司机室，树干包上柔软材料放在木架或竹架上，用软绳扎紧，土块下垫一块木衬垫，然后用木板将土球夹住或绳子将土球缚紧于车厢两侧，见图 6.2.3。

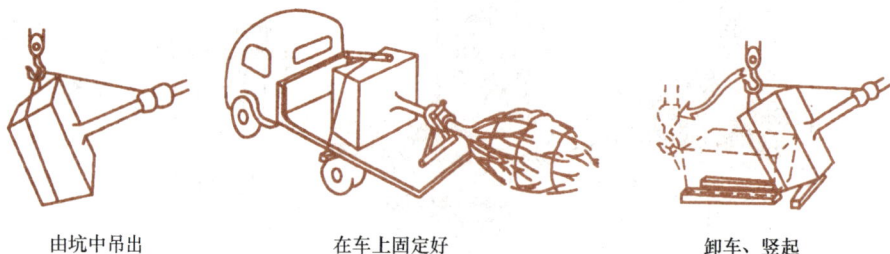

由坑中吊出　　　　　在车上固定好　　　　　卸车、竖起

图 6.2.3　木板包装的大树吊装

通常一辆汽车只装一株树，在运输前，应先进行行车道路的调查，以免中途遇故障无法通行，行车路线一般都是城市划定的运输路线，应了解其路面宽度、路面、质量、横架空线、桥梁及其负荷情况、人流量等，行车过程中押运员应站在车厢尾一面检查运输途中土球绑扎是否松动、树冠是否扫地、左右是否影响其他车辆及行人，同时要手持长竿，不

时挑开横架空线，以免发生危险。

6. 大树的栽植

1）栽植前应根据设计要求定好位置，测定标高，编好树号，以便栽时对号入座，准确无误。

2）挖穴（刨坑），树穴（坑）的规格应比土球的规格大些；一般以土球直径加大 40cm 左右，深度 20cm 左右；土质不好的则更应加大坑的规格，并更换适于树才长的好土。

如果需要施用底肥，事先应准备好优质腐熟有机肥料，并和回填的土壤搅均匀，随栽填土时施入穴底和土球外围。

3）吊装入穴前，要按计划将树冠生长最丰满、完好的一面朝向主要观赏向。吊装入穴（坑）时，粗绳的捆绑方法同前。但在吊起时应尽量保持树身直立入穴（坑）时还要有人用木棍轻撬土球，使树立直。土球上表应与地表标高平齐，防止栽植过深或过浅，对树木生长不利及不美观。

4）树木入坑放稳后，应先用支柱将树身支稳，再拆包填土。填土时，尽量将包装材料取出、实在不好取出者可将包装材料压入坑底。如发现土球松散，则万不可松解腰绳和下部的包装材料，但土球上半部的蒲包、草绳必须解开取出坑外，否则会影响所浇水分的渗入。

5）树放稳后应分层填土，分层夯实，操作时注意保护土球，以免损伤

6）在穴（坑）的外缘用细土培筑一道 30cm 左右高的灌水堰，并用铁锹拍实，以便栽后能及时灌水。第一次灌水量不要太大，起到压实土壤的作用即可；第二次水量要足；第三次灌水后可以培土封堰。以后视需要再灌，为促使移大树根复壮，可在第二次灌水时加入 0.2% 的生根剂促使新根萌发。每次灌水都要仔细检查，发现塌陷漏水现象，则应填土堵严塌陷漏洞，并将所漏水量补足。

7. 大树的养护管理

已经定植的大树，必须在 1～2 年内加强管理，并采取一些保证成活的技术施加以养护，才能最后移植成功。主要的养护管理措施如下：

1）刚栽上的大树特别容易歪倒，要用结实的木杆安全的搭在树干上构成三角架，把树木牢固地固定住，确保大树不会歪斜。

2）在养护期中，要注意平时的浇水，发现土壤水分不足，就要及时浇灌。夏天，要多对地面和树冠喷洒清水，增加环境湿度，或加盖防晒网，降低蒸腾作用。

3）为了促进新根生长，可在浇灌的水中加入 0.02% 的生长素，使根系提早生长健全。

4）移植后第一年秋天，就应当施一次追肥。第二年早春和秋季也至少施肥 2～3 次，肥料的成分以氮肥为主。

5）为了保持树干的湿度，减少从树皮蒸腾的水分要对树干进行包裹。裹干时，可用浸湿的草绳从树基往上密密地缠绕树干，一直缠裹到主干顶部。接着，再将调制的黏土泥浆厚厚地糊满草绳裹着的树干。以后可经常用喷雾器为树干喷水保湿。

6.2.3 实践知识：大树移植

1. 秋季移植

在树木地上部分生长缓慢或停止生长后，即落叶树开始落叶、常绿树生长高峰过后至土壤封冻前进行。北方冬季寒冷的地区，秋季移植应早。

2. 雨季移植

南方在梅雨初期，北方在雨季刚开始时，适宜移植常绿树及萌芽力较强的树种。此时雨水多空气湿度大，大树移植后蒸腾量小，根系生长迅速，易于成活。

3. 非适宜季节移植

因有特殊需要的临时任务或其他工程的影响，不能在适宜季节移植时，可按照不同类别树种采取不同措施。对于常绿树种应选择春梢已停，2 次梢未发的树种；起苗时应带比正常情况较大的土球，对树冠进行疏剪或摘掉部分叶片，做到随掘、随运、随栽，及时多次灌水，叶面经常喷水，晴热天气应遮荫。对于落叶树种也应选择春梢已停长的树种，疏剪尚在生长的徒长枝以及花、果。最好也带土球移植。栽后可灌源动立生根液以利促发新根。

4. 裸根栽植

适宜于多数落叶树种（国槐、法桐、合欢、栾树、枫杨、柿树等）。先在栽植穴的底部施入基肥，并堆一个 20cm 左右的小土堆，将树根立在土堆上回填表土，填土一半时，抱（吊）住树干轻轻上提或摇动，使土壤与根系紧密结合，踏实土壤，再填土至满踏实。栽植深度应比原土痕略深 3～5cm。栽植裸根树的根略干时，应将保水剂（每株 50g）与水按 1：200 的比例充分吸水，形成冻状物，沾根后再栽植。

5. 带土球栽植

适宜于常绿树种和珍贵树木（雪松、广玉兰、女贞、桂花、银杏等）。先将 50g 保水剂充分吸水后填入挖好的栽植穴底部，并施入基肥后用土堆 10～20cm 的小土堆，吊装大树入穴时，使土球直立在土堆上，并尽量保持其在原生长地的方位，树木入穴定位后，用木杆支撑树体，使其稳定直立，然后拆除草绳及蒲包片等包装材料，如土球较松软，可在土球放在栽植穴内后，剪碎包扎材料，并尽量取出。放入土球后，将土球与穴壁间隙用土填满并捣实，不能用脚踏实土壤，防止踏裂土球。栽植深度与原来深度一样。

6. 留芽

大树移植后萌发的新芽很多时，不宜全部保留，要剥去部分枝条基部的芽，尽量留树体高位上的芽，芽位高就能使水分、养分向高处输送，全株都容易成活。

巩固训练 ☞

大规格常绿树木的移植

1. 实训的目的要求
1.1 掌握常用常绿乔木的习性。
1.2 熟知常绿乔木的移栽特点。
1.3 掌握常绿乔木的移栽步骤。
1.4 熟知移栽后的养护要点。
2. 使用的材料工具
学校可以联系相关绿化部门，带领学生全程参观大树（古树）的移栽过程。
3. 方法步骤
3.1 老师需讲明移栽的要点：
3.1.1 移栽的季节与成活率的关系。
3.1.2 大树的挖掘步骤及要点。
3.1.3 大树的疏枝技术。
3.1.4 大树起吊过程中的注意事项。
3.1.5 土球的包扎技术。
3.1.6 不同季节栽植后的浇水、养护。
3.2 观摩移栽过程。
4. 作业
参观后写出每个步骤的必要性及为什么这样做的原理。
5. 考核评估
5.1 观摩考勤（40%）。
5.2 作业成绩（60%）。

任务6.3 花坛栽植

任务分析：节日模纹花坛的栽植施工。
技能：理解基本施工放样技术及步骤，学生能够独立完成平面设计。
方法：采用教师讲授，学生模拟的方法。
态度：认知施工技术是需要严格谨慎及需要保证安全的，不仅施工过程需要安全，施工工程也需要安全。

6.3.1 工作任务：节日模纹花坛的栽植

【案例】 为了迎接国庆节（"五一"劳动节）学校门口广场需摆设盆花增添节日气氛。

1. 任务分析

节日模纹花坛的栽植施工。

2. 实践操作

模纹式花坛又称"图案式花坛"。由于花费人工，一般均设在重点地区，种植施工应注意以下几点。

整地翻耕　除按照上述要求进行外，由于它的平整要求比一般花坛高，为了防止花坛出现下沉和不均匀现象，在施工时应增加 1、2 次镇压。

上顶子　模纹式花坛的中心多数栽种苏铁、龙舌兰及其他球形盆栽植物，也有在中心地带布置高低层次不同的盆栽植物，称之为"上顶子"。

定点放线　上顶子的盆栽植物种好后，应将其他的花坛面积翻耕均匀，耙平，然后按图纸的纹样精确地进行放线。一般先将花坛表面等分为若干份，再分块按照图纸花纹，用白色细沙，撒在所划的花纹线上。也有用铅丝、胶合板等制成纹样，再用它的地表面上打样。

栽草　一般按照图案花纹先里后外，先左后右，先栽主要纹样，逐次进行。如花坛面积大，栽草困难，可搭搁板或扣子匣子，操作人员踩在搁板或木匣子上栽草。栽种进可先用木槌子插眼，再将草插入眼内用手按实。要求做到苗齐，地面达到上横一平面，纵看一条线。为了强调浮雕效果，施工人员事先用土做出形来，再把草栽到起鼓处，则会形成起伏状。株行距离视五色草的大小而定，一般白草的株行距离为 3～4cm，小叶红草、绿草的株行距离为 4～5cm，大叶红草的株行距离为 5～6cm。平均种植密度为每平方米栽草 250～280 株。最窄的纹样栽白草不少于 3 行，绿草、小叶红、黑草不少于 2 行。花坛镶边植物火绒子、香雪球栽植距离为 20～30cm。

修剪和浇水　修剪是保证五色草花纹好坏的关键。草栽好后可先进行 1 次修剪，将草压平，以后每隔 15～20d 修剪 1 次。有两种剪草法：一种为平剪，纹样和文字都剪平，顶部略高一些，边缘略低。另一种为浮雕形，纹样修剪成浮雕状，即中间草高于两边。

浇水除栽好后浇 1 次透水外，以后应每天早晚各喷水 1 次。

6.3.2　理论知识：花坛栽植

1. 整地

开辟花坛之前，一定要先整地，将土壤深翻 40～50cm，挑出草根、石头及其他杂物。如果栽植深根性花木，还要翻得更深一些；如果土质很差，则应全都换成好土。根据需要，施加适量肥性平和、肥效长久、经充分腐熟的有机肥作底肥。

为便于观赏和有利排水，花坛表面应处理成一定坡度，可根据花坛所在位置决定坡的形状，若从四面观赏，可处理成尖顶状、台阶状、圆丘状等形式；如果只单面观赏，则可处理成一面坡的形式。

花坛的地面，应高出所在地平面，尤其是四周地势较低之处，更应该如此。同时，应作边界，以固定土壤。

2. 定点放线与图片放样

种植花卉的各种花坛（花带、花境等），应按照设计图定点放线，在地面准确画出位置、轮廓线。面积较大的花坛，可用方格线法，按比例放大到地面。

放样时，若要等分花坛表面，可从花坛中心桩牵出几条细线，分别拉到边缘各处，用量角器确定各线之间的角度，就能够将花坛表面等分成若干份。以这些等分组为基准，比较容易放出花坛面上对称、重复的图案纹样。有些比较细小的曲线图样，可先在硬纸板上放样，然后将硬纸板剪成图样的模板，再依照模板把图样画到花坛土面上。

3. 花坛边缘石砌筑

（1）基槽施工

沿着已有的花坛边线开挖边缘石基槽；基槽的开挖宽度应比边缘石基础宽 10cm 左右，深度可在 12～20cm 之间。槽底土面要整平、夯实；有松软处要进行加固，不得留下不均匀沉降的隐患。在砌筑基础之前，槽底还应做一个 3～5cm 厚的粗砂垫层，作基础施工找平用。

（2）矮墙施工

边缘石多以砖砌筑 15～45cm 高的矮墙，其基础和墙体可用 1：2 水泥砂浆或混合砂浆砌标准砖做成。矮墙砌筑好之后，回填泥土将基础埋上，并夯实泥土。再用水泥和粗砂配成 1：2.5 的水泥砂浆，对边缘石的墙面抹面，抹平即可，不可抹光。最后，按照设计，用磨制花岗石石片、釉面墙地砖等贴面装饰，或者用彩色水磨石、干挂石等方法饰面。

（3）花饰施工

对于设计有金属矮栏花饰的花坛，应在边缘石饰面之前安装好。矮栏的柱脚要埋入边缘石，用水泥砂浆浇筑固定。待矮栏花饰安装好后，才进行边缘石的饰面工序。

4. 栽植

（1）起苗

裸根苗　应随栽随起，尽量保持根系完整。

带土球苗　如果花圃土地干燥，应事先灌水。起苗时要保持土球完整，根系丰满；如果土壤过于松散，可用手轻轻捏实。起苗后，最好于阴凉处囤放一两天，再运苗栽植。这样，可以保证土壤不松散，又可以缓缓苗，有利于成活。

盆育花苗　栽时最好将盆退去，但应保证盆土不散。也可以连盆栽入花坛。

（2）花苗栽入花坛的基本方式

一般花坛　如果小花苗就具有一定的观赏价值，可以将幼苗直接定植，但是应保持合理的株行距；甚至还可以直接在花坛内播花籽，出苗后及时间苗管理。这种方式既省人力、物力，而且也有利于花卉的生长。

重点花坛　一般应事先在花圃内育苗。待花苗基本长成后，于适当时期，选择符合要求的花苗，栽入花坛内。这种方法比较复杂，各方面的花费也较多，可以及时发挥效果。

宿根花卉和一部分盆花，也可以按上述方法处理。

（3）栽植方法

1）从花圃挖起花苗之前，应先灌水浸湿圃地，起苗时根土才不易松散。同种花苗的大小、高矮应尽量保持一致，过于弱小或过于高大的都不要选用。

2）花卉栽植时间，在春、秋、冬三季基本没有限制，但夏季的栽种时间最好在上午 11 时之前和下午 4 时以后，要避开太阳暴晒。

3）花苗运到后，应即时栽种，不要放了很久才栽。栽植花苗时，一般的花坛都从中央开始栽，栽完中部图案纹样后，再向边缘部分扩展栽下去。在单面观赏花坛中栽植时，则要从后边栽起，逐步栽到前边。宿根花卉与一二年生花卉混植时，应先种植宿根花卉，后种植一二年生花卉；大型花坛，宜分区、分块种植在单面观赏花坛中栽植时，则要从后边栽起，逐步栽到前边。若是模纹花坛和标题式花坛，则应先栽模纹、图线、字形，后栽底面的植物。在栽植同一模纹的花卉时，若植株稍有高矮不齐，应以矮植株为准，对较高的植株则栽得深一些，以保持顶面整齐。立体花坛制作模型后，按上述方法种植。

4）花苗的株行距应随植株大小高低而确定，以成苗后不露出地面为宜。植株小的，株行距可为 15cm×15cm；植株中等大小的，可为 20cm×20cm 至 40cm×40cm；对较大的植株，则可采用 50cm×50cm 的株行距，五色苋及草皮类植物是覆盖型的草类，可不考虑株行距，密集铺种即可。

5）栽植的深度对花苗的生长发育有很大的影响，栽植过深，花苗根系生长不良，甚至会腐烂死亡；栽植过浅，则不耐干旱，而且容易倒伏。一般栽植深度，以所埋之土刚好与根茎处相齐为最好。球根类花卉的栽植深度，应更加严格掌握，一般覆土厚度应为球根高度的 1～2 倍。

6）栽植完成后，要立即浇一次透水，使花苗根系与土壤密切接合，并应保持植株清洁。

5. 花坛的管理

（1）浇水

花苗栽好后，要不断浇水，以补充土中水分之不足。浇水的时间、次数、灌水量则应根据气候条件及季节的变化灵活掌握。每天浇水时间，一般应安排在上午 10 时前或下午 2～4 时以后。如果一天只浇一次，则应安排傍晚前后为宜；忌在中午气温正高、阳光直射的时间浇水。浇水量要适度，避免花根腐烂或水量不足；浇水水温要适宜，夏季不能低于 15℃，春秋两季不能低于 10℃。

（2）施肥

草花所需要的肥料，主要依靠整地时所施入的基肥。在定植的生长过程中，也可根据需要，进行几次追肥。追肥时，千万注意不要污染花、叶。施肥后应及时浇水。

对球根花卉，不可使用未经充分腐熟的有机肥料，否则会造成球根腐烂。

（3）中耕除草

花坛内发现杂草应及时清除，以免杂草与花苗争肥、争水、争光。另外，为了保持土壤疏松，有利花苗生长，还应经常中耕、松土。但中耕深度要适当，不要损伤花根，中耕后的杂草及残花、败叶要及时清除掉。

（4）修剪

为控制花苗的植株高度，促使茎部分蘖，保证花丛茂密、健壮以及保持花坛整洁、美观，应随时清除残花、败叶，经常修剪，以保持图案明显、整齐。

（5）补植

花坛内如果有缺苗现象，应及时补植，以保持花坛内的花苗完美无缺。补植花苗的品种、规格都应和花坛内的花苗一致。

（6）立支柱

生长高大以及花朵较大的植株，为防止倒伏、折断，应设立支柱，将花茎轻轻绑在支柱上。支柱的材料可用细竹竿或定型塑料杆。有些花朵多而大的植株，除立支柱外，还应用铅丝编成花盘将花朵托住。支柱和花盘都不可影响花坛的观瞻，最好涂以绿色。

（7）防治病虫害

花苗生长过程中，要注意及时防治地上和地下的病虫害，由于草花植株娇嫩，所施用的农药，要掌握适当的浓度，避免发生药害。

（8）更换花苗

由于草花生长期短，为了保持花坛经常性的观赏效果，要经常做好更换花苗的工作。

6.3.3　实践知识：花坛栽植

1. 整床放线

花境施工完成后多年应用，因此需有良好的土壤。对土质差的地段换土，但应注意表层肥土及生土要分别放置，然后依次恢复原状。通常混合式花境土壤需深翻 60cm 左右，筛出石块，距床面 40cm 处混入腐熟的堆肥，再把表土填回，然后整平床面，稍加镇压。

按平面图纸用白粉或沙在植床内放线，对有特殊土壤要求的植物，可在种植工采用局部换土措施。要求排水好的植物可在种植区土壤下层添加石砾。对某些根蘖性过强，易侵扰其他花卉的植物，可在种植区边挖沟，埋入石头，瓦砾、金属条等进行隔离。

2. 栽植及养护管理

通常按设计方案进行育苗，然后栽入花境。栽植密度以植株覆盖床为限。若栽种小苗，则可种植密些，花前再适当疏苗；若栽植成苗，则应按设计密度栽好。栽后保持土壤湿度，直到成活。

花境种植后，随时间推移会出现局部生长过密或稀疏的现象，需及时调整，以保证其景观效果。早春或晚秋可更新植物（如分株或补栽），并把秋末盖地面的落叶及经腐熟的堆肥施入土壤。管理中注意灌溉和中耕除草。混合式化境中花灌木应用时修剪，花期过后及时去除残花等。

花境实际上是一种人工群落，只有精心养护管理才能保持较好的景观。一般花境可保持 3～5 年的景观效果。

巩固训练 ☞

平面花坛的施工

1. 实训的目的要求
1.1　掌握常用花卉的习性。
1.2　熟知色彩搭配的基本知识。
1.3　具有一定的基本造型能力。
1.4　熟知不同场地的营造特点。
2. 使用的材料工具
2.1　2～3 种常见的不同花色的一次性套袋花卉若干。
2.2　定点放线工具。
3. 方法步骤
3.1　分组设计模纹花坛的样式。
3.2　定点放线。
3.3　摆放盆栽。
4. 作业
分组分块设计制作模纹花坛。
5. 考核评估
5.1　视觉效果（50%）。
5.2　操作过程（50%）。

任务 6.4 屋顶花园栽植

任务分析：屋顶花园的隔水层的布置。
技能：理解基本屋顶花园铺设技术及步骤，学生能够独立完成移栽设计。
方法：采用教师讲授，学生模拟的方法。
态度：认知施工技术是需要严格谨慎及需要保证安全的，不仅施工过程需要安全，施工工程也需要安全。

6.4.1 工作任务：屋顶花园的隔水层的布置

【案例】 某校教学楼楼顶因改造后可对内开放，需要设计及施工完成屋顶花园的土层铺设设计及植物种植部分。

1. 任务分析

屋顶花园的隔水层的布置。

2. 实践操作

操作步骤如下：

（1）做防水实验和保证良好的排水系统

建造屋顶花园，必须进行二次防水处理。首先，要检查原有的防水性能：封闭出水口，再灌水，进行 96h（4天4夜）的严格闭水试验。闭水试验中，要仔细观察房间的渗漏情况，有的房屋连续闭水3天不漏，第四天才开始渗漏。若能保证96h不漏，说明屋面防水效果好。这种防水效果，也只适用于非屋顶花园的情况。防水层是保证屋顶不漏的关键技术问题，但屋顶防水和排水是两个方面，因此还必须处理好屋顶的排水系统。在屋顶园林工程中，种植池、水池和道路场地施工时，应遵照原屋顶排水系统，进行规划设计，不应封堵、隔绝或改变原排水口和坡度。特别是大型种植池排水层下的排水管道，要与屋顶排水口配合，注意相关的标准差，使种植池排水层下的排水管道，要与屋顶排水口配合，注意相关的标高差，使种植池内的多余灌水能顺畅排出。

（2）不损伤原防水层

实施二次防水处理，最好先取掉屋顶的架空隔热层，取隔热层时，不得撬伤原防水层。取后要清扫、冲洗干净，以增强附着力。在一般情况下，不允许在已建成的屋顶防护水层上再穿孔洞与管线和预埋铁件与埋设支柱。因此，在新建房屋的屋顶上建屋顶花园时，应由园林设计部门提供屋顶花园的有关技术资料。如将欲留孔洞和欲埋件等资料提供给结构设计单位，并由他们将有关要求反映到建筑结构的施工图中，以便建筑施工中实现屋顶花园的各项技术要求。如果在旧建筑物上增建屋顶花园，无论是那种做法的屋面防水层，均不得在屋顶上穿洞打孔、埋设铁件和支柱。即使一般设备装置也不能在屋顶上"生根"，只能采取其他措施使它们"浮摆"在屋面上。

（3）重视防水层的施工质量

目前屋顶花园的防水处理方法主要有刚、柔之分，各有特点。由于蛭石栽培对屋盖有很好的养护作用，此时屋顶防水最好采用刚性防水。宜先做涂膜防水层，再做刚性防水层，其做法可参照标准设计的构造详图。刚性防水层主要是屋面板上铺 50mm 厚细石混凝土，内放 $\phi 4@200$ 双向钢筋网片 1 层（这种做法即成整筑层），所用混凝土中可加入适量微膨胀剂、减水剂、防水剂等，以提高其抗裂、抗渗性能。这种防水层比较坚硬，能防止根系发达的乔灌木穿透，起到保护屋顶的作用，而且使整个屋顶有较好的整体性，不宜产生裂缝，使用寿命也较长，比柔性卷材防水层更适合建造屋顶花园。屋面四周应设置砖砌挡墙，挡墙下部设泄水孔和天沟。当种植屋面为柔性防水层时，上面还应设置 1 层刚性保护层。也就是说，屋面可以采用 1 道或多道（复合）防水设防，但最上面一道应为刚性防水层，屋面泛水的防水层高度应高出溢水口 100mm。

刚性防水层因受屋顶热胀冷缩和结构楼板受力变形等影响，宜出现不规则的裂缝，而造成刚性屋顶防水的失败。为解决这个问题，除 30~50mm 厚的细石混凝土中配置钢丝或钢筋网外，一般还可用设置浮筑层和分格缝等方法解决。所谓浮筑层即隔离层，将刚性防水层和结构防水层分开以适应变形的活动。构造做法是在楼板找平层上，铺 1 层干毡或废纸等以形成一隔离层，然后再做干性防水层。也可利用楼板上的保温隔热层或沙子灰等松散材料形成隔离层，然后再做刚性防水层。干性防水层的分格缝是根据温度伸缩和结构梁板变形等因素确定的，按一定分格预留 20mm 宽的缝，为便于伸缩在缝内填充油膏胶泥。需要注意的是：由于刚性防水层的分格缝施工质量往往不宜保证，除女儿墙泛水处应严格要求做好分格缝外，屋面其余部分可不设分格缝。屋面刚性防水层最好一次全部浇捣完成，以免渗漏。防水层表面必须光洁平整，待施工完毕，刷 2 道防水涂料，以保证防水层的保护层设计与施工质量。要特别注意防水层的防腐蚀处理，防水层上的分格缝可用"一布四涂"盖缝，并选用耐腐蚀性能好的嵌缝油膏。不宜种植根系发达，对防水层有较强侵蚀作用的植物，如松、柏、榕树等。

（4）注意材料质量和节点构造

应选择高温不流淌、低温不碎裂、不宜老化、防水效果好的防水材料。刚性多层抹面水泥砂浆防水层宜采用标号不低于原 325# 的普通硅酸盐水泥和膨胀水泥，亦可采用矿渣硅酸盐水泥；砂采用粒径 1~3mm 粗砂，要求砂料坚硬、粗糙、洁净；水泥浆和水泥砂浆的配合比应根据防水要求、原材料性能和施工方法确定，施工时必须严格掌握。目前一些建筑物也有柔性防水层的，屋顶花园中常有"三毡四油"或"二毡三油"，再结合聚氯乙烯胶泥或聚氯乙烯涂料处理。近年来，一些新型防水材料也开始投入使用，已投入屋顶施工的有三元乙丙卷材，使用效果不错。国外还有尝试用中空类的泡沫塑料制品作为绿化土层与屋顶之间的良好排水层和填充物，以减轻自重。有用再生橡胶打底，加上沥青防水涂料，粘贴厚 3mm 玻璃纤维布作为防水层，这样更有利于快速施工。也有在防水层与石板之间设置绝缘体层（成为缓冲带），可防止向上传播的振动，并能防水、隔热，还可在绿化位置的屋顶楼板上做 PUK 聚氨酯涂膜防水层，预防漏水。

屋顶防水层无论采用哪种形式和材料，均构成整个屋顶的防水排水系统，一切所需要的管道、烟道、排水孔、预埋铁件及支柱等出屋顶的设施，均应在做屋顶防水层时妥善处理好其节点构造，特别要注意与土壤的连接部分和排水沟水流终止的部分。整体刚性防水层往往因这些细小的构造节点处理不当，而造成整个屋顶防水的失败。另外，按常规设置纵横分格缝，构造复杂容易渗漏。安装防水板时，当一块防水板宽度不够，需几块并排安放时，应注意板与板之间的空隙也会为根生长提供潜在的空间。

施工方法以热涂效果为佳，热涂材料加温后可渗透至缝隙。屋面的薄弱部分，如出气孔道周围、女儿墙周边，应加强处理。尤其是女儿墙周边，防水层应延伸上翻至墙上几十厘米，超过将来花坛上层的位置，否则宜渗漏。防水层的厚度、层数都应严格按照国家有关规定、规范施工、至少应是"一布两油"，即 2 层热涂油质材料，中间 1 层作"筋"的防水布料。防水处理竣工后应以高标号水泥砂浆抹面，保护防水层。应避免在潮湿条件下施工，屋面未干透也不宜施工。防水层做好后应及时养护，蓄水后不得断水。屋顶花园的各项园林工程和建筑小品只有在确认屋顶防水工程完整无损的条件下才施工。

6.4.2 理论知识：屋顶花园栽植

1. 基本要求

（1）屋顶绿化建议性指标

不同类型的屋顶绿化应有不同的设计内容，屋顶绿化要发挥绿化的生态效益，应有相宜的面积指标作保证。屋顶绿化的建议性指标见表 6.4.1。

表 6.4.1 屋顶绿化建议性指标

花园式屋顶绿化	绿化屋顶面积占屋顶总面积	≥60%
	绿化种植面积占绿化屋顶面积	≥85%
	铺装园路面积占绿化屋顶面积	≤12%
	园林小品面积占绿化屋顶面积	≤3%
简单式屋顶绿化	绿化屋顶面积占屋顶总面积	≥80%
	绿化种植面积占绿化屋顶面积	≥90%

（2）屋顶承重安全

先全面调查建筑的相关指标和技术资料，根据屋顶的承重，准确核算各项施工材料的重量和一次容纳游人的数量。

（3）屋顶防护安全

屋顶绿化应设置独立出入口和安全通道，必要时应设置专门的疏散楼梯。为防止高空物体坠落和保证游人安全，还应在屋顶周边设置高度在 80cm 以上的防护围栏。同时要注意植物和设施的固定安全。

（4）屋顶绿化相关材料荷重参考值

1）植物材料平均荷重和种植荷载参考见表 6.4.2。

表 6.4.2 植物材料平均荷重和种植荷载参考表

植物类型	规格/m	植物平均荷重/kg	种植荷载/(kg/m²)
乔木（带土球）	$H=2.0\sim2.5$	80～120	250～300
大灌木	$H=1.5\sim2.0$	60～80	150～250
小灌木	$H=1.0\sim1.5$	30～60	100～150
地被植物	$H=0.2\sim1.0$	15～30	50～100
草坪	1m²	10～15	50～100

注：1. 选择植物应考虑植物生长产生的活荷载变化。

2. 种植荷载包括种植区构造层自然状态下的整体荷载

2）相关材料密度参考值见表 6.4.3。

表 6.4.3　其他相关材料密度参考值一览表

材料	密度/(kg/m³)	材料	密度/(kg/m³)
混凝土	2500	青石板	2500
水泥砂浆	2350	木质材料	1200
河卵石	1700	钢质材料	7800
豆石	1800	—	—

2. 种植设计与植物选择

（1）种植设计

① 花园式屋顶绿化

植物种类的选择，应符合下列规定：适应栽植地段立地条件的当地适生种类；林下植物应具有耐荫性，其根系发展不得影响乔木根系的生长；垂直绿化的攀缘植物依照墙体附着情况确定；相应抗性的种类；适应栽植地养护管理条件；改善栽植地条件后可以正常生长的、具有特殊意义的种类。

绿化用地的栽植土壤应符合下列规定：栽植土层厚度符合数值，且透水性好；废弃物污染程度不致影响植物的正常生长；酸碱度适宜；物理性质符合表 6.4.4 的规定；凡栽植土壤不符合以上各款规定者必须进行土壤改良。

表 6.4.4　土壤物质性指标

指　　标	土层深度范围/cm	
	0～30	30～110
质量密度/(g/cm³)	1.17～1.45	1.17～1.45
总孔隙度/%	>45	45～52
非毛管孔隙度/%	>100	10～20

铺装场地内的树木其成年期的根系伸展范围，应采用透气性铺装。

以突出生态效益和景观效益为原则，根据不同植物对基质厚度的要求，通过适当的微地形处理或种植池栽植进行绿化。屋顶绿化植物基质厚度要求见表 6.4.5。

表 6.4.5　屋顶绿化植物基质厚度要求

植物类型	规格/m	基质厚度/cm	植物类型	规格/m	基质厚度/cm
小型乔木	$H=2.0\sim2.5$	≥60	小灌木	$H=1.0\sim1.5$	30～50
大灌木	$H=1.5\sim2.0$	50～60	草本/地被植物	$H=0.2\sim1.0$	10～30

利用丰富的植物色彩来渲染建筑环境，适当增加色彩明快的植物种类，丰富建筑整体景观。

植物配置以复层结构为主，由小型乔木、灌木和草坪、地被植物组成。本地常用和引种成功的植物应占绿化植物的 80% 以上。

② 简单式屋顶绿化

绿化以低成本、低养护为原则，所用植物的滞尘和控温能力要强。

根据建筑自身条件，尽量达到植物种类多样，绿化层次丰富，生态效益突出的效果。

（2）植物选择原则

1）遵循植物多样性和共生性原则，以生长特性和观赏价值相对稳定、滞尘控温能力较强的本地常用和引种成功的植物为主。

2）以低矮灌木、草坪、地被植物和攀援植物等为主，原则上不用大型乔木，有条件时可少量种植耐旱小型乔木。

3）应选择须根发达的植物，不宜选用根系穿刺性较强的植物，防止植物根系穿透建筑防水层。

4）选择易移植、耐修剪、耐粗放管理、生长缓慢的植物。

5）选择抗风、耐旱、耐高温的植物。

6）选择抗污性强，可耐受、吸收、滞留有害气体或污染物。

7）华北地区屋顶绿化部分植物种类参考见表 6.4.6。

表 6.4.6　推荐华北地区屋顶绿化部分植物种类

种类		特性	种类	特性
乔木	油松	阳性，耐旱，耐寒，观树形	玉兰	阳性，稍耐阴，观花，叶
	华山松	耐阴，观树形	垂枝榆	阳性，极耐旱，观树形
	白皮松	阳性，稍耐阴，观树形	紫叶李	阳性，稍耐阴，观花，叶
	西安桧	阳性，稍耐阴，观树形	柿树	阳性，耐旱，观果，叶
	龙柏	阳性，不耐盐，观树形	七叶树	阳性，耐半阴，观树形，叶
	桧柏	偏阴性，观树形	鸡爪槭	阳性，喜湿润，观叶
	龙爪槐	阳性，稍耐阴，观树形	樱花	喜阳，观花
	银杏	阳性，耐旱，观树形，叶	海棠类	阳性，稍耐阴，观花，果
	栾树	阳性，稍耐阴，观枝叶果	山楂	阳性，稍耐阴，观花
灌木	珍珠梅	喜阴，观花	碧桃类	阳性，稍耐阴，观花，叶枝
	大叶黄杨	阳性，耐阴，较耐旱，观叶	迎春	阳性，观花，叶
	小叶黄杨	阳性，稍耐阴，观叶	紫薇	阳性，观花，果
	凤尾丝兰	阳性，观花，叶	金银木	耐阴，观花，观花，果，枝
	金叶女贞	阳性，稍耐阴，观叶	果石榴	阳性，耐半阴，观果，叶，枝
	红叶小檗	阳性，稍耐阴，观叶	紫荆	阳性，观花，枝
	矮紫杉	阳性，观树形	平枝栒子	阳性，耐半阴，观果，叶，枝
	连翘	阳性，耐半阴，观花，叶	海仙花	阳性，耐半阴，观花，叶
	榆叶梅	阳性，耐寒，耐旱，观花	黄栌	阳性，耐半阴，观花
	紫叶矮樱	阳性，观花，叶	锦带花类	阳性，观花
	郁李	阳性，稍耐阴，观花，果	天目琼花	喜阴，观果
	寿星桃	阳性，稍耐阴，观花，叶	流苏	阳性，耐半阴，观花，枝
	丁香类	稍耐阴，观花，叶	海州常山	阳性，耐半阴，观花，果
	棣棠	喜半阴，观花，叶，枝	木槿	阳性，耐半阴，观花

续表

种类		特性	种类	特性
灌木	红瑞木	阳性，观花，果，枝	腊梅	阳性，耐半阴，观花
	月季类	阳性，观花	黄刺玫	阳性，耐寒，耐旱，观花
	大花绣球	阳性，耐半阴，观花	猥实	阳性，观花
地被植物	玉簪类	喜阴，耐寒，耐热，观花，叶	大花秋葵	阳性，观花
	马兰	阳性，观花，叶	小菊类	阳性，观花
	石竹类	阳性，耐寒，叶，观花	芍药	阳性，耐半阴，观花，叶
	随意草	阳性，观花	鸢尾类	阳性，耐半阴，观花，叶
	铃兰	阳性，耐半阴，观花，叶	萱草类	阳性，耐半阴，观花，叶
	荚果蕨	耐半阴，观叶	五叶地锦	喜阴湿，观叶，可匍匐栽植
	白三叶	阳性，耐半阴，观叶	景天类	阳性，耐半阴，观花，叶
	小叶扶芳藤	阳性，耐半阴，观叶，可匍匐栽植	常春藤	阳性，耐半阴，可匍匐栽植
	铺地柏	阳性，耐半阴，观叶	苔尔曼忍冬	阳性，耐半阴，观花，叶，可匍匐栽植

3. 屋顶绿化施工

（1）屋顶绿化施工操作程序

花园式屋顶绿化　花园式屋顶绿化施工流程见图 6.4.1。

简单式屋顶绿化　简单式屋顶绿化施工流程见图 6.4.2。

（2）绿化种植区构造层

种植区造层由上至下分别由植被层、基质层、隔离过滤层、排（蓄）水层、隔根层、分离滑动层等组成。构造剖面示意见图 6.4.3。

植被层　通过移栽、铺设植生带和播种等形式种植的各种植物，包括小型乔木、灌木、草坪、地被植物、攀援植物等。屋顶绿化植物种植方法见图 6.4.4、图 6.4.5。

基质层　是指满足植物生长条件，具有一定的渗透性能、蓄水能力和空间稳定性的轻质材料层。基质理化性状要求。基质理化性状要求见表 6.4.7。

表 6.4.7　基质理化性状要求

理化性状	要求	理化性状	要求
湿密度	450~1300kg/m³	全氮量	>1.0g/kg
非毛管孔隙度	>10%	全磷量	>0.6g/kg
pH	7.0~8.5	全钾量	>17g/kg
含盐量	<0.12%	—	—

基质主要包括改良土和超轻量基质两种类型。改良土由田园土、排水材料、轻质骨料和肥料混合而成；超轻量基质由表面覆盖层、栽植育成层和排水保水层三部分组成。目前

清扫屋顶表面

↓

蓄水试验和防水
找平层质量验收

验收基层

蓄水试验证明有
大面积屋顶漏水

蓄水试验证明无
大面积屋顶漏水，
可进行局部修补

↓

二次防水处理

刚性防水层或柔性防
水加刚性保护层表面

柔性防水层表面

铺设分离滑动层

↓

铺设隔根层

↓

铺设排(蓄)水层

↓

铺设过滤层

↓

绿地种植池池壁施工

园林小品施工

↓

铺装园路施工

↓

铺设基质层

↓

种植植物

↓

植物固定支撑处理

↓

裸露部分铺设表面覆盖层

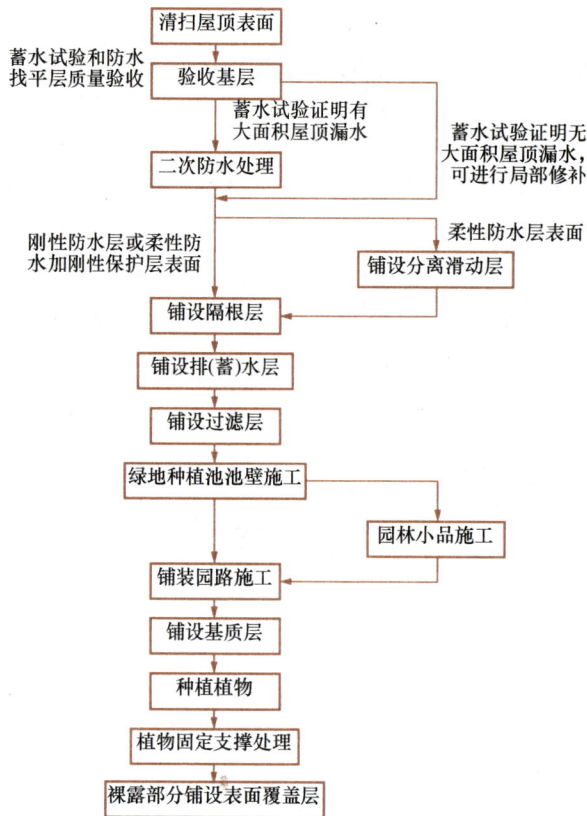

图 6.4.1　花园式屋顶绿化施工流程图

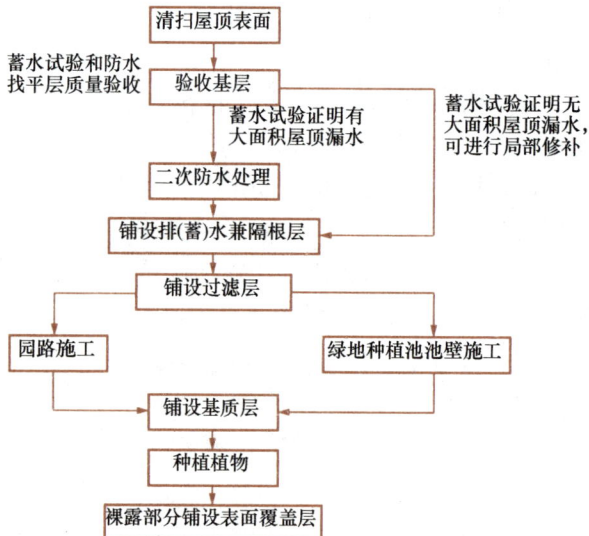

清扫屋顶表面

↓

蓄水试验和防水
找平层质量验收

验收基层

蓄水试验证明有
大面积屋顶漏水

蓄水试验证明无
大面积屋顶漏水，
可进行局部修补

↓

二次防水处理

↓

铺设排(蓄)水兼隔根层

↓

铺设过滤层

园路施工　　　　绿地种植池池壁施工

↓

铺设基质层

↓

种植植物

↓

裸露部分铺设表面覆盖层

图 6.4.2　简单式屋顶绿化施工流程图

常用的改良土与超轻量基质的理化性状见表 6.4.8。

基质配制。屋顶绿化基质荷重应根据湿密度进行核算，不应超过 1300kg/m³。常用的基质类型和配制比例参见表 6.4.9，可在建筑荷载和基质荷重允许的范围内，根据实际酌情配比。

图 6.4.3　屋顶绿化种植区构造层剖面示意图

1. 乔木；2. 地下树木支架；3. 与围护墙之间留出适当间隔或围护墙防水层高度与基点上表面间距不小
于 15cm；4. 排水口；5. 基质层；6. 隔离过滤层；7. 渗水管；8. 排（蓄）水层；9. 隔根层；
10. 分离滑动层

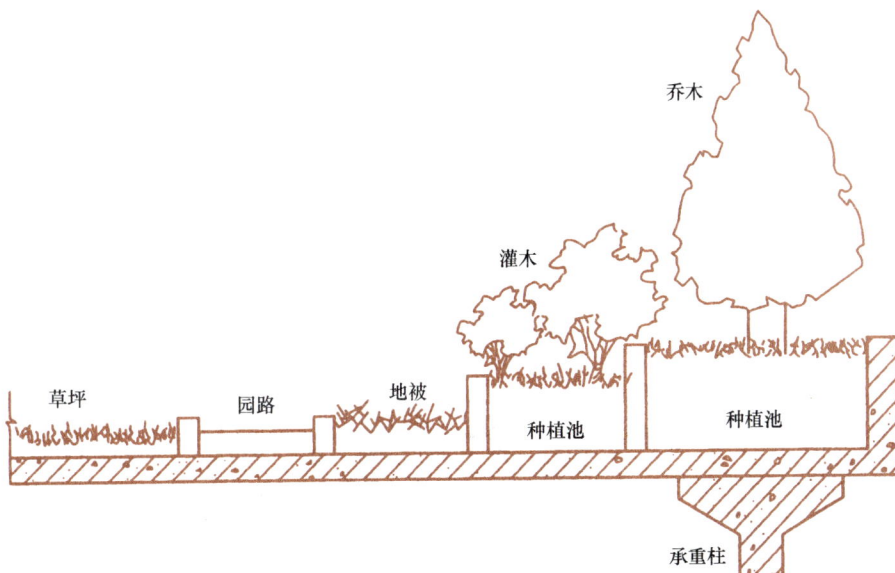

图 6.4.4　屋顶绿化植物种植池处理方法示意图

表 6.4.8　常用改良土与超轻量基质理化性状

理 化 指 标		改良土	超轻量基质
密度/(kg/m³)	干密度	550～900	120～150
	湿密度	180～1300	450～650
导热系数		0.5	0.35
内部孔隙度		5%	20%
总孔隙度		49%	70%
有效水分		25%	37%
排水速率/(mm/h)		42	58

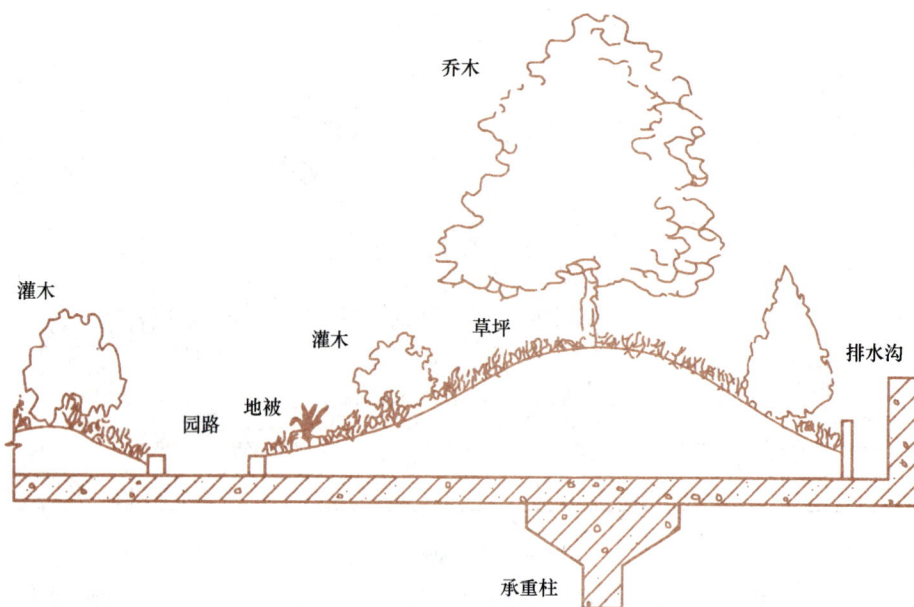

图 6.4.5 屋顶绿化植物种植微地形处理方法示意图

表 6.4.9 常用基质类型和配制比例参考

基质类型	主要配制材料	配制比例	密度/(kg/m³)
改良土	田园土、轻质骨料	1:1	1200
	腐叶土，蛭石，沙土	7:2:1	7800~1000
	田园土，草炭，(蛭石和肥)	4:3:1	110~1300
	田园土，草炭，松针土，珍珠岩	1:1:1:1	780~110
	田园土，草炭，松针土	3:4:3	780~950
	轻砂壤土，腐殖土，珍珠岩，蛭石	2.5:5:2:0.5	1100
	轻砂壤土，腐殖土，蛭石	5:3:2	1100~1300
超轻量基质	无机介质	—	450~650

注：基质湿密度一般为干密度的 1.2~1.5 倍。

隔离过滤层 一般采用既能透水又能过滤的聚酯纤维无纺布等材料，用于阻止基质进入排水层。

隔离过滤层铺设在基质层下，搭接缝的有效宽度应达到 10~20cm，并向建筑侧墙面延伸至基质表层下方 5cm 处。

排（蓄）水层 一般包括排（蓄）水板、陶粒（荷载允许时使用）和排水管（屋顶排水坡度较大时使用）不同的排（蓄）水形式，用于改善基质的通气状况，迅速排出多余水分有效缓解瞬时压力，并可蓄存少量水分。

排（蓄）水层铺设在过滤层下，应向建筑侧墙面延伸至基质表层下方 5cm 处，铺设方法见图 6.4.6。

施工时应根据排水口设置排水观察井，并定期检查屋顶排水系统的通畅情况。及时清理枯枝落叶，防止排水口堵塞造成雨水倒流。

隔根层 一般有合金、橡胶、PE（聚乙烯）和 HDPE（高密度聚乙烯）等材料类型，

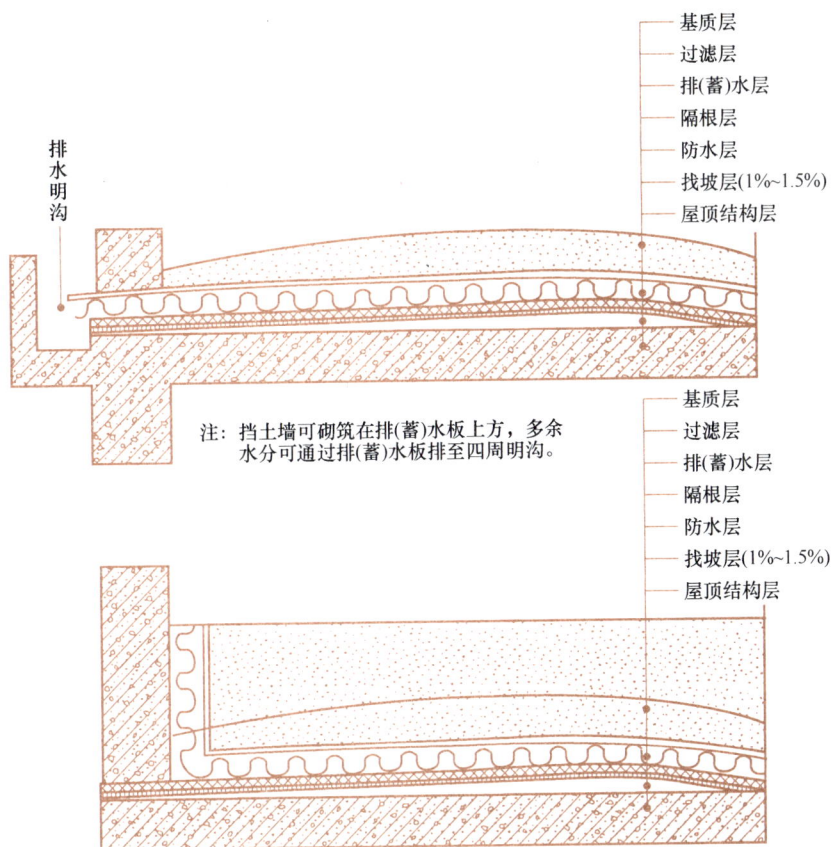

基质层
过滤层
排(蓄)水层
隔根层
防水层
找坡层(1%~1.5%)
屋顶结构层

排水明沟

注：挡土墙可砌筑在排(蓄)水板上方，多余水分可通过排(蓄)水板排至四周明沟。

基质层
过滤层
排(蓄)水层
隔根层
防水层
找坡层(1%~1.5%)
屋顶结构层

图 6.4.6　屋顶绿化排（蓄）水板铺设方法示意图

用于防止植物根系穿透防水层。

隔根层铺设在排（蓄）水层下，搭接宽度不小于 100cm，并向建筑侧墙面延伸 15~20cm。

分离滑动层　一般采用玻璃纤维或无纺布等材料，用于防止隔根层与防水层材料之间产生粘连现象。

柔性防水层表面应设置分离滑动层；刚性防水层或有刚性保护层的柔性防水层表面，分离滑动层可省略不铺。

分离滑动层铺设在隔根层以下。搭接缝的有效宽度应达到 1~20cm，并向建筑侧墙面延伸 15~20cm。

屋面防水层　屋顶绿化防水做法应符合设计要求，达到二级建筑防水标准。

绿化施工前应进行防水检测并及时补漏，必要时做二次防水处理。

宜优先选择耐植物根系穿刺的防水材料。

铺设防水材料应向建筑侧墙面延伸，应高于基质表面 15cm 以上。

（3）屋顶花园小品

为提供休憩设施和丰富屋顶绿化景观，必须根据屋顶荷载和使用要求，适当设置园亭、花架等园林小品。

园林小品设计要与周围环境和建筑物体风格相协调，适当控制尺度。材料选择应质轻、牢固、安全并注意选择好建筑承重位置。与屋顶楼板的衔接和防水处理,应在建筑结构设计时统一考虑,或单独做防水处理。

水池　屋顶绿化原则上不提倡设置水池,必要时应根据屋顶面积和荷载要求,确定水池的大小和水深。水池的荷重可根据水池面积、池壁的重量和高度进行核算。池壁重根据使用材料的密度计算。

景石　优先选择塑石等人工轻质材料。采用天然石材要准确计算其荷重,并应根据建筑层面荷载情况,布置在楼体承重柱、梁之上。

园路铺装　设计手法应简洁大方,与周围环境相协调,追求自然朴素的艺术效果。材料选择以轻型、生态、环保、防滑材质为宜。

照明系统　花园式屋顶绿化可根据使用功能和要求,适当设置夜间照明系统。简单式屋顶绿化原则上不设置夜间照明系统。屋顶照明系统应采取特殊的防水、防漏电措施。

植物防风固定技术　种植高于 2m 的植物应采用防风固定技术。植物的防风固定方法主要包括地上支撑法和地下固定法,见图 6.4.7 和图 6.4.8。

图 6.4.7　植物地上支撑示意图(一)

1. 带有土球的木本植物；2. 圆木直径 60～80mm,呈三角形支撑架；3. 将圆木与三角形钢板,用螺栓拧紧固定；4. 基质层；5. 隔离过滤层；6. 排(蓄)水层；7. 隔根层；8. 屋面顶板

(4) 养护管理技术

浇水　花园式屋顶绿化养护管理,灌溉间隔一般控制在 10～15 天/次。简单式屋顶绿化一般基质较薄,应根据植物种类和季节不同,适当增加灌溉次数。

施肥　应采取控制水肥的方法或生长抑制技术,防止植物生长过旺而加大建筑荷载和维护成本。植物生长较差时,可在植物生长期内按照 $30～50g/m^2$ 的比例,每年施 1～2 次

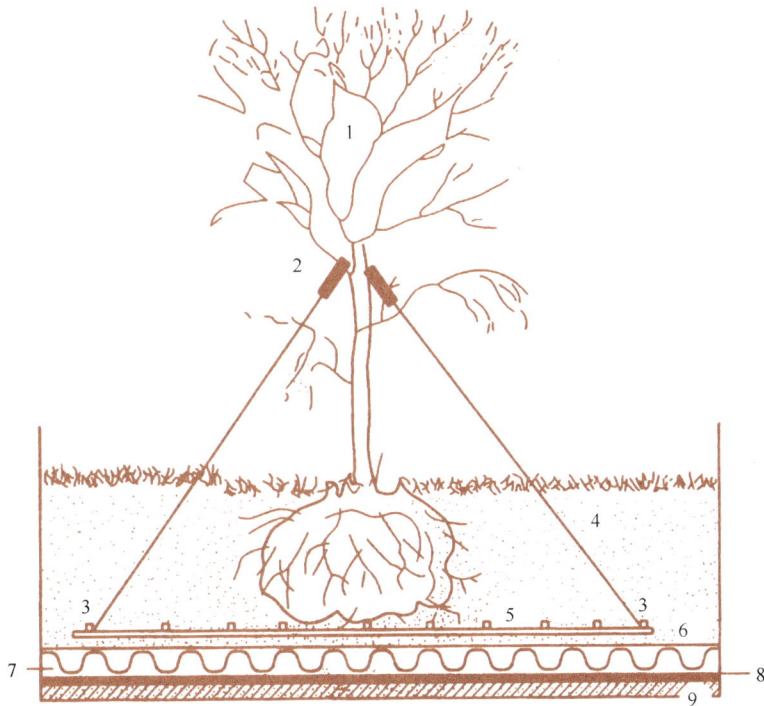

图 6.4.8 植物地上支撑法示意图（二）

1. 带有土球的木本植物；2. 三角支撑架与主分支点用橡胶缓冲垫固定；3. 将三角支撑架与钢板用螺栓拧紧固定；4. 基质层；5. 底层固定钢板；6. 隔离过滤层；7. 排（蓄）水层；8. 隔根层；9. 屋面顶板

长效氮磷钾复合肥。

修剪 根据植物的生长特性，进行定期整形修剪和除草，并及时清理落叶。

病虫害防治 应采用对环境无污染或污染较小的防治措施，如人工及物理防治、生物防治、环保型农药防治等措施。

防风防寒 应根据植物抗风性和耐寒性的不同，采取搭风障、支防寒罩和包裹树干等措施进行防风防寒处理。使用材料应具备耐火、坚固、美观的特点。

灌溉设施 宜选择滴灌、微喷、渗灌等灌溉系统。有条件的情况下，应建立屋顶雨水和空调冷凝水的收集回灌系统。

6.4.3 实践知识：屋顶花园栽植

屋顶花园施工对技术的要求远远高于一般的花园，主要有以下特点：

1. 培养基质

人工配制泥炭可作为主要的栽培基质，它的容重很小，一般干重在 $0.2\sim0.3g/m^3$，而普通土壤的容重是 $1.25\sim1.75g/m^3$，湿重约在 $1.9\sim2.1g/m^3$。由此可以推算出泥炭在干重时是普通土壤重量的 $18\%\sim20\%$，而湿重是普通土壤重的 33%，建造屋顶花园如果全部用泥炭，则可减轻 2/3～3/4 的重量。在实际实施中，一般采用在两份普通土中掺入一份泥炭做成混合土来建造屋顶花园。

2. 屋顶花园的疏水层处理难度很大

采用疏水层材料来解决下雨、浇水时多余水分的过滤、排放问题，不会造成积水而导致植物根系腐烂。为减轻水分和土壤对屋顶的渗漏和腐蚀，屋顶花园需采用喷灌、滴灌等方法"细水长流"，排水系统也需要认真考虑；为防止水分蒸发过快，土壤中还需加入高分子保水剂。

3. 基质下面需要很严格的防水处理

屋顶花园首先要解决防水问题。目前国内市场上质优价廉的防水材料比比皆是，防水层应该是高强度的，能够经得起一般性的冲击和摩擦。APP 防水卷材是一种子新型防水材料，不仅能耐腐蚀、抗老化，还能防止植物根须的侵入。目前国内已有卷材生产厂家与上海、北京的一些房地产开发商合作，采用聚酯卷材和抗根卷材建造了几个屋顶花园，并取得了成功的经验。用 1∶2.5 水泥砂浆铺好厚度为 20～30mm 的找平层；用 3mm 厚的 APP 聚酯卷材和 3mm 厚的抗根卷材做防水层；用 1∶3 水泥砂浆做 30mm 的保护层；用 10～15cm 厚的卵石做排水层；用 250～300g/m² 的聚酯无纺布做好过滤层；最后是 15cm 厚的植物土壤层即可。

4. 屋顶花园里的构筑物需要用轻质材料，有利于统一管理及组装

例如纳凉亭、单边伞、吊床、秋千椅、遮阳伞、庭院椅等可用实木或铝合金骨架承载重量。

5. 植物的生长习性都要结合屋顶环境

屋顶花园的造园优势是基于屋顶花园高于周围地面而形成的。高于地面几米甚至几十米的屋顶气流通畅清新，污染减少，空气浊度比地面低。与城市中靠近地面状态相比，屋顶上光照强，接受太阳辐射较多，为植物进行光合作用创造了良好的环境，有利于植物生长。考虑到屋顶植物受到台风等因素影响，选择的植物高度一般不要超过 3m。

6. 屋顶花园建设需要规范施工和管理

成立专门的屋顶花园设计、施工部门，能保证屋顶花园安全、长时间地被有效利用。

巩固训练 ☞

普通式屋顶花园的植物选择

1. 实训的目的要求
1.1 掌握常用屋顶花园的植物种类及各自习性。
1.2 熟知屋顶的气候特点及光照特点。
2. 使用的材料工具
2.1 屋顶平台（屋顶实训场地一块）。
2.2 若干植物种类。

3. 方法步骤

依据实际的场地特点设计 3～5 种屋顶花园植物。

4. 作业

分组分块制作屋顶花园植物群落。

5. 考核评估

5.1 视觉效果（30%）。

5.2 操作过程（30%）。

5.3 植物长势及成活率（40%）。

相关链接

1. 杨至德. 园林工程 [M]. 武汉：华中科技大学出版社，2009.

2. 刘卫斌. 园林工程 [M]. 北京：中国科学技术出版社，2003.

3. 中国园林网 http://www.yuanlin.com/

4. 筑龙网 http://www.zhulong.com/

思考与练习

1. 苗木移栽的步骤有哪些？

2. 简述提高苗木移栽成活率的要点。

3. 大树移植起苗前的预备工作有哪些？

4. 大树移栽后的养护工作有哪些？

5. 如何反季节移栽？

6. 花坛放样步骤如何？

7. 简述花坛养护方法。

园林供电工程

教学目标 ☞

1. 了解园林供电的基本知识。
2. 掌握园林输电线路铺设的步骤与基本工艺。
3. 掌握不同类型光源的园林景观照明施工的步骤和方法。

技能要求 ☞

1. 能读懂园林供电设计图纸。
2. 能识别并运用常用园林电气组件。
3. 会进行 380V 以下低压园林输电线路的铺设。
4. 能按有关规定，科学地组织简单的园林景观照明工程施工。

任务 7.1　园林供电

任务分析：结合设计图纸，学习并掌握带绝缘导管的供电线缆敷设施工步骤、方法、过程。

技能：理解园林输电线缆敷设技术及步骤，学生能够独立安排小型园林供电线缆敷设施工过程设计。

方法：采用教师讲授，学生模拟的方法。

出于安全与实地操作角度考虑，可结合图纸灵活选用合适比例，以 24V 安全电源替代 380V/220V 交流电进行操作施工。

态度：认知施工技术是需要严格谨慎及需要保证安全的，不仅施工过程需要安全，施工工程也需要安全稳固。

7.1.1　工作任务：带绝缘导管的供电线缆敷设

【案例】　分施工小组，在园林工程实训场进行施工训练。

1. 任务分析

拿到案例后首先分析图纸（图 7.1.1），我们需要首先要熟悉电气系统图，包括动力配电系统图和照明配电系统图中的电缆型号、规格、敷设方式及电缆编号，熟悉配电箱中开关类型、控制方法，了解灯具数量、种类等。熟悉电气接线图，包括电气设备与电器设备之间的电线或电缆连接、设备之间线路的型号、敷设方式和回路编号，了解配电箱、灯具的具体位置，电缆走向等。景观动力及照明工程在施工过程中，主要分为以下几大部分：施工前准备、电缆敷设、配电箱安装、灯具安装、电缆井的制作安装。

2. 实践操作

操作步骤如下：

熟悉设计图样　通过设计交底和阅读设计图样，了解设计规定和相应的要求，深刻领会设计意图，理清施工中的重点和难点。

清理施工场地　踏勘施工现场，了解施工区域的实际情况，清除和处理有碍施工的垃圾、杂物和设施。

电缆及辅料进场验收　根据设计要求和现场情况，按照工期的规定，确定供电线缆的施工工艺方案。

电缆定位放线　先按施工图找出电缆的走向后，按图示方位打桩放线，确定电缆敷设位置、开挖宽度、深度等及灯具位置，以便于电缆连接。

电缆沟开挖　采用人工挖槽，槽边必须按 1∶0.33 放坡，开挖出的土方堆放在沟槽的一侧。土堆边缘与沟边的距离不得小于 0.5m，堆土高度不得超过 1.5m，堆土时注意不得掩埋消火栓、管道闸阀、雨水口、测量标志及各种地下管道的井盖，且不得妨碍其正常使用。开槽中若遇有其他专业的管道、电缆、地下构筑物或文物古迹等时，应及时与甲方、有关单位及设计部门联系，协同处理。要求沟底是坚实的自然土层。

电缆敷设　电缆若为聚氯乙烯铠装电缆均采用直埋形式，埋深不低于 0.8m。在过铺装

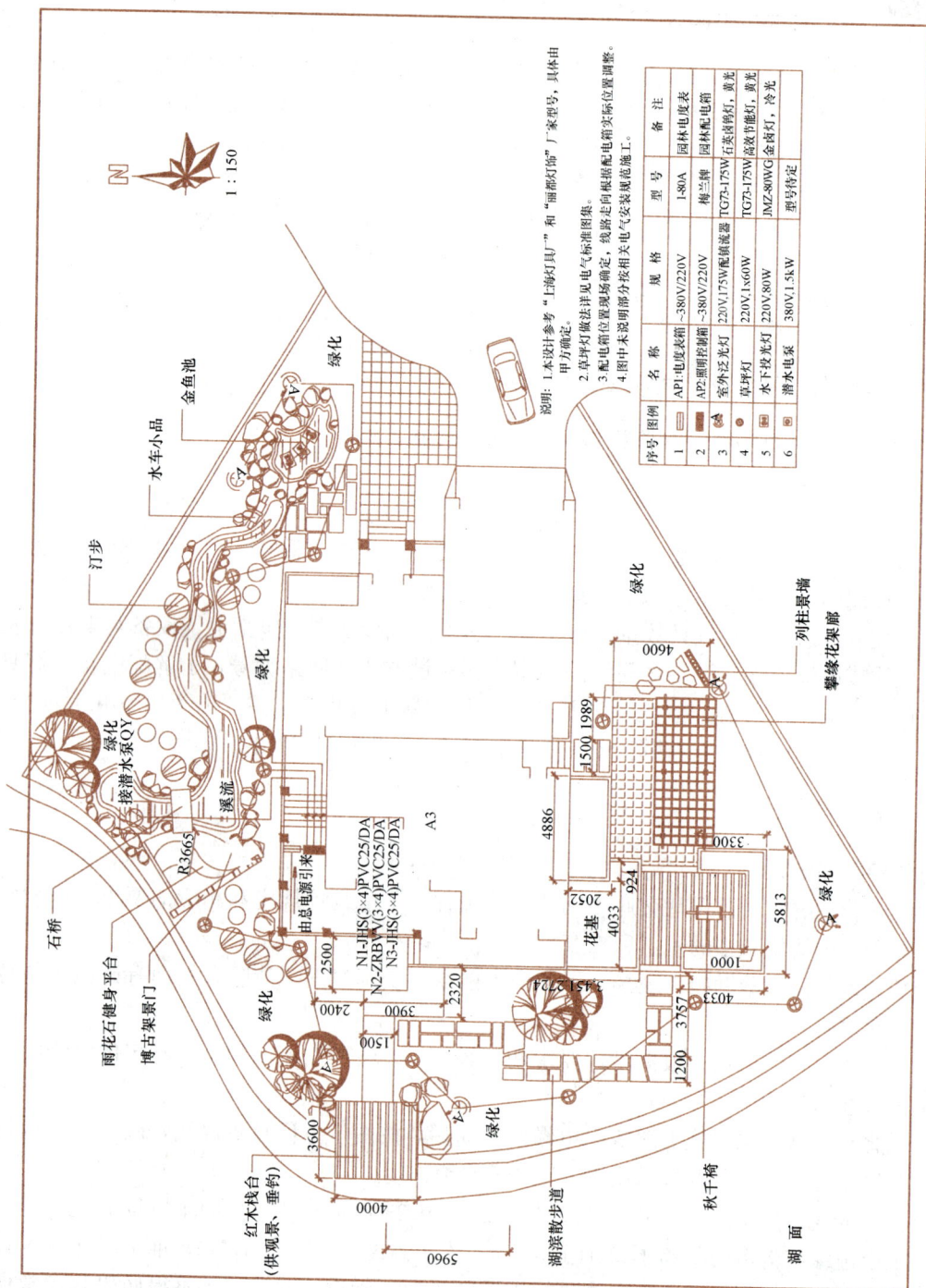

图 7.1.1 白云花苑 186A3 别墅庭院供电设计

说明：1.本设计参考"上海灯具"和"园都灯饰"厂家型号，具体由
甲方确定。
2.草坪灯做法详见电气标准图集。
3.配电箱位置现场确定，线路走向根据配电箱的实际位置调整。
4.图中未说明部分按相关电气安装规范施工。

序号	图例	名 称	规 格	型 号	备 注
1		AP1：电度表箱	~380V/220V	1-80A	园林电度表
2		AP2：照明控制箱	~380V/220V	梅兰牌	园林配电箱
3		室外泛光灯	220V/175W配镇流器	TG73-175W	石英闪钠灯，黄光
4		草坪灯	220V,1×60W	TG73-175W	高效闪钠灯，黄光
5		水下投光灯	220V/80W	JMZ-80WG	金卤灯，冷光
6		潜水电泵	380V,1.5kW	型号待定	

1:150

N

面及过路处均加套管保护。为保证电缆在穿管时外皮不受损伤，将套管两端打喇叭口，并去除毛刺（图 7.1.2）。

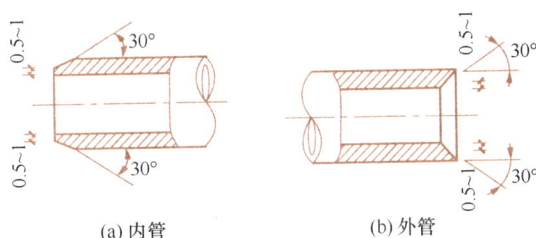

图 7.1.2　管口倒角（塑料管）（单位：mm）

电缆、电缆附件（如终端头等）应符合国家现行技术标准的规定，具备合格证、生产许可证、检验报告等相应技术文件；电缆型号、规格、长度等符合设计要求，附件材料齐全。电缆两端封闭严格，内部不应受潮，并保证在施工使用过程中，随用、随断，断完后及时将电缆头密封好。电缆铺设前先在电缆沟内铺砂不低于 10cm，电缆敷设完后再铺砂 5cm，然后根据电缆根数确定盖砖或盖板。

敷设线路及注意事项：

1）电缆敷设前应及时加外绝缘导管，施工中不应破坏电缆线的绝缘层与电缆沟的防水层。

2）在三相四线制系统中使用的电力电缆，不应采用三芯电缆另加一根单芯电缆或导线，以电缆金属护套等作中性线等方式。在三相系统中，不得将三芯电缆中的一芯接地运行。

3）三相系统中使用的单芯电缆，应组成紧贴的正三角形排列，并且每隔 1m 应用绑带扎牢。

4）并联运行的电力电缆，其长度应相等。

5）电缆敷设时，在电缆终端头与电缆接头附近可留有备用长度。直埋电缆应在全长上留出少量余度，并作波浪形敷设。

布置接线盒　直埋电缆接线盒外应有防止机械损伤的保护盒，并能满足防水要求。

设置标志牌　直埋电缆沿线及其接头处应有明显的方位标志或牢固的标桩。标志牌上应注明线路编号，当设计无编号时，则应写明电缆型号、规格及起始和结束地点。

通电检验　若发生断路或短路，及时排查故障原因。

电缆沟回填　电缆铺砂盖砖（板）完毕后并经甲方、监理验收合格后方可进行沟槽回填，宜采用人工回填。一般采用原土分层回填，其中不应含有砖瓦、砾石或其他杂质硬物。要求用轻夯或踩实的方法分层回填。在回填至电缆上 50cm 后，可用小型打夯机夯实，直至回填到高出地面 100cm 左右为止。回填到位后必须对整个沟槽进行水夯，使回填土充分下沉，以免绿化工程完成后出现局部下陷，影响绿化效果。

电缆井的制作安装　包括电缆井的砌筑、电缆井防水。

根据现场情况和设计要求，及图纸指定地点砌筑电缆井，要做到电缆井防水良好、结构坚固。

电缆井防水：在电缆过电缆井时要做穿墙保护管，此时要做穿墙管防水处理。先将管口去毛刺、打坡口，然后里外都做防腐处理，安装好后用防水沥青或膨胀胶进行封堵，以保证防水。

7.1.2　理论知识：园林供电

公园的种类是很多的，同时，园内娱乐机械和水景工程都需要动力供电，一般大中型公园都要安装自己的配电变压器，做到独立供电。但一些小公园、小游园的用电量比较小，也常常直接借用附近街区原有变压器提供电源。

1. 电源电压

（1）交流电源

在现代社会中，广泛应用着交流电。电能的产生、输配以及应用几乎都采用交流电。即使在某些场合需要使用直流电，也是通过整流设备将交流电变成直流电而使用。

大小和方向随时间作周期性变化的电压和电流分别称为交流电压和交流电流，统称为交流电。以交流电的形式产生电能或供给电能的设备，称为交流电源，如发电厂的发电机（见图 7.1.3）、公园内的配电变压器、配电盘的电源刀闸、室内的电源插座等等，都可以看作是用户的交流电源。我国规定电力标准频率为 50Hz。频率、幅值相同而相位互差 120°的三个正弦电动势按照一定的方式连接而成的电源，并接上负载形成的三相电路，就称为三相交流电路。

三相交流电压是由三相发电机产生的。图 7.1.3 为三相发电机的原理图，它主要由电枢和磁极构成。

电枢是固定的，亦称为定子，而磁极是转动的，称为转子。在定子槽中放置了三个同样的线圈 AX、BY 和 CZ，将三相绕组的起始端 A、B、C 分别引出三根导线，称为相线（又称火线），而把发电机的三相绕组的末端 X、Y、Z 联在一起，称为中性点，用 N 表示。由中性点引出一根导线称为中线（又称地线），这种由发电机引出四条输电线的供电方式，称为三相四线制供电方式（图 7.1.4）。三相四线制供电的特点是可以得到两种不同的电压，一是相电压 U_ϕ，一为线电压 U_1，在数值上，线电压为相电压的 3 倍，即

$$U_1 = \sqrt{3}U_\varphi$$

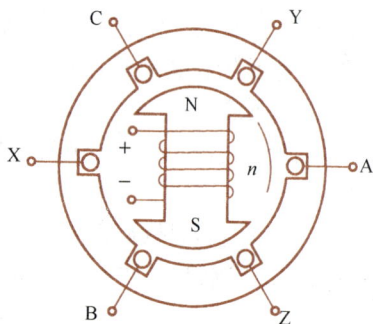

图 7.1.3　三相发电机原理图

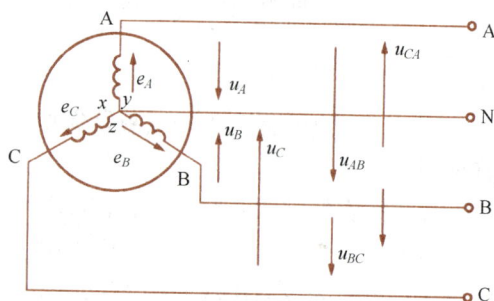

图 7.1.4　三相四线制供电

在三相低压供电系统中，最常采用的便是"380/220V 三相四线制供电"，即由这种供电制可以得到三相 380V 的线电压（多用于三相动力负载），也可以得到单相 220V 的相电压（多用于单相照明负载及单相用电器），这两种电压供给不同负载的需要。

（2）供电电压

照明线路的供电电压，对配电方式及线路敷设费用都有较大影响。当负荷相同时，如采用较高的电压等级，线路负荷电流便相应减小，因而就可以选用较小的导线截面。我国的配电网络电压，在较低的交流电压范围内的标准等级为 500V、380V、220V、127V、110V、36V、24V、12V 等。而一般照明用的白炽灯电压等级主要有 220V、110V、36V、24V、12V 等。荧光灯的适用网络电压为 220V、110V，其他光源的额定网络电压常为 220V。所谓光源的电压是指对光源供电的网络电压，不是指灯泡（灯管）两端的电压。

供电电压必须符合标准的网络电压等级和光源的电压等级。从安全条件出发，照明的电源电压一般按下列原则决定：

1）在正常环境中，一般照明电压应采用 220V。

2）在有触电危险的场所，例如地面潮湿或周围有许多金属结构并且容易触及的房间，当灯具的安装高度离地面小于 2.4m 时，无防止触及措施的固定式或移动式照明的供电电压，不宜超过 36V。

3）手提灯的供电电压不应超过 24V。在环境条件极为恶劣的场所，例如由于工作面狭窄或工作人员需在锅炉内、金属容器内或金属平台上面工作，因而有触电危险时，移动照明电源电压不得超过 12V。

4）由专用蓄电池供电的照明电压，可根据容量的大小和使用要求，分别采用 220V、24V 或 12V 等。

2. 输配电概述

工农业所需用的电能通常都是由发电厂供给的，而大中型发电厂一般都是建筑在蕴藏能源比较集中的地区，距离用电地区往往是几十公里、几百公里乃至 1000km 以上。

由发电厂、电力网和用电设备组成的统一整体称为电力系统。而电力网是电力系统的一部分，它包括变电所、配电所以及各种电压等级的电力线路。其中变、配电所是为了实现电能的经济输送以及满足用电设备对供电质量的要求，以对发电机的端电压进行多次变换而进行电能接受、变换电压和分配电能的场所，根据任务不同，将低电压变为高电压称为升压变电所，它一般建在发电厂厂区内，而将高电压变换到合适的电压等级，则为降压变电所，它一般建在靠近电能用户的中心地点。

单纯用来接受和分配电能而不改变电压的场所称为配电所，它一般建在建筑物内部。从发电厂到用户的输配电过程见（图 7.1.5）。

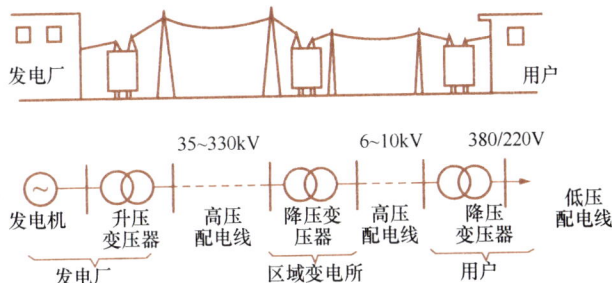

图 7.1.5 从发电厂到用户的输配电过程示意图

根据我国规定，交流电力网的额定电压等级有：220V、380V、3kV、6kV、10kV、35kV、110kV、220kV 等。习惯上把 1kV 及以上的电压称为高压，1kV 以下的称为低压，但需特别提出的是所谓低压只是相对高压而言，决不说明它对人身没有危险。

在我国的电力系统中，220kV 以上电压等级都用于大电力系统的主干线，输送距离在几百公里；110kV 的输送距离在 100km 左右；35kV 电压输送距离 30km 左右；而 6～10kV 为 10km 左右，一般城镇工业与民用用电均由 380/220V 三相四线制供电。

3. 配电变压器（图 7.1.6）

变压器是把交流电压变高或变低的电气设备，其种类多，用途广泛，在此只介绍配电变压器。我们选用一台变压器时，最主要的是注意它的电压以及容量等参数。

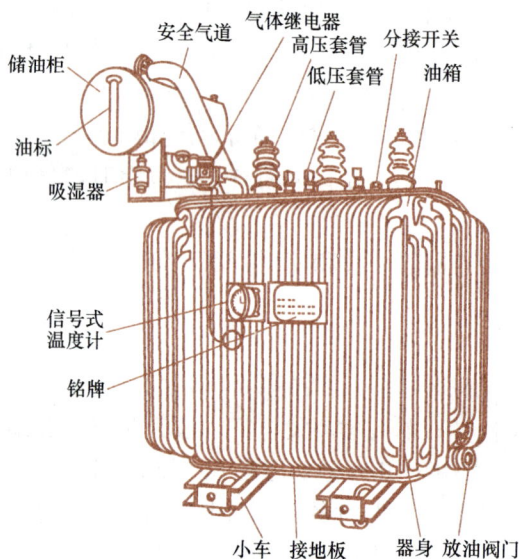

图 7.1.6　三相油浸式电力变压器外形图

变压器的外壳一般均附有铭牌，上面标有变压器在额定工作状态下的性能指标。在使用变压器时，必须遵照铭牌上的规定。

4. 负荷分级及供电要求

根据《供配电系统设计规范》（GB 50052—2009），对供电可靠性的要求及中断供电在政治、经济上所造成损失或影响程度把负荷分为 3 级，即一级负荷、二级负荷、三级负荷。

符合下属情况之一即为一级负荷：中断供电将造成人身伤亡的；中断供电将在政治、经济上造成重大损失；中断供电将影响有重大政治、经济意义的用电单位的正常工作。

符合下属情况之一即为二级负荷，中断供电将在政治、经济上造成较大损失；中断供电将影响有重要用电单位的正常工作。

不属于一级负荷和二级负荷者为三级负荷。

园林景观一般属于休闲场所，供电负荷可按三级负荷考虑，但对于晚间开展大型游园活动、装置电动游乐设施、有开放性地下岩洞或架空索道的公园，其照明负荷应接二级负荷供电，应急照明按一级负荷供电。

5. 照明线路的供电方式

总配电箱到分配电箱的干线有放射式、树干式和混合式三种供电方式（图 7.1.7）。

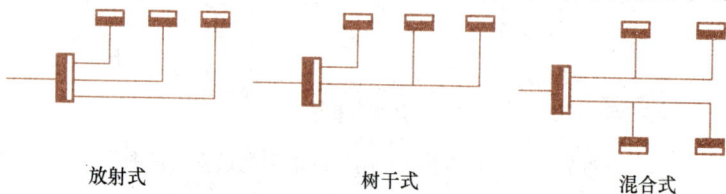

放射式　　　　　　　树干式　　　　　　　混合式

图 7.1.7　照明干线供电方式

放射式　各分配电箱分别由各干线供电。当某分配电箱发生故障时，保护开关将其他源切断，不影响其他分配电箱的工作。所以放射式供电方式的电源较为可靠，但材料消耗较大。

树干式　各分配箱的电源由一条干线供电。当某分配电箱发生故障时，将影响到其他分配电箱的工作，所以电源的可靠性差。但这种供电方式节省材料，较经济。

混合式　放射式和树干式混合使用供电。吸取两式的优点，既兼顾材料消耗的经济性又保证电源，具有一定的可靠性。

7.1.3　实践知识：园林供电

1. 确定电源供给点

公园绿地的电力来源，常见约有以下几种：

1）借用就近现有变压器，但必须注意该变压器的多余容量是否能满足新增园林绿地中各用电设施的需要，且变压器的安装地点与公园绿地用电中心之间的距离不宜太长。中小型公园绿地或居住区的电源供给常采用此法。

2）利用附近的高压电力网，向供电局申请安装供电变压器，一般用电量较大（100kW以上）的公园绿地、广场等最好采用此种方式供电。

3）如果公园绿地（特别是风景点、区）离现有电源太远或当地电源供电能力不足时，可自行设立小发电站或发电机组以满足需要。

一般情况下，当公园绿地独立设置变压器时，需向供电局申请安装变压器。在选择地点时，应尽量靠近高压电源，以减少高压进线的长度。同时，应尽量设在负荷中心或发展负荷中心。

2. 配电线路的布置

公园绿地布置配电线路时，应注意以下原则：要全面统筹安排考虑，主要是经济、合理、使用维修方便，不影响园林景观；从供电点到用电点，要尽量取近，走直路，并尽量敷设在道路一侧，但不要影响周围建筑及景色和交通；地势越平坦越好，要尽量避开积水和水淹地区，避开山洪或潮水起落地带；在各具体用电点，要考虑到将来发展的需要，留足接头和插口，尽量经过能开展活动的地段。因而，对于用电问题，应在公园绿地平面设计时作出全面安排。

线路敷设形式可分为两大类：架空线和地下电缆架空线工程简单，投资费用少，易于检修。但影响景观，妨碍种植，安全性差；而地下电缆的优缺点正与架空线相反。目前在公园绿地中都尽量地采用地下电缆，尽管它一次性投资大些，但从长远的观点和发挥园林功能的角度出发，还是经济合理的。架空线仅常用于电源进线侧或在绿地周边不影响园林景观处，而在公园绿地内部一般均采用地下电缆。当然，最终采用什么样的线路敷设形式应根据现场实际。

对于一些大型公园、游乐场、风景区等，其用电负荷大，常需要独立设置变电所，其主结线可根据其变压器的容量进行选择（图7.1.8），为320kVA及以下变电所的主结线图。

变压器—干线供电系统。对于变压器已选定或在附近有现成变压器可用时，其供电方式常有以下4种（图7.1.9）。

1）对于中、小型园林而言，常常不需设置单独的变压器，而是由附近的变电所通过低

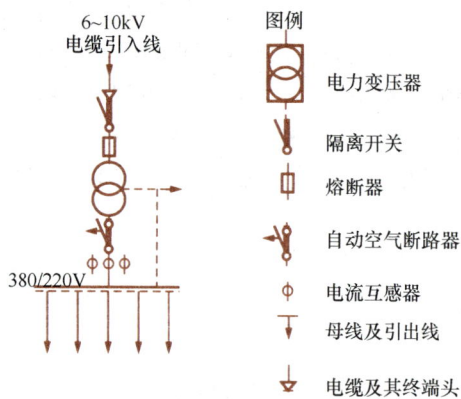

图 7.1.8　320kVA 以下变电所的主结线

压配电盘直接由一路或几路电缆供给。当低压供电采用放射式系统时，照明供电线可由低压配电箱引出。

2）对于中、小型园林，常在进园电源的首端设置干线配电板，并配备进线开关、电度表以及各出线支路，以控制全园用电。动力、照明电源一般单独设回路。仅对于远离电源的单独小型建筑物才考虑照明和动力合用供电线路。

3）在低压配电箱的每条回路供电干线上所连接的照明配电箱，一般不超过 3 个。每个用电点（如建筑物）进线处应装闸刀开关和熔断器。一般园内道路照明可设在警卫室等处进行控制，

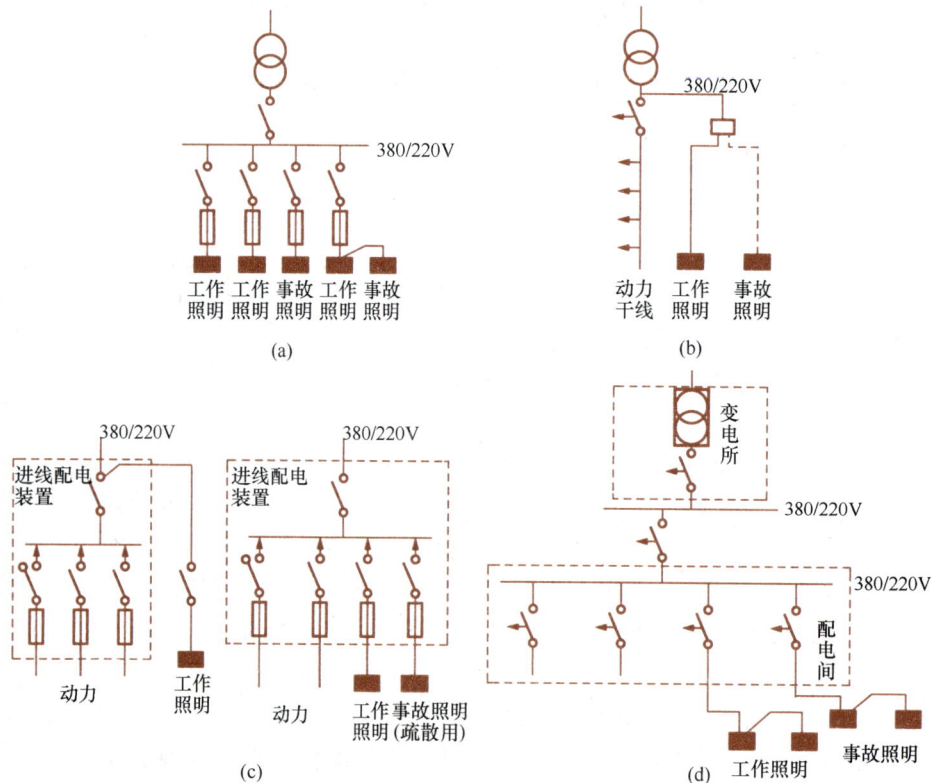

图 7.1.9　照明干线供电方式

道路照明除各回路有保护处，灯具也可单独加熔断器进行保护。

4）大型游乐场的一些动力设施应有专门的动力供电线路，并有相应的措施保证安全、可靠供电，以保证游人的生命安全。

照明网络一般采用 380/220V 中性点接地的三相四线制系统，灯用电压 220V。为了便于检修，每回路供电干线上连接的照明配电箱一般不超过 3 个，室外干线向各建筑物等供电时不受此限制。室内照明支线每一单相回路一般采用不大于 16A 的熔断器或自动空气开关保护，对于安装大功率灯泡的回路允许增大到 20～30A。每一个单相回路（包括插座）

一般不超过 25 个，当采用多管荧光灯具时，允许增大到 50 根灯管。照明网络零线（十性线）上不允许装设熔断器，但在办公室、生活福利设施及其他环境正常场所，当电气设备无接零要求时，其单相回路零线上宜装设熔断器。一般配电箱的安装高度为中心距地面 5m，若控制照明不是在配电箱内进行，则配电箱的安装高度可以提高到 2m 以上。拉线开关安装高度一般在距地面 2～3m（或者距顶棚 0.3m），其他各种照明开关安装高度宜为 1.3～1.5m。

一般室内暗装的插座，安装高度为 0.3～0.5m（安全型）或 1.3～1.8m（普通型）；明装插座安装高度为 1.3～1.8m，低于 1.3m 时应采用安全插座；潮湿场所的插座，安装高度距地面不应低于 1.5m；儿童活动场所（如住宅、托儿所、幼儿园及小学）的插座，安装高度距地面不应低于 1.8m（安全型插座例外）。同一场所安装的插座高度应尽量一致。

巩固训练 ☞

供电导线敷设与配电箱安装

1. 实训目的

利用 24V 低压安全电源，模拟操作 380V 以下低压园林供电线路的敷设的基本程序、方法，为进一步学习和实施园林供电线路施工打下基础。

2. 使用材料工具准备

2.1　材料：配电箱、绝缘导线、PVC 导线套管、24V 安全电源、继电器、熔断器、接地装置。

2.2　工具：5 磅手锤、配电盘、电工刀、老虎钳、电笔、螺丝刀、漏电保护器、电线探测器、电压计、绝缘胶鞋、电力开关、土方开挖工具等。

3. 方法步骤

3.1　分组讲解电气施工的安全事项、操作步骤、施工要点。

3.2　教师示范导线套管的连接、导线穿管、导线连接、断路与短路故障排除等施工工艺工艺。

3.3　电线管敷设

3.3.1　检查电线管、钢管进货关，接线盒、灯头盒、开关盒等均要有产品合格证。

3.3.2　预埋管要与土建施工密切配合，首先满足水管的布置，其次安排电气配管位置。

3.3.3　暗配管应沿最近线路敷设并减少弯曲，弯曲半径不应小于管外径的 10 倍，与建筑物表面的距离不应小于 15mm，进入落地式配电箱管口应高出基础面 50～80mm，进入盒、箱管口应高出基础面 50～80mm，进入盒、箱管口宜高出内壁 3～5mm。

3.3.4　穿线

① 管内穿线要严把电线进货关，电线的规格型号必须符合设计要求，并有出厂合格证，到货后检查绝缘电阻、线芯直径、材质和每卷的重量是否符合要求。应按管径的大小选择相应规格的护口，尼龙压线帽、接线鼻子等规格和材质均要符合要求。

② 管内穿线应在建筑结构及土建施工作业完成后进行，选穿带线，用 $\phi1.2～\phi2.0$ 铁丝，两端留 10～15cm 的余量，然后清扫管道、开关盒、插座盒等的泥土、灰尘。

③ 穿线时注意同一交流回路的导线必须穿同一管内，不同回路、不同电压的交流与直线的导线不得穿入同一管内，但以下几种情况除外：标准电压为 50V 以下的回路；同一设备或同一流水作业设备的电力回路和无特殊防干扰要求的控制回路；同一花灯的几个回路；同类照明的几个回路，但管内的导管总数不应多于 8 根。

④ 导线预留长度：接线盒、开关盒、插座盒及灯头盒为 15cm，配电箱内为箱体周长的 1/2。

3.3.5　配电箱安装

① 开箱检查。箱到达现场应与业主（老师）、监理共同进行开箱检查、验收。箱包装及密封应良好，制造厂的技术文件应齐全，型号、规格应符合设计要求，附件备件齐全。主体外观应无损及变形，油漆完好无损，柜内原器件及附件齐全，无损伤等缺陷。

② 箱的固定。先按图纸规定的顺序将柜做好标记，然后放置到安装位置上固定。盘面每米高的垂直度应小于 1.5mm，相邻两盘顶部的水平偏差应小于 2mm。箱安装要求牢固、连接紧密。箱固定好后，应进行内部清扫，用抹布将各种设备擦干净，柜内不应有杂物。

③ 母线安装。箱的电源及母线的连接要按规范及国际通行相位色标表示，相位应正确一致，保证进线电源的相序正确。

④ 二次回路检查，送电及功能测试。检查电气回路、信号回路接线牢固可靠，进行送电前的绝缘电阻检查应符合有关规定。按前后调试的顺序送电分别模拟试验、连锁、操作继电保护和信号动作，应正确无误、灵活可靠。

⑤ 安装完毕，应对接地干线和各支线的外露部分以及电气设备的接地部分进行外观检查，检查电气设备是否按接地的要求接有接地线，各接地线的螺丝连接是否接妥，螺丝连接是否使用了弹簧垫圈，接地电阻应小于 4Ω。

4. 要求

分组进行实训，并对实训成果进行品评，说出优缺点并提出改进措施。

5. 考核评估

5.1　施工过程是否符合相关安全规范（40%）。

5.2　线槽开挖、导线敷设是否符合设计要求（30%）。

5.3　导线供电是否通畅（30%）。

任务 7.2　园林照明

任务分析：结合设计图纸，学习并掌握照明灯具安装工程的施工步骤、方法、过程。

技能：理解园灯安装的技术及步骤，学生能够独立完成园灯安装的施工过程。

方法：采用教师讲授，学生模拟的方法。

出于安全与角度考虑，以 24V 安全电源替代 380V 交流电进行操作施工。

态度：认知施工技术是需要严格谨慎及需要保证安全的，不仅施工过程需要安全，施工工程也需要安全稳固。

7.2.1　工作任务：园林照明

【案例】　分施工小组，在园林工程实训场进行施工训练。

1. 任务分析

拿到案例后首先分析图纸（图 7.2.1），我们需要了解下照明系统的基本构成，包括灯具基础制作、灯具安装、灯具接地装置安装、电缆头制作安装几部分。

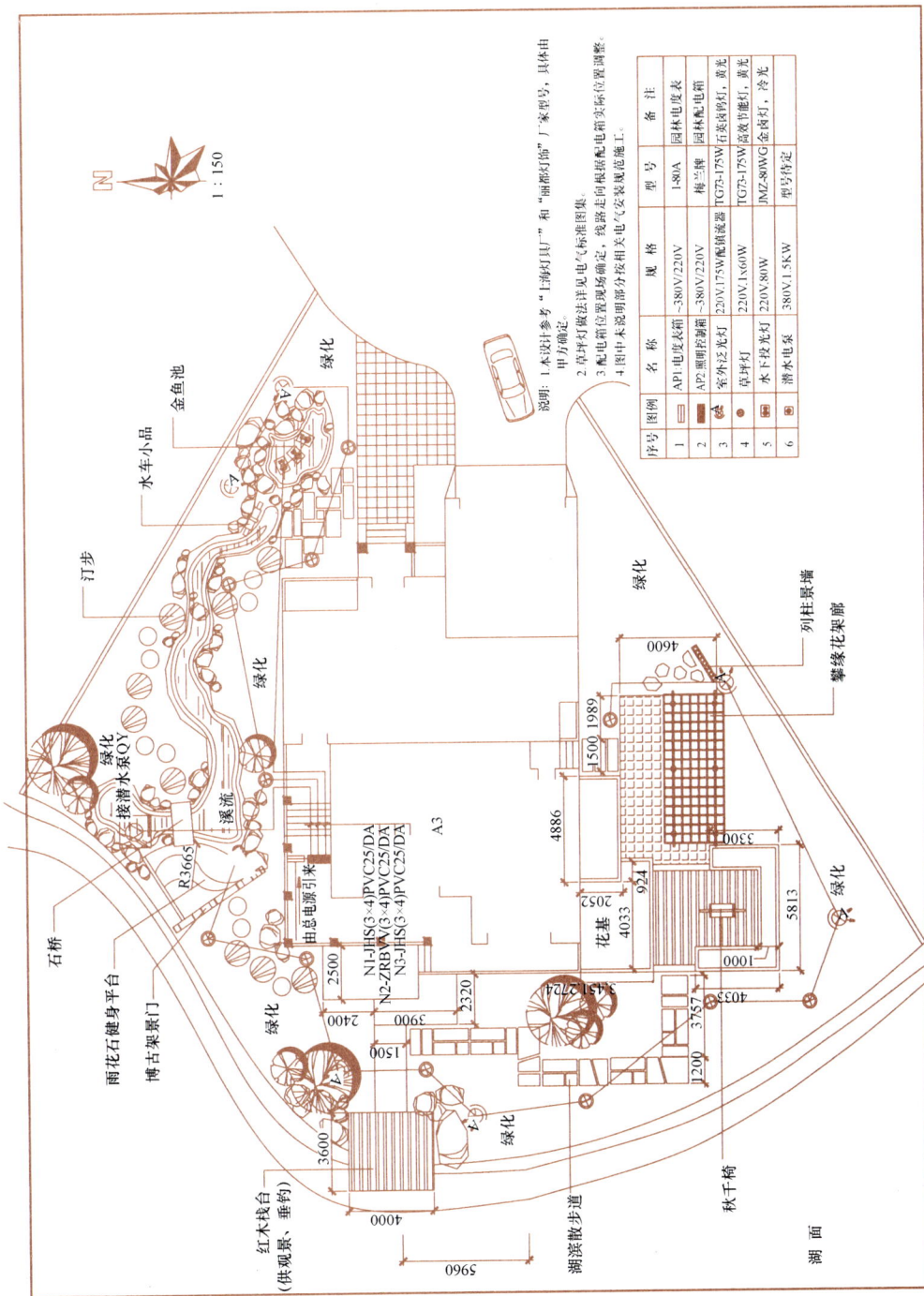

图 7.2.1　白云花苑 186A3 别墅庭院供电设计

说明：1.本设计参考"上海灯具厂"和"丽群灯饰"厂家型号，具体由甲方确定。
2.草坪灯做法详见详电气标准图集。
3.配电箱位置现场确定，线路走向根据配电箱实际位置调整。
4图中未说明部分按相关电气安装规范施工。

序号	图例	名　称	规　格	型　号	备　注
1		AP1电度表箱	~380V/220V	1-80A	园林电度表
2		AP2照明控制箱	~380V/220V	梅兰牌	园林配电箱
3		室外泛光灯	220V·175W镇流器	TG73-175W石英卤钨灯，黄光	
4		草坪灯	220V·1x60W	TG73-175W高效节能灯，黄光	
5		水下段光灯	220V·80W	JMZ-80WG金卤灯，冷光	
6		潜水电泵	380V/1.5KW	型号待定	

2. 实践操作

操作步骤如下：

熟悉设计图样　通过设计交底和阅读设计图样，了解设计规定和相应的要求，深刻领会设计意图，理清施工中的重点和难点。

清理施工场地　踏勘施工现场，了解施工区域的实际情况，清除和处理有碍施工的垃圾、杂物和设施。

灯具基础制作　首先确定灯具位置，然后根据标高确定基础高度。根据基础施工图要求和灯具底座尺寸，用混凝土制作基础座，基础座中间加钢筋骨架确保基础坚固。在浇注基础座混凝土时，在混凝土初凝前在其上方放入紧固螺栓或基础完成后打膨胀螺栓用于固定灯具。

灯架灯具安装　按设计要求测出灯具（灯架）安装高度，并作标记。

将灯架、灯具吊上电杆，穿好抱箍或螺栓，按设计要求找好照射角度，调好平整度后，将灯架紧固好。

落地灯具安装　在安装灯具前首先对电缆进行绝缘测试和回路测试，对所有灯具进行通电调试，确信电缆绝缘良好且回路正确，无短路或断路情况，灯具合格后方可进行灯具安装。安装后保证灯具竖直，再同一排的灯具在一条直线上。灯具固定稳固，无摇晃现象。接线安装完毕后检查各个回路是否与图纸一致，根据图纸再复检一次，确保无误且甲方、监理验收合格后方可进行调试和试运行。调试时保证有两人在场。重要灯具安装应做样板方式安装，安装完成一套，请甲方及监理人员共同检查，同意后再进行安装。成排安装的灯具其仰角应保持一致，排列整齐。

配接引下线　将针式绝缘子固定在灯架上，将导线的一端在绝缘子上绑好回头，并分别与灯头线、熔断器进行连接。将接头用橡胶布和黑胶布半幅重叠各包扎一层。然后，将导线的另一端拉紧，并与路灯干线背扣后进行缠绕连接。

每套灯具的相线应装有熔断器，且相线应接螺口灯头的中心端子。

引下线与路灯干线连接点距杆中心应为 400～600mm，且两侧对称一致。

引下线凌空段不应有接头，长度不应超过 4m，超过时应加装固定点或使用钢管引线。

导线进出灯架处应套软塑料管，并做防水弯。

灯具接地装置安装　为确保用电安全，每个回路系统都安装一个二次接地系统，即在回路中间做一组接地极，接电缆中的保护线和灯杆，同时用摇表进行摇测，保证摇测电阻值符合设计要求。

试灯　全部安装工作完毕后，送电、试灯，并进一步调整灯具的照射角度。若发生断路或短路，及时排查故障原因。

7.2.2　理论知识：园林照明

园林场所内的各种建筑、广场及设施对照明的要求也各不相同，因此需要采用不同的照明方式及相应的设备，对光源与灯具的性能要求也不同。公园及住宅区，庭园的照明主要以明视及饰景为主。明视照明以园路及广场为主，而饰景照明则需创造各种环境气氛，其应用也很普遍，并广泛地应用于园林内各种景物上。

1. 照明光量

常用的用明光线度量单位有光通量、发光强度、照度和亮度。

（1）光通量

光通量说明发光体发出的光能数量有多少，其符号为 F_0。光通量的单位是流明（lm）。

（2）发光强度

是发光体在某方向发出的光通量的密度。表征光能在室间的分布状况，用符号 I 来表示。发光强度的单位是坎德拉（cd），它表示在一球面文体角内均匀发出 1lm 的光通量。

（3）照度

照度表示了被照物表面接收的光通量密度，可用来判定被照物的照明情况，表示符号为 E。照明的照度按如下系列分级。

1）简单视觉照明应采用：0.5lx、1lx、2lx、3lx、5lx、10lx、15lx、20lx、30lx。

2）一般视觉照明应采用：50lx、75lx、100lx、150lx、200lx、300lx。

3）特殊视觉照明应采用：500lx、700lx、1000lx、1500lx、2000lx、3000lx。

（4）亮度

表示发光体单位面积上的发光强度，表征一个物体的明亮程度，用符号 L 来代表。亮度的单位是 cd/m^2。

2. 照明光源

（1）照明光源

根据发光特点，照明光源可分为热辐射光源和气体放电光源两大类。热辐射光源最具有代表性的是钨丝白炽灯和卤钨灯；气体放电光源比较常见的有荧光灯、荧光高压汞灯、金属卤化物灯、钠灯、氙灯等。

普通白炽灯　具有构造简单、使用方便、能瞬间点亮、无频闪现象、价格便宜等特点；所发出的光以长波辐射为主，呈红色，与天然光有些差别；其发光效率比较低，只有 2%～3% 的电能转化为光，灯泡的平均寿命为 1000h 左右。

微型白炽灯　这类光源虽属白炽灯系列，但由于它功率小、所用电压低，因而照明效果不好，在园林中主要是作为图案、文字等艺术装饰使用，如可塑霓虹灯、美耐灯、带灯、满天星灯等。微型灯泡的寿命一般在 5000～10000h 以上；其常见的规格有 6.5V/0.46W、13V/0.48W、28V/0.84W 等几种。体积最小的其直径只有 3mm，高度只有 7mm。

卤钨灯　是白炽灯的改进产品，光色发白，较白炽灯有所改良；其发光效率约为 221lm/W，平均寿命约 1500h，其规格有 500W、1000W、1500W、2000W 四种，管形卤钨灯需水平安装，倾角不得大于 4°；在点亮时灯管温度达 6000℃左右，故不能与易燃物接近。卤钨灯具有体积小、功率大、可调光、显色性好、能瞬间点燃、无频闪效应、发光效率高等特点，多用于较大空间和要求高照度的场所。

荧光灯　俗称日光灯。其发光效率一般可达 45lm/W，有的可达 70lm/W 以上。灯管表面温度很低，光色柔和，光质接近天然光，有助于颜色的辨别，并且光色还可控制。灯管寿命长，一般在 2000～3000h。荧光灯常见规格有 8W、20W、30W、40W 等，其灯管形状有直管形、环形、U 形和反射形等。近年来还发展有用较细玻璃管制成的 H 形灯、双 D 形灯、双曲灯等，被称为高效节能日光灯；其中还有些将镇流器、启辉器与灯管组装成一体的，可以直接代换白炽灯使用。

荧光高压汞灯　发光原理与荧光灯相同，有外镇流荧光高压汞灯和自镇流荧光高压汞灯两种基本形式；自镇流荧光高压汞灯利用自身的钨丝代作镇流器，可以直接接入 220V 50Hz 的交流电路上，不用镇流器。荧光灯高压汞灯的发光效率一般 50lm/W，灯炮的寿命可达 5000h，具有耐震、耐热的特点。普通荧光高压汞灯的功率为 50～1000W，自镇流荧光高压汞灯的功率则常见 160W、250W 和 450W 三种。高压汞灯的再启动时间长达 5～10s。不能瞬间点亮，因此不能用于事故照明和要求迅速点亮的场所。这种光源的光色差，呈蓝紫色，在光下不能正确分辨被照射物体的颜色，故一般只用作园林广场、停车场、通车主园路等不需要仔细辨别颜色的大面积照明场所。

钠灯　它是利用在高压或低压钠蒸气中放电时发出可见光的特性制成的。钠灯的发光效率高，一般在 110lm/W 以上；寿命长，一般在 3000h 左右；其规格从 70～400W 的都有。低压钠灯的显色性差，但透雾性强，很少用在室内，主要用于园路照明。高压钠灯的光色有所改善，呈金白色，透雾性能良好，故适合于一般的园路、出入口、广场、停车场等要求照度较大的广阔空间照明。

金属卤化物灯　它是在荧光高压汞灯基础上，为改善光色面发展起未的所谓第三代光源，灯管内充有金属卤化物，紫外线辐射较弱，显色性良好，可发出与天然光相近似的可见光，发光效率可达到 70～100lm/W，其规格则有 250W、400W、1000W 和 3500W 四种。金属卤化物灯尺寸小、功率大、光效高、光色好，启动所需电流低、抗电压波动的稳定性比较高，因而是一种比较理想的公共场所照明光源；但它也有寿命较短的不足，一般 1000h 左右，3500W 的金属卤化物灯则只有 500h 左右。

氙灯　氙灯具有耐高温、耐低温、耐震、工作稳定、功率可做到很大等特点，并且其发光光谱与太阳光极其近似，因此被称为"人造小太阳"，可广泛应用于城市中心广场、立交桥广场、车站、公园出人口、公园游乐场等面积广大的照明场所。氙灯的显色性良好，平均显色指数达 90～94；其光照中紫外线强烈，此安装高度不得小于 20m。不足的是氙灯的寿命较短，在 500～1000h 之间。

LED 灯　LED，发光二极管，是一种固态的半导体器件，它可以直接把电转化为光。LED 的心脏是一个半导体的晶片 LED 日光灯以质优、耐用、节能为主要特点，投射角度调节范围大，15W 的亮度相当于普通 40W 日光灯。抗高温、防潮防水、防漏电。使用电压有 110V、220V 可选，外罩可选玻璃或 PC 材质。灯头与普通日光灯一样。LED 日光灯寿命为普通灯管的 10 倍以上，几乎免维护，无须经常更换灯管、镇流器、启辉器。绿色环保的半导体电光源，光线柔和，光谱纯，有利于使用者的视力保护及身体健康。6000K 的冷光源给人视觉上清凉的感受。因单颗 LED 的体积小，可以做成任何形状。色彩绚丽，发光色彩纯正，光谱范围窄，并能通过红绿蓝三基色混色成七彩或者白光，还能结合太阳能电池板进行夜间照明。

（2）园林灯具的选择

灯具是光源、灯罩及其附件的总称。灯具有装饰灯具和功能灯具两类；装饰灯具以灯罩的造型、色彩为首要考虑困素，而功能灯具却把提高光效、降低眩光、保护光源作为主要选择条件。按照灯具的配光特点和通行的划分方法，可将灯具分为以下 5 种类型（见图 7.2.2）。

直接型灯具　一般由搪瓷、铝和镀银镜面等反光性能良好的不透明材料制成。灯具的

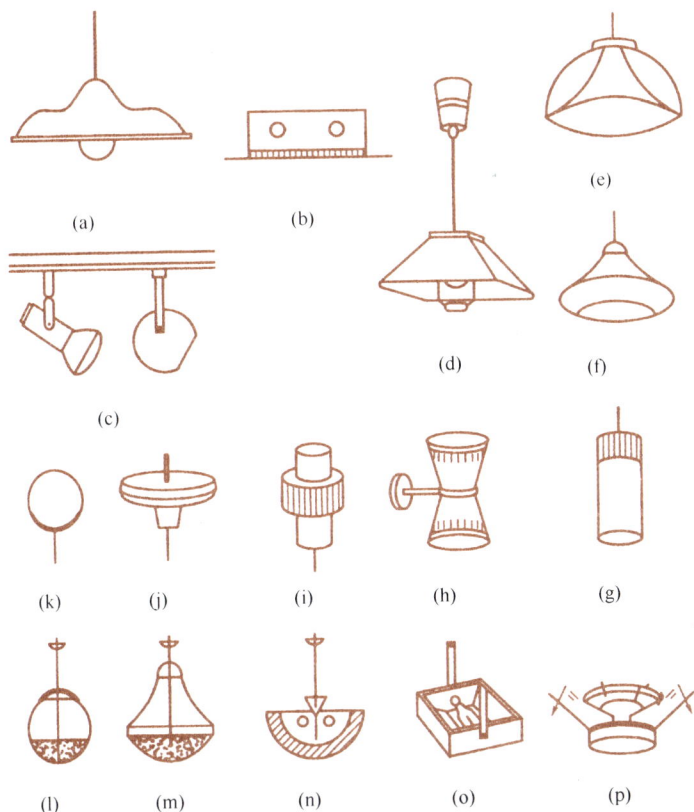

图 7.2.2　各类灯具示例

（a）～（d）—直接型灯具；（e）～（f）—半直接型灯具；（g）～（k）—均匀漫射型灯具；
（l）～（n）—半间接型灯具；（o），（p）—间接型灯具

上半部几乎没有光线，光通量仅为 $0 \sim 10\%$；下半部的光通量达 $90\% \sim 100\%$，光线集中在下半部发出，方向性强，产生的阴影也比较浓，在园路边、广场边、园林建筑边都常用直接型灯具。

半直接型灯具　这种灯具常用半透明的材料制成开口的灯罩样式，如玻璃碗形能使空间上半部得到一些亮度，改善了空间上、下半部的亮度对比关系。上半都的光通量为 $10\% \sim 40\%$，下半部为 $60\% \sim 90\%$。这种灯具可用在冷热饮料厅、音乐茶座等需要照度不太大的室内环境中。

均匀漫射型灯具　常用均匀漫射透光的材料制成封闭式的灯罩，如乳白玻璃球形灯等。灯具上半部和下半部光通量都差不多，各为 $40\% \sim 60\%$。这种灯具损失光线较多，但造型美观，光线柔和均匀，因此常常被用作庭院灯、草坪灯及小游园场地灯。

半间接型灯具　灯具上半部用透明材料，下半部用漫射性透光材料做成；照射时可使上部空间保持明亮，光通量达 $60\% \sim 90\%$，而下都空间则显得光线柔和均匀，光通量一般为 $10\% \sim 40\%$。在使用过程中，上半部容易积上灰尘，会影响灯具效率。半间接型灯具主要用于园林建筑的室内装饰照明。

间接型灯具　灯具下半部用不透光的反光材料做成，光通量仅 $0 \sim 10\%$。光线全部由上半部射出，经顶棚再向下反射，上半部可具有 $90\% \sim 100\%$ 的光通量。这种灯具的光线均匀

柔和，能最大限度地减弱阴影和眩光，但光线的损失量很大，使用起来不太经济。主要是作为室内装饰照明灯具。

如果按照灯具的结构方式来划分，还可以分成四种类型，即：光源与外界环境直接相通的开启式灯具、具有能够透气的闭合透光罩的保护式灯具、透光罩内外隔绝并能够防水防尘的密闭式灯具和在任何条件下也不会引起爆炸的防爆式灯具。

3. 园林场地照明

（1）大面积园林场地设置园灯

面积广大的园林场地如园景广场、门景广场、停车场等，一般选用钠灯、氙灯、高压汞灯、卤钨灯等功率大、光效高的光源，采用杆式路灯的方式布置广场的周围，间距为10～15m。若在特大的广场中采用氙灯作光源；也可在广场中心设立钢管灯柱，直径25～40cm、高20m以上。对大型广场的照明可以不要求照度均匀。对重点照明对象，可以采用大功率的光源和直接型灯具，进行突出性的集中照明。而对一般的或次要的照明对象，则可采用功率较小的光源和漫射型、半间接型灯具，实行装饰性的照明。

（2）小面积园林场地设置园灯

在对小面积的园林场地进行照明设计时，要考虑场地面积大小和场地形状对照明的要求。小面积场地的平面形状若是矩形的，则灯具最好布置在2个对角上或在4个角上都布置；灯具布置最好要避开矩形边的中段。回形的小面积场地，灯具可布置在场地中心，也可对称布置在场地边沿、面积较小的场地一般可选用卤钨灯、金属卤化物灯和荧光高压汞灯等作为光源。休息场地面积一般较小，可用较矮的柱式庭院灯布置在四周，灯具间距可以小一些，在10～15m即可。光源可采用白炽灯或卤钨灯，灯具则既可采用直接型的，也可采用漫射型的，直接型灯具适宜于阅读、观看和观影要求的场地，如露天茶园、供园和小型花园等。漫射型灯具则宜设置在不必清楚分辨环境的一些休息场地，如小游花园的座椅区、园林中的露天咖啡座、冷热饮座、音乐茶座等。

（3）游乐或运动场地设置园灯

游乐或运动场地因动态物多，运动性强，在照明设计中要注意不能采用频闪效应明显的光源如荧光高压汞灯、高压钠灯、金属卤化物灯等，而要采用频闪效应不明显的卤钨灯和白炽灯。灯具一般以高杆架设方式布置在场地周围。

（4）园林草坪场地的照明

园林草坪场地的照明一般以装饰性为主，但为了体现草坪在晚间的景色，也需要有一定的照度。对草坪照明和装饰效果最好的是矮柱式灯具和低矮的石灯、球形地灯、水平地灯等，由于灯具比较低矮，能够很好地照明草坪，并使草坪具有柔和的、朦胧的夜间情调。

7.2.3　实践知识：园林照明

1. 园灯的安装

园灯在功能上一方面是保证园路夜间交通安全，另一方面园灯也可结合造景，尤其对于夜景，园灯是重要的造景要素。

园灯的布置，在公园入口、开阔的广场，应选择发光效果较高的直射光源，灯杆的高度应根据广场的大小而定，一般为 5～10m。灯的间距为 35～40m。在园路两旁的灯光要求照度均匀。由于树木的遮挡，灯不宜悬挂过高，一般为 4～6m。灯杆的间距为 30～60m，如为单杆顶灯，则悬挂高度为 2.5～3m，灯距为 20～25m。在道路交叉口或空间的转折处应设指示园灯。在某些环境如踏步、草坪、小溪边可设置地灯，特殊处还可采用壁灯。在雕塑等处，可使用探照灯光、聚光灯、霓虹灯等。景区、景点的主要出入口、广场、林荫道、水面等处，可结合花坛、雕塑、水池、步行道等设置庭院灯，庭院灯多为 1.5～4.5m 的灯柱，灯柱多采用钢筋混凝土或钢制成，基座常用砖或混凝土、铸铁等制成，灯型多样。适宜的形式不仅起照明作用，而且起着美化装饰作用，并且还有指示作用，便于夜间识别。

（1）灯架、灯具安装

按设计要求测出灯具（灯架）安装高度，在电杆上画出标记。

将灯架、灯具吊上电杆（较重的灯架、灯具可使用滑轮、大绳吊上电杆），穿好抱箍或螺栓，按设计要求找好照射角度，调好平整度后，将灯架紧固好。

成排安装的灯具其仰角应保持一致，排列整齐。

（2）配接引下线

将针式绝缘子固定在灯架上，将导线的一端在绝缘子上绑好回头，并分别与灯头线、熔断器进行连接。将接头用橡胶布和黑胶布半幅重叠各包扎一层。然后，将导线的另一端拉紧，并与路灯干线背扣后进行缠绕连接。

每套灯具的相线应装有熔断器，且相线应接螺口灯头的中心端子。

引下线与路灯干线连接点距杆中心应为 400～600mm，且两侧对称一致。

引下线凌空段不应有接头，长度不应超过 4m，超过时应加装固定点或使用钢管引线。

导线进出灯架处应套软塑料管，并做防水弯。

（3）试灯

全部安装工作完毕后，送电、试灯，并进一步调整灯具的照射角度。

2. 雕塑、雕像的饰景照明灯具安装

对高度不超过 5～6m 的小型或中型雕塑，其饰景照明的方法如下：

照明点的数量与排列，取决于被照目标的类型。要求是照明整个目标，但不要均匀，其目的通过阴影和不同的亮度，再创造一个轮廓鲜明的效果。

根据被照明目标的位置及其周围的环境确定灯具的位置：

1）处于地面上的照明目标，孤立地位于草地或空地中央。此时灯具的安装，尽可能与地面平齐，以保持周围的外观不受影响和减少眩光的危险。也可装在植物或围墙后的地面上。

2）坐落在基座上的照明目标，孤立地位于草地或空地中央。为了控制基座的亮度，灯具必须放在更远一些的地方。基座的边不能在被照明目标的底部产生阴影，也是非常重要的，见图 7.2.3（a）。

3）坐落在基座上的照明目标，位于行人可接近的地方。通常不能围着基座安装灯具，因为从透视上说距离太近。只能将灯具固定在公共照明杆上或装在附近建筑的立面上，但必须注意避免眩光，见图 7.2.3（c）。

对于塑像，通常照明脸部的主体部分以及像的正面。背部照明要求低得多，或在某些情况下，一点都不需要照明。

虽然从下往上的照明是最容易做到的，但要注意，凡是可能在塑像脸部产生不愉快阴影的方向都不能施加照明，见图 7.2.3（b）。

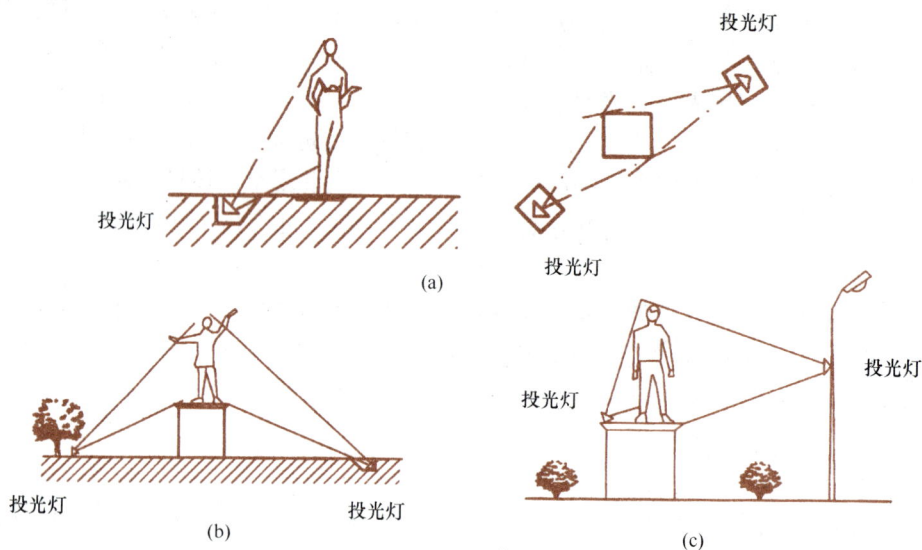

图 7.2.3　塑像投光照明

对某些塑像，材料的颜色是一个重要的要素。一般说，用白炽灯照明有好的显色性。通过使用适当的灯泡——汞灯、金属卤化物灯、钠灯，可以增加材料的颜色。采用彩色照明最好能做一下光色试验。

3. 喷水池和瀑布的照明

（1）对喷射的照明（图 7.2.4）

在水流喷射的情况下，将投光灯具装在水池内的喷口后面或装在水流重新落到水池内的落下点下面，或者在这两个地方都装上投光灯具。

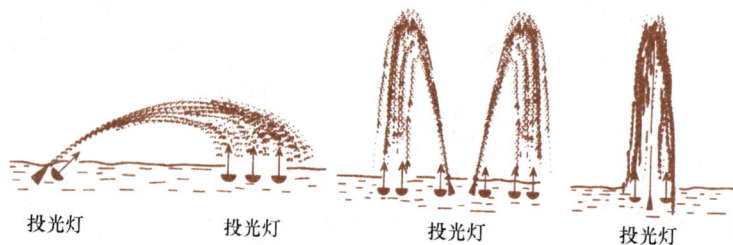

图 7.2.4　喷泉照明

水离开喷口处的水流密度最大，当水流通过空气时会产生扩散。由于水和空气有不同的折射率，使投光灯的光在进出水柱时产生二次折射。在"下落点"，水已变成细雨一般。投光灯具装在离下落点大约 10cm 的水下，使下落的水珠产生闪闪发光的效果。

（2）瀑布的照明

1）对于水流和瀑布，灯具应装在水流下落处的底部。

2）输出光通应取决于瀑布的落差和与流量成正比的下落水层的厚度，还取决于流出口的形状所造成水流的散开程度。

3）对于流速比较缓慢，落差比较小的阶梯式水流，每一阶梯底部必须装有照明。线状光源（荧光灯、线状的卤素白炽灯等）最适合于这类情形（图 7.2.5）。

4）由于下落水的重量与冲击力，可能冲坏投光灯具的调节角度和排列。必须牢固地将灯具固定在水槽内上或加重灯具（图 7.2.6）。

5）具有变色程序的动感照明，可以产生一种固定的水流效果，也可以产生变化的水流效果。

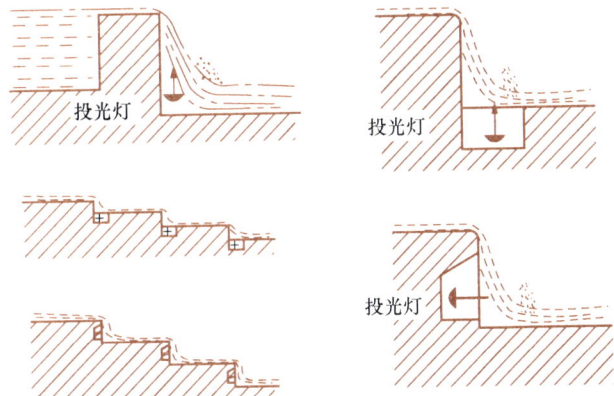

图 7.2.5　瀑布与水流的投光照明

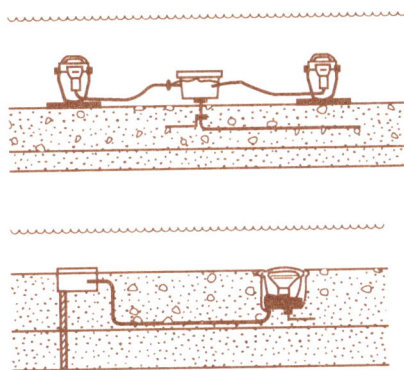

图 7.2.6　水下灯具安装示意图

巩固训练 ☞

园林照明灯具及开关安装

1. 实训目的

以安装 3 盏以上并联式草坪灯为例，学会园林照明灯具的基本程序、方法，为进一步学习和实施园林灯具安装工程打下基础。

2. 使用材料工具准备

2.1　材料：30W 以下草坪灯、24V 安全电源、继电器、熔断器、接地装置、电开关。

2.2　工具：电工刀、老虎钳、电笔、螺丝刀、漏电保护器、电线探测器、电压计、绝缘胶鞋、电力开关、土方开挖工具等。

3. 方法步骤

3.1　讲解草坪灯具供电的安全事项、操作步骤、施工要点并以草坪灯为例实物讲解供电导线接入方法。

3.2　根据照明灯具数量敷设并联线路。

3.3　灯具、光源按设计要求采用，所用灯具应有产品合格证，灯内配线严禁外露，灯具配件齐全。打开灯壳，安装光源及配套电器（电器接线参照电器说明书），把引出线由穿线孔引出至灯杆底部，然后把灯头与灯杆链接，注意拧紧紧固螺丝，然后把草坪灯法兰与基础预埋件螺杆对齐，垂直站立。然后使用螺母或垫平找平后即可拧紧安装螺母。（教师讲解导线接入灯具的具体方法。）

3.4　安装完毕，测得各条支路的绝缘电阻合格后，方允许通电运行。通电后应仔细检查灯具的控制是否灵活，开关与灯具控制顺序是否相对应。如发现问题必须先断电，然后查找原因进行修复。

3.5　各种开关、插座的规格型号必须符合设计要求，并有产品合格证。安装开关插座的面板应端正、严密并与墙面平、成排安装的开关高度应一致。

3.6　开关接线应由开关控制相线，同一场所的开关切断位置应一致，且操作灵活，接点接触可靠。插座接线注意单相两孔插座左零右相或下零上相。单相三孔及三相四孔的接地线均应在上方。交、直流或不同电压的插座安装在同一场所时，应有明显区别，且其插座配套、均不能互相代用。

4. 作业

分组进行实训操作，并对实训成果进行品评，说出优缺点并提出改进措施。

5. 考核评估

5.1　施工过程是否符合相关安全规范（40%）。

5.2　灯具安装是否符合质量要求（30%）。

5.3　灯具是否正常工作（30%）。

相关链接

1. 潘富荣，王振超，胡继光 . 园林工程施工［M］. 北京：机械工业出版社，2009.
2. 郭丽峰 . 园林工程施工便携手册［M］. 北京：中国电力出版社，2006.
3. 中国园林网 http：//www. yuanlin. com/
4. 筑龙网 http：//www. zhulong. com/

思考与练习

1. 简述园林供电线缆铺设的施工程序。
2. 园林供电中的电缆线路安装中有哪些质量要求？
3. 决定照明质量的因素有哪些？
4. 园林照明的方式有哪些？
5. 试说明园林照明光源选择、灯具布置的方法。

主要参考文献

陈科东. 2007. 园林工程施工技术 [M]. 北京：中国林业出版社.

陈祺. 2006. 园林工程建设现场施工技术 [M]. 北京：化学工业出版社.

郭丽峰. 2006. 园林工程施工便携手册 [M]. 北京：中国电力出版社.

李敏，周琳洁. 2008. 园林绿化建设的营造技术 [M]. 北京：中国建筑工业出版社.

刘卫斌. 2003. 园林工程 [M]. 北京：中国科学技术出版社.

孟兆祯. 1995. 园林工程 [M]. 北京：中国林业出版社.

潘富荣，王振超，胡继光. 2009. 园林工程施工 [M]. 北京：机械工业出版社.

唐来春. 2009. 园林工程 [M]. 北京：中国建筑工业出版社.

王泽明. 2009. 园林工程施工问答实录 [M]. 北京：机械工业出版社.

杨至德. 2009. 园林工程 [M]. 武汉：华中科技大学出版社.

张建林. 2008. 园林工程 [M]. 北京：中国农业出版社.

赵兵. 2003. 园林工程学 [M]. 南京：东南大学出版社.